DIE GROSSEN MERCEDES

VOM ADENAUER ZUR S-KLASSE

ALEXANDER F. STORZ

Motor buch Verlag

Impressum

Wichtiger Hinweis zu den Inhaltsstoffen dieses Druckwerkes:
Der Inhalt dieses Buches entstammt menschlicher Intelligenz (MI) und nicht künstlicher Intelligenz (KI).

Einbandgestaltung: Sven Rauert unter Verwendung von Motiven der Daimler-Benz AG.

ISBN 978-3-613-04750-1

1. Auflage 2025

Sie finden uns im Internet unter www.motorbuch-verlag.de

Lektorat: Bernd Keidel
Innengestaltung: Jürgen Knopf
Druck und Bindung: Conzella, 85609 Aschheim-Dornach
Printed in Germany

Inhaltsverzeichnis:

Einleitung ... 4

Kapitel 1:
Initialschrei aus Sindelfingen: Der Adenauer ... 10

Kapitel 2:
Vom Stellenwert her die erste S-Klasse: Mercedes 220 W187 ... 26

Kapitel 3
Morgendämmerung der Moderne: Der Ponton-Mercedes ... 36

Kapitel 4:
Der 220er und der 300er: Die Heckflossen-S-Klasse ... 58

Kapitel 5:
Bis zu 6,3 Liter eingeschenkt: Der W 108/W 109 ... 88

Kapitel 6:
Der W 116: Ein neuer Stern am Autohimmel ... 122

Kapitel 7:
Der Mercedes W 126: Die Überwindung tradierter Normen und Werte ... 150

Kapitel 8:
Kann ein Auto unsympathisch sein? Der W 140 ... 170

Kapitel 9:
Die Linie der Vernunft: Der W 220 ... 182

Kapitel 10:
Die S-Klassen des neuen Jahrtausends W 221, W 222 und W 223 ... 196

Einleitung

Wo respektive wann beginnt die S-Klasse bei Mercedes? Wie ist sie definiert? Es wäre in jedem Falle zu einfach, sich darauf zu beschränken, dass das erste »S« in der Typenbezeichnung eines Nachkriegs-Mercedes im Jahre 1949 mit dem 170 S auftrat. Und falsch wäre es obendrein, denn die Vorkriegs-Mercedes-Nomenklatur beinhaltet beispielsweise mit dem legendären SSK sogar ein Doppel-S. So geht's also nicht.

Näher zum Ziel bringt uns die Frage, wie und wo die S-Klasse im automobilen Ranking situiert ist und war, und welche Analogien zur S-Klasse sich zu Zeiten fanden, als der Begriff noch nicht erfunden war. Der Zweite Weltkrieg bildete in der automobilen Rangordnung eine heftige Zäsur. Vor dem Krieg waren die Autos in jeder Hinsicht größer als danach, sowohl was den Hubraum der Motoren betrifft als auch die schieren Ausmaße der Karosserien. Ein Mercedes 170 V war vor dem Krieg ein Vertreter der unteren Mittelklasse, der identische Wagen gehörte nach 1946 zur gehobenen Mittelklasse. Vor dem Krieg begann die Mittelklasse bei drei Litern Hubraum, danach war ein Drei-Liter-Wagen wie der Mercedes 300 ein ausgesprochenes Oberklassefahrzeug. Was hingegen in den 30er-Jahren als Oberklasse galt, also die Spitzenprodukte mit mindestens acht Zylindern und Hubraumgrößen jenseits der vier Liter, fand im Nachkriegs-Deutschland zunächst überhaupt kein Äquivalent.

So nähern wir uns behutsam der Definition der Mercedes S-Klasse als einem Wagen der unteren Ober-, aber zunächst nicht der Spitzenklasse. Daraus folgt: Ein 170er, selbst wenn er 170 S heißt, ist unterhalb der S-Klasse angesiedelt, ein 300er darüber. Also darf der Mercedes 220 W 187 von 1951 als erster legitimer Vertreter der S-Klasse angesehen werden. Über die Jahre, und auch in der Jetztzeit, mag diese Einordnung nicht immer uneingeschränkt gegolten haben und gelten. Mercedes hatte nicht stets eine Limousine oberhalb der S-Klasse im Angebot (Mercedes 300 von 1951 bis 1962, Mercedes 600 von 1964 bis 1981, Maybach von 2002 bis 2012). Die S-Klasse hat also zeitweise die Spitzenstellung im Daimler-Benz-Programm innegehabt. Aber die S-Klasse ihrerseits ist auch gewachsen und nahm dementsprechend neue Dimensionen ein, und das nicht nur in der Hinsicht von Länge mal Breite mal Höhe. Ein 450 SEL 6.9 war auf der automobilen Leiter weit höher angesiedelt als ein 300 SEL von 1963, und ein zwölfzylindriger W 140 aus den 90er-Jahren

Schon in jungen Jahren dem Stern verbunden: Der Autor als stolzer Fahrer eines lindgrünen Ponton-Cabriolets mit amerikanisch anmutenden roten Felgen, Moon Caps und weißen Reifenflanken. Foto: Archiv afs

Es ist historisch und chronologisch nicht ganz korrekt. Dennoch beginnt diese S-Klasse-Biografie mit dem Adenauer. Denn die Geschichte der Bundesrepublik Deutschland beginnt ja auch, ebenfalls nicht historisch korrekt, mit »dem Adenauer«. Im Bild ein 300c. Foto: Archiv afs/Willi Altstadt

übertraf selbst den eine Klasse weiter oben angesiedelten 600er.

So bleibt als Resultat unserer Überlegung, dass die S-Klasse ihren historischen Ursprung im Mercedes 220 von 1951 hat, sich selbst aber im Rahmen ihrer bald 60-jährigen Evolution nicht nur von Modellreihe zu Modellreihe selbst übertrifft, sondern auch mehrmals neu erfunden und definiert worden ist. Was blieb und noch heute Gültigkeit hat, ist nur dies eine: Die S-Klasse war und ist die S-Klasse.

Dennoch beginnt dieses Buch nicht mit dem Mercedes 220 W 187. Denn der Verlag untertitelt es mit »Vom Adenauer zur S-Klasse«, was sprachlich gut klingt, aber vorstehende Überlegungen konterkariert. Der Autor fügt sich dem Titel und beginnt mit dem Adenauer, dem 300er, konstruktiv nahe am 220 und zeitlich parallel zu ihm entwickelt. 220 und 300 bedingen einander. Im Buch werden also die großen Mercedes behandelt, nicht die größten aller Mercedes, der 600 und der Maybach bleiben außen vor. Der Fokus liegt auf den historischen Baureihen und somit auf dem 20sten Jahrhundert. Was jünger ist, betrachten wir als Gebrauchtwagen, nicht als Klassiker. Aber das ist natürlich auch eine Frage des Lebensalters. Ein 60-jähriger sieht dies anders als ein 30-jähriger. Deshalb finden auch die jüngeren S-Klassen W 220, W 221, W 222 und der aktuelle W 223 Erwähnung, aber sie werden lange nicht so ausgiebig behandelt wie die Klassiker.

Das Buch ordnet die großen Mercedes historisch, technisch und ein wenig soziologisch ein; es ist kein Schrauberhandbuch. Dafür gibt es andere Literatur oder Mercedes-Werkstätten. Bei der Bebilderung verzichten wir so weit möglich auf aktuelle Fotos restaurierter Fahrzeuge und halten uns auch mit sorgfältig inszenierten, aber sattsam bekannten Werksfotografien zurück. Wir legen Wert auf zeitgenössische Aufnahmen, die meistens nicht so perfekt wie Werksfotos sind, aber dafür authentisch. Sie atmen die Eigenart der jeweiligen Epoche, sind auf Zelluloid gebannt, Negative und Dias aus analogen Zeiten. Manchmal sind die Umgebung und der Hintergrund fast spannender als das Automobil im Fokus. Historische Fotos zusammenzutragen ist eine schöne und langwierige Beschäftigung und manchmal sogar eine Herausforderung. Auf Oldtimertreffen mit der Digitalkamera knipsen kann jeder.

Ulm, im Mai 2025

Alexander F. Storz

Er gilt als *Ahn der S-Klasse: der Mercedes 220 W 187, abgebildet als todschickes Cabriolet A. Die heutige S-Klasse W 223 lässt sich genealogisch auf ihn zurückführen.* *Foto: Archiv Daimler-Benz*

Die erste Form *der Demokratisierung des Daimler-Benz-Programms: die Vier- und die Sechszylinder in einer weitgehend einheitlichen Karosserie verpackt. Ponton-220er als Teilnehmer der Rallye Monte Carlo 1958, als Oslo-Starter aufgenommen am Etappenziel in Deutschland, dem Touring-Motel in Tübingen.* *Foto: Archiv afs*

BB-C 540

Die von Paul Bracq gezeichneten Coupés und Cabriolets begleiten die S-Klasse gleich zwei Generationen lang. Als 220er und 300er parallel zur Heckflossen-Generation, danach zum W 108, zuletzt sogar als Flachkühler-Modelle mit neu konstruiertem 3,5-Liter-V8. Foto: Wolfgang Diem

Abb. rechts: ***Offiziell sprach Daimler-Benz** ab dem W 116 von der S-Klasse. Sie litt als erste unter dem Tuning-Wahn, der als Trend gegen Ende ihrer Produktionszeit aufkam und den Nachfolger W 126 im Würgegriff halten sollte. Der rote Wagen, in Händen eines im Südwesten stationierten US-Besatzungssoldaten, trägt einen Frontspoiler, Schwellerverkleidungen und Radlaufchrom, kurioserweise aber erzkonservative Stahlfelgen mit Nirosta-Radkappen.*

Foto: Wolfgang Diem

Abb. links: ***Die Demokratisierung geht** weiter, das Klassenbewusstsein wird auf eine harte Probe gestellt: Die Heckflossen-Generation vereint das komplette Motorenspektrum, vom 190 Diesel bis zum 300 SE, von 55 bis 170 PS, in einer Karosserie. Letzterer steht hier Modell, ein 300 SE des Baujahrs 1961.* Foto: Archiv Daimler-Benz

Der Beginn der neuen Zeit: Der W 126 war die erste S-Klasse, die nach dem Ölpreisschock und dem Aufkommen des neuen automobilen Bewusstseins, getragen von Sicherheits- und Umweltschutzgedanken, konstruiert wurde. Foto: afs

Die umstrittenste S-Klasse war der W 140, mittlerweile rehabilitiert. Ihre schiere Größe wurde heftig kritisiert. Aber deswegen war sie auch die erste S-Klasse, die nennenswert im aufstrebenden China verkauft wurde. Foto: Archiv afs

Manch treuer S-Klasse-Kunde ließ den W 140 aus, kaufte kurz vor Produktionsstopp noch einen neuen W 126 (links) und fuhr ihn, bis der W 140-Nachfolger W 222 (rechts) erschien. Foto: LuqmanJM99

Die aktuelle S-Klasse ist zwar nach wie vor made in Germany, verkauft sich aber in Germany lange nicht so gut wie in Asien, den Emiraten, in den USA, aber auch in Russland, wo man Wohlstand oder Reichtum offensiver zur Schau stellt als in good old Europe. Mercedes-Maybach S 680 als Sondermodell zum 150jährigen Jubiläum der Flensburger Silbermanufaktur Robbe & Berking, wozu auch eine Yachtwerft gehört. *Foto: Daimler-Benz*

Die halbwegs aktuellen S-Klassen, also die Neu- und Gebrauchtwagen, werden aus Gründen der Chronistenpflicht im Buch abgehandelt, aber weniger ausführlich. Der W 222 war die letzte Generation, der noch ein Coupé zur Seite gestellt wurde, hier als S 63 AMG Diamond Edition. *Foto: Falcon Photography*

Die Zukunft ist schon wieder Vergangenheit: Mercedes-Vorstandsvorsitzender Ola Källenius setzte voll auf Elektro und wollte eine strikte Trennung zwischen Verbrenner und Batterieauto auf allen Mercedes-Ebenen. Im Bild das elektrische S-Klasse-Äquivalent in von Brabus getunter Version. Man weiß schon heute: Diese Modellpolitik wird ein One-Flop-Wonder bleiben. In der kommenden S-Klasse-Generation werden sich Verbrenner und Elektroauto das Design wieder brüderlich teilen. *Foto: Brabus*

Kapitel 1:

Initialschrei aus Sindelfingen:

Der Adenauer

Foto: Archiv afs

Der Drei-Liter-Wagen war schon immer etwas Besonderes. Doch sein Stellenwert hat sich automobilgeschichtlich mehrfach gewandelt. In den 50er-Jahren waren drei Liter das Maß aller Dinge, und abgesehen vom in kleinen Stückzahlen in fast schon manueller Kleinserie gebauten BMW V8 mit 3,2-Liter-Motor markierte der Mercedes 300 die automobile Spitzenklasse Deutschlands. Die Drei-Liter-Wagen, auch der Mercedes 300, waren den Glücklichen, den auf der Sonnenseite Geborenen, den Fleißigen und Wohlhabenden vorbehalten, den Gewinnern des deutschen Wirtschaftswunders, den Fabrikbesitzern, Adeligen, Spitzenmanagern und -politikern.

Mehr als bloß ein Auto. Ein Symbol

Der Mercedes 300 ist ein Sinnbild für den Neuanfang nach dem Krieg, er repräsentiert das Wirtschaftswunder und die Politik Konrad Adenauers. Die Währungsreform im Juni 1948 brachte brauchbares Geld, die D-Mark. Parallel dazu entstand die neoliberale Marktwirtschaft. Waren wurden nach Konkurrenzgesetzen angeboten. Notwendig zum Geldverdienen war Arbeitsbereitschaft. Die Deutschen wollten Geld verdienen, also arbeiteten sie. Dieses neoliberale Experiment verkörperte die CDU mit Bundeskanzler Konrad Adenauer und seinem Wirtschaftsminister Ludwig Erhard. 1949 hatte die CDU nur eine knappe Mehrheit, 1953 deutlicher, 1957 einen triumphalen Erfolg. Erhards Buch »Wohlstand für Alle« war gleichsam Ausdruck und Symbol für das Wirtschaftswunder.

Geld kam auch von außen durch den amerikanischen Marshallplan als Import- und Investitionshilfen, 13,9 Milliarden Dollar zum Wiederaufbau Europas, auch Deutschlands. Die Empfängerstaaten mussten ein gemeinsames Wiederaufbauprogramm vorlegen. Ziel der USA war, dass Europa wirtschaftlich florieren soll, dass sich der Kommunismus nicht ausbreiten kann, dass Europa zu einem großen Binnenmarkt wird und dass die Zahlungsbilanzdefizite der Europäer gegenüber den USA ausgeglichen wurden. Der Marshallplan war also alles andere als karitativ, sondern verkörperte das kapitalistische Sendungsbewusstsein Nordamerikas und war ein Angebot an die

So monumental wie diese Perspektive, so monumental war sein Stellenwert in den 50er-Jahren. Der 300er, hier ein 300b zwischen März 1954 und August 1955, repräsentiert alles, wozu es die Nachkriegsdeutschen gebracht hatten. Und das war ganz schön viel!

Foto: Willi Altstadt/Archiv afs

Ein originales Werbe-Layout des Bad Homburger Illustrators Willi Altstadt, im Auftrag der Daimler-Benz-Werbeabteilung für den Abdruck im New Yorker Time-Life-Magazin gefertigt.
Foto: Willi Altstadt/Archiv afs

Europäer, mit dem Wirtschaftssystem der USA zusammenzuarbeiten und es letztlich zu übernehmen.

Ab Anfang der 50er-Jahre war eine deutliche wirtschaftliche Gründungsphase zu verzeichnen, alle sozialen Ebenen profitierten, die Polarisierung zwischen Kapital und Arbeit bestand nicht mehr. Natürlich waren die Einkommens- und Vermögensverhältnisse nicht ausgeglichen, sondern blieben unterschiedlich – aber eben auf einem generell hohen Niveau. Das sorgte dafür, dass das Gebrauchsvermögen (Eigenheim oder langlebige Gebrauchsgüter wie Auto, Fernseher, Waschmaschine) richtig gehend demokratisiert wurden, weil allgemein vorhanden. Zudem gab es eine freiwillige Vereinheitli-

Die Großen und Mächtigen aus Politik und Wirtschaft fuhren Mercedes 300. Ihnen wurde zugejubelt und ihnen wurde zugewinkt - symbolisch ebenso wie in purer Realität. Denn ihnen wurde nicht misstraut, ihnen wurde getraut und vertraut. Sie waren es, die das Wirtschaftswunder ermöglichten, von dem jeder profitierte. *Foto: Archiv afs*

chung im Konsum. Jeder kaufte einen Volkswagen, was dazu führte, dass der Käfer zum klassenlosen Automobil wurde. Der Volkswagen wurde zum Prototyp des demokratischen Automobils. Sein automobiler Gegenpol war der Mercedes 300, das größte deutsche Fahrzeug nach dem Krieg, die Quintessenz des »Was haben wir alles erreicht!« In den 50er-Jahren war Sozialneid ein nicht gekannter Begriff, und diejenigen, die noch mehr erreicht hatten als die Masse, wurden von dieser geehrt, geachtet und vergöttert. Denn sie waren es, die der breiten Mehrheit ihren Wohlstand erst ermöglichten – dadurch, dass sie ihnen Arbeit gaben.

Die alte Schule und die hohe Schule des Automobilbaus

IAA 1951, damals noch im April: Daimler-Benz präsentierte zwei brandneue Wagen, den 220 und den 300. Das waren die ersten echten Stuttgarter Neuerscheinungen nach dem Krieg. War der Mercedes 220 eine schwer modifizierte Version des 170 S, der auf eine Vorkriegskonstruktion zurückging, so bedeutete der Mercedes 300 eine vollkommene Neukonstruktion. Zwei neue Mercedes auf ein Mal, das war eine Sensation.

Das konstruktive Layout des Mercedes 300 lehnte sich an dasjenige des 170/220 an, entsprach also der alten Schule des Automobilbaus. Zwar nach dem Krieg erschienen, knüpfte der Mercedes 300 nahtlos an die Vorkriegszeit an – konstruktiv, technisch und optisch. Daimler-Benz verzichtete auf die selbst tragende Bauweise, obgleich sie fortschrittlich und in Europa durchaus verbreitet war. Doch der Mercedes spielte in einer anderen Liga, er war ein schwerer Wagen, und das konstruktive Layout mit dem stabilen, x-förmigen Querovalrahmen hatte seine Berechtigung – ließ er doch zu, dass auf das Chassis unterschiedliche Karosserien aufgesetzt werden konnten. Ein viertüriges Cabriolet D, von Anfang an im Programm, benötigte ganz einfach ein stabiles Rückgrat. Das Fahrwerk war in jeder Hinsicht auf der Höhe der Zeit: vordere Einzelradaufhängung an Schraubenfedern, hinten eine Zweigelenk-Pendel-Schwingachse mit doppelten Schraubenfedern sowie elektrisch zuschaltbarer Drehstabfederung als frühe Version der Niveauregulierung, wenn der große Kofferraum schwer beladen war. Ebenfalls ingeniös die Eindruck-Zentralschmierung statt manuellen Abschmierens: Im Kombiinstrument leuchtet bei Bedarf ein Lämpchen auf, das den Chauffeur auffordert, via Fußstößel Hypoidöl in die Leitungen zu pumpen.

Eine feine Sache war der Drei-Liter-Motor, ein richtiges Hochleistungsaggregat mit sonorem Klang und sehr elastisch. Eine siebenfach gelagerte Kurbelwelle, versetzt angeordnete hängende Ventile, eine Doppelvergaseranlage und 12-Volt-Elektrik bedeuteten modernste Motorentechnik. Der Kurzhuber stellte sich sogar vom Armaturenbrett aus via Schalter auf die Kraftstoffqualität ein, die man ihm zubilligte, je nach Oktanzahl. Das war wichtig für Exportmärkte, denn nicht überall in der Welt war der Sprit so süffig wie im westlichen Abendland. Der Motor war eine schwer überarbeitete Vorkriegskonstruktion und fußte auf einem ohv-Sechszylinder, vorgesehen für eine stecken gebliebene Konstruktion eines geplanten Wagens der oberen Mittelklasse und vielfach eingesetzt im Mercedes 1,5-Tonner-Lastwagen. Der 115 PS starke und – als Limousine – 1780 Kilo schwere Wagen beschleunigte in 18 Sekunden auf Tempo 100 und konnte 160 km/h schnell fahren. Damit hatte er, bezüglich der Leistungsdaten, nur einen deutschen Konkurrenten, nämlich den Porsche 356/1500. Doch das waren theoretische Fahrwerte, auf die der Kunde zwar stolz sein konnte, die er aber nicht ausleben durfte. Denn zunächst galt innerorts Tempo 40, auf Autobahnen Tempo 80. Erst 1953 wurden sämtliche Beschränkungen aufgehoben, man durfte überall so schnell fahren, wie man konnte und wollte – selbst innerhalb geschlossener Ortschaften (zum 1. September 1957 wurde innerorts wieder ein allgemeines Tempolimit eingeführt, das bis heute gilt: Tempo 50).

Despektierlich: War der Mercedes 300 in zweiter oder dritter Hand, so konnte ihm die Würde genommen werden. Dieser 300 c war zum Arbeiten verdammt, und dafür war er nicht geboren. Er trug einen Dachgepäckträger. Degoutant! *Foto: Archiv afs*

Eine Spitzenleistung deutscher Ingenieurskunst ist der Reihen-Sechszylinder Typ M 186 mit 115 PS mit seinen prominent angebrachten beiden Solex-Fallstromvergasern Typ 40 PBJC. *Foto: afs*

Der Mercedes 300 war ein teurer Wagen der Extraklasse, als Limousine kostete er 19.900 D-Mark, als Cabriolet D 23.700 D-Mark. Zum Vergleich: 1951 kam ein Mercedes 170 VA auf 7400 und ein Volkswagen Standard auf 4400 D-Mark. Bei Mercedes bekam der Kunde für sein Geld einen üppig ausgestatteten Klassewagen. Doch auch hier bedeutet üppig: üppig nach der alten Schule. Keine elektrischen Helferlein, keine Servolenkung, kein Automatikgetriebe. Das war damals nicht Stand der Tech-

Schierer Luxus: Interieur des Mercedes 300 mit dick gepolsterten Fauteuils, hochflorigem Teppich, besten Materialien und allem erdenklichen, seinerzeit machbarem Luxus. Die Gediegenheit wurde von den Details bestimmt. Jedes Knöpfchen, jeder Handgriff, einfach jedes Einzelteil war ein Kunstwerk für sich. Und in ihrer Gesamtheit machten diese Kunstwerke das 300er-Interieur einmalig. Foto: Archiv Daimler-Benz

Im Kofferraum konnten zwei Reserveräder transportiert werden. Wenn nur eines ausreichte, so war viel Platz fürs Gepäck vorhanden, und um diesen möglichst effektiv zu nutzen, bot Daimler-Benz maßgefertigtes Spezialgepäck an, sodass kein Quadratzentimeter Raum ungenutzt blieb. Foto: Archiv Daimler-Benz

nik. Der Fahrer saß hinter einem riesigen Lenkrad und bediente den Blinker via Hupring, ganz wie in jedem Mercedes-Lastwagen, und trotz der möglichst guten Übersetzung benötigte er ziemlich Armschmalz, um die schwere Limousine zu steuern. Das Cabriolet D, letztlich eine Reminiszenz an Vorkriegs-Glorien und eines der wenigen serienmäßigen Viertürer-Cabriolets, war noch üppiger als die Limousine mit viel Rosanil-Leder ausgestattet und bestach durch ein perfekt verarbeitetes und gefüttertes Stoffverdeck mit verchromter Sturmstange.

Im April 1951, gleichzeitig mit der Präsentation auf der IAA, lief die Vorserie an, die Produktion der Serienwagen startete im November 1951 und dauerte bis März 1954. Einen der ersten Wagen erhielt Bundeskanzler Konrad Adenauer. 5245 Fahrzeuge der ersten Bauserie (Mercedes W 186 II) wurden hergestellt, darunter 466 Cabriolets und zwei Fahrgestelle.

Intern trug der Mercedes 300 b die Bezeichnung W 186 III, gebaut von März 1954 bis August 1955 in 1551 Exemplaren (darunter 125 Cabriolets). Statt 115 leistete der Motor nun 125 PS, was den Wagen eine Sekunde früher Tempo 100 erreichen ließ und um 3 km/h schneller machte, die Elastizität stieg erneut, und die Daimler-Benz-Ingenieure erreichten dies durch Erhöhung der Kompression und eine neue Gasfabrik. Immerhin musste der wunderbare Motor nun einen wahren Sportwagen beflügeln, den gleichzeitig lancierten, legendären 300 SL (der es allerdings auf 215 PS brachte!) Um der Leistungswerte Herr zu werden, spendierte Daimler-Benz dem 300 b eine neue Bremsanlage (Unterdruck-Servobremse, größere Bremsflächen, aber stets Trommeln, niemals Scheiben im 300er). Äußerliche Erkennungsmerkmale der zweiten Serie: verchromte Steinschlagschutzecken an den hinteren Kotflügeln, neue Felgen mit acht Durchbrechungen zur Kühlung der Bremsen und die kleinen Radkappen bekamen Unterstützung von Radzierringen, Stoßstangenhörner, vordere Ausstellfenster, wuchtigere Blinkerschwingen auf den Vorderkotflügeln.

Tiefgreifendere Veränderungen als der Übergang vom ersten 300er zum 300 b bedeutete die Umstellung auf den 300 c (W 186 IV) im September 1955 anlässlich der IAA. Die Karosserie profitierte von einer wesentlich vergrößerten Heckscheibe, das Fahrwerk von einer neuen Eingelenk-Pendelhinterachse, ein Erbe aus dem Ponton-Modell 220 a. Der Wagen bekam breitere Reifen auf neuen Felgen. Nun offerierte Daimler-Benz eine Dreistufen-Automatik, ein aus den USA von Borg-Warner importiertes Zulieferteil mit hydraulischem Drehmomentwandler und mit einem Wählhebel am Lenkrad versehen (Aufpreis 1500 D-Mark, Heckschriftzug »Automatic«). Eine weitere Neuheit auf der Aufpreisliste war das Stahlschiebedach für 750 D-Mark, die Vorgänger verfügten über ein optionales Stoff-Faltschiebedach. Ab Sommer 1956 konnte die Langversion be-

Staatsfahrzeuge auf der Rennstrecke: Nürburgring, 2. August 1953, kurz vor der Startaufstellung des Großen Preises von Deutschland. Die majestätischen Mercedesse bringen Theodor Heuss mit Gefolge zur Rennstrecke, denn der Bundespräsident hatte die Schirmherrschaft übernommen. Der helle 300er und der dunkle dahinter sind Cabriolets D. Das Begleitfahrzeug vorne ist nicht minder interessant, ein Mercedes 220 als viertüriger, offener Tourenwagen, ausschließlich für die Polizei angefertigt. Foto: Archiv afs

Besuch des indischen Ministerpräsidenten Jawaharlal »Pandit« Nehru im Juli 1956, Aufnahme am Hamburger Dammtorbahnhof im viertürigen Mercedes 300 Cabriolet. Foto: Archiv afs

Eine Armada staatstragender Mercedes 300 b. Diesseits der Absperrung steht das neugierige Völkchen, jenseits davon die 300er-Flotte und jenseits der Autos wandeln die Staatsgäste, augenscheinlich Scheichs. Foto: Archiv afs

Bei der Berliner Außenministerkonferenz vom 25. Januar bis 18. Februar 1954 traf sich der »Rat der Außenminister«, also die relevanten Außenminister der Kriegssieger. Es ging um die Deutschlandfrage, mithin den westdeutschen Wunsch nach einer Wiedervereinigung mit der DDR. Im Bild der Mercedes 300, in dem der französische Außenminister Georges Bidault chauffiert wurde. Im Cadillac vor ihm sitzt der Amerikaner John Foster Dulles. Foto: Archiv afs

Der Mercedes 300 hat viele positive Attribute, seine Rasse, seine Klasse, seine Qualität, seine staatstragende Potenz. Er mag, je nach ideologischer Ausrichtung des Betrachters, auch negative Attribute haben (»Bonzenschleuder«). Aber eines ist er sicherlich nicht. Sportlich. Dieses Bild pervertiert diese Aussage: Szene vom Großen Straßenpreis von Argentinien von 1961, tierische Hilfe für den havarierten Renner. Foto: Archiv afs

Mit dem Ulmer Karosserier Kässbohrer werden Setra-Omnibusse und Sattelauflieger verbunden. Aber Kässbohrer baute vor dem Krieg auch Personenwagenaufbauten. Dieser Mercedes 300 Bestattungswagen war die letzte Kässbohrer-Arbeit auf einem Pkw-Chassis überhaupt. Trotz des teuren Basisfahrzeugs ist die allgemeine Ausstattung dieses Wagens eher schmucklos. Foto: Kässbohrer/Archiv afs

Das gleiche Thema, eine andere Interpretation, viel prunkvoller: Die Karosseriefabrik Paul Stolle in Hannover realisierte einen zweitürigen Mercedes 300 Bestattungswagen mit erhöhtem Dach und leicht verlängertem Hecküberhang, zwei seitlichen Schmuckleuchten und Dachgalerie. Foto: Stolle/Archiv afs

Mit Starktonhörnern und Zusatzrückspiegeln aufgewertet: 300 d als gepflegter Veteran, aufgenommen im Kurpark Baden-Baden im Mai 1979. Damals galten noch eher Vorkriegsfahrzeuge als »Oldtimer«. Der 300 d war gerade mal 20 Jahre alt. Das Wort »Youngtimer« war 1979 noch nicht erfunden. *Foto: afs*

stellt werden, der Aufpreis betrug 3000 D-Mark. Bis Juli 1957 wurde der Mercedes 300 c gebaut, 1432 Limousinen wurden am Fließband mit einem sehr großen Einsatz manueller Arbeit gefertigt. Das Cabriolet D entschlief schon früher, nämlich im Juni 1956 nach nur 51 Exemplaren.

Die Typen 300 b und 300 c waren lediglich Varianten des ursprünglichen Mercedes 300. Die vierte Version, der 300 d, trägt nicht nur ein neues internes Kürzel, nämlich W 189, sondern auch eine völlig andere Karosserie und ist deshalb als gesondertes Automobil zu sehen. Er war umstritten. Er erhielt eine völlig neue Karosserie, die kein Blechteil vom Vorgänger erbte und basierte auf der 1956 eingeführten Langversion des seitherigen Mercedes 300 c. Er übernahm dessen prinzipielle Linienführung, war also ein Fahrzeug im »alten« Stil mit bacchantisch geschwungenen Kotflügeln vorne und einer spitz auf den dominanten Kühlergrill zulaufenden Front, die hinteren Kotflügel waren ebenso wenig formintegriert. 1959 herausgekommen, war der Mercedes 300 d der letzte Wagen im Daimler-Benz-Programm und überhaupt einer der letzten weltweit, der nicht auf die Pontonform setzte, sondern der Karosseriebaukunst der 30er-Jahre treu blieb – auch konstruktiv, denn er ruhte nach wie vor auf einem separaten Chassis. Bis hierher handelt es sich also lediglich um einen völlig altmodisch gezeichneten Wagen, der eine ebenso traditionelle wie konservative Kundschaft ansprechen sollte und durchaus ansprach.

Aber dann das Dach! Das so genannte Hardtop-Dach. Das wollte überhaupt nicht passen, war es doch der »Dernier Cri« der amerikanischen Automobilbau-Ästhetik und nicht nur

Waren die Seitenscheiben geschlossen, so wirkte der Mercedes 300 d wie eine normale Limousine. Den Hardtop-Effekt sah man ihm nicht an.
Foto: afs

sehr modern, sondern auch noch äußerst modisch. Das Hardtop verband das Fahrgefühl eines Cabriolets mit den Vorzügen eines Blechdaches. Alle Seitenscheiben ließen sich komplett elektrisch versenken, das kleine, dritte Fenster war seitlich herausnehmbar. Die Türen hatten keine Rahmen. Somit blieb bei versenkten Scheiben nichts stehen, denn es gab auch keine vom Karosserieboden bis ins Dach durchgängige B-Säule. Das heißt, wenn alle vier Seitenscheiben unten und die dritte Scheibe entfernt waren, gerierten sich diese Flächen rechts und links völlig offen, ließen Licht und Luft in den Innenraum. Man fuhr wie im Cabriolet, hatte aber ein festes Dach über dem Kopf. Unterstützt wurde dieser Effekt vom optionalen Stahlschiebedach.

Serienproduktion November 1957 bis März 1962, insgesamt 3142 Exemplare, darunter 65 Cabriolets. Durch den verlängerten Radstand und die gewachsene Außenlänge auf 5,19 Meter war der Mercedes 300 d ein Zwei-Tonnen-Stahlträger. Um diesen Koloss angemessen zu bewegen, bedurfte es zusätzlicher Pferde. Deren 160 leistete der Drei-Liter, nunmehr mit Bosch-Einspritzung versehen – ebenso wie der 300 SL. Die Dreigang-Automatik war nun serienmäßig, eine manuelle Box gab es auf Wunsch, und ab September 1958 bekamen des Fahrers Armmuskeln Entlastung beim Lenken, der 300 d erhielt eine Servolenkung. Der Kunde konnte zwischen Dralonvelours-, Cordsamt- oder Lederpolstern wählen, eine elektrische Trennscheibe zwischen Fahrer- und Passagierraum war ebenfalls im Angebot. Der 27.000 D-Mark teure 300 d war eine perfekte Chauffeurlimousine mit besten Komfort- und Fahreigenschaften, laufruhig, gediegen und repräsentativ.

Schnappschuss im French Quarter von New Orleans, der Wiege der Jazz-Musik, anno 1964: Ein weißer 300 d im Alltagsbetrieb. Die USA waren für den Hardtop-Mercedes ein sehr wichtiger Absatzmarkt. *Foto: Archiv afs*

Im westdeutschen Straßenalltag eher ein seltener Anblick: 300 d vor dem im Bau befindlichen, neuen Firmensitz von VW-Fleischhauer in Köln. Daimler-Benz vermied den Anglizismus »Hardtop« und sprach von der »Vollsichtkarosserie«. *Foto: Archiv afs*

Ein Feuerwehrkommandant kann einen VW oder einen Opel fahren, vielleicht sogar einen Mercedes 180. Das ist alles ganz normal. Wenn er einen Mercedes 300 d als Dienstwagen hat, und dann auch noch mit elegant abgesetztem, schwarzem Dach, so ist er ein sehr privilegierter Feuerwehrkommandant, nämlich derjenige aus Bockhorn in Oberbayern. Dieses Exemplar steht im Technik-Museum Speyer. *Foto: afs*

Damals unbezahlbar, heute unbezahlbar und ein Liebhaberstück schon zu Zeiten, als er neu war: Mercedes 300 d Cabriolet D.

Foto: Archiv Daimler-Benz

Seltene Begegnung: Mercedes 300 d Cabriolet D, Anfang der 80er-Jahre an einer Aral-Tankstelle gesehen. Neupreis 1958: 35.500 D-Mark.

Foto: Martin Schupp

Celâl Bayar war ein türkischer Staatsmann, von 1950 bis 1960 war er türkischer Staatspräsident. Sein Dienstwagen war dieses weiße 300 d Cabriolet D mit Haltebügel, damit der Politiker stehend im Wagen Paraden abnehmen konnte. Das Fahrzeug befindet sich heute in französischer Sammlerhand in weitgehend unrestauriertem Originalzustand.

Foto: afs

Herrschaftliche Selbstfahrerautos: Mercedes 300 S und Sc

In der Architektursprache würde man von Neoklassizismus sprechen. Der Mercedes 300 S entsprach dem klassischen Schönheitsideal. Und hatte damit ein Problem. Denn er war nicht modern. Sein Design bedeutete lediglich eine Evolution gegenüber der automobilen Vorkriegsarchitektur, zum Beispiel insofern, als die Scheinwerfer in die Kotflügel integriert waren. Aber so wenig die Limousine der Pontonform frönte, taten es die Coupé- und Cabriolet-Derivate. Daimler-Benz setzte auf die klassisch-schöne Gestaltung, geradezu als Gegenentwurf zum Zeitgeist und Großserienestablishment. In Stuttgart betrachtete man die zeitlose, klassische Eleganz einer Karosserie mit den Augen der 30er-Jahre: ein expressives Design, die Proportionen lang, schmal und hoch, der Kühler vertikal und beinahe gotisch, die Kotflügel wollüstig geschwungen, dabei das Heck kaum entwickelt – aber technisch auf neuestem Stand.

Auf dem Pariser Salon im Oktober 1951 drehte sich der herrschaftliche Mercedes 300 S (W 188) als Cabriolet und Coupé im Rampenlicht, Auslieferung ab Juli 1952. Die erste Version, der 300 S, wurde bis August 1955 insgesamt 560 Mal gebaut, der überarbeitete 300 Sc (W 188 II) entstand genau 200 Mal zwischen September 1955 und April 1958. Technisch entsprach der 300 S der Limousine, dank drei statt zwei Vergasern leistete er 150 PS und manche technische Neuerung der Limousine nahm der 300 S voraus (Kugelumlauflenkung, Servobremsen). Der Radstand war 15 Zentimeter kürzer. Der Mercedes 300 S war ein elitäres Automobil für Selbstfahrer, er war in der Hierarchie so ziemlich das Höchste dessen, was erreichbar war, sein Renommee war tadellos, technisch war er auf dem höchst möglichen Stand – rundherum ein Fahrzeug der absoluten Spitzenklasse und nahezu konkurrenzlos auf dem internationalen Markt.

Zum Modelljahr 1956 wurde aus dem 300 S der 300 Sc mit Bosch-Einspritzung, höherer Verdichtung und Eingelenk-

Das damalige Spitzenprodukt des deutschen Automobilbaus: Mercedes 300 S Cabriolet, präsentiert auf der Münchner Verkehrsausstellung 1953.

Foto: Archiv afs

Im vollen Ornat: *Mercedes 300 Sc Cabriolet im Vollbesitz der ihm eigenen Pracht und mit einer Auftrittsqualität, die alle anderen Fahrzeuge, egal wie edel sie sein mögen, zum automobilen Gewürm degradieren.* *Foto: Thomas Lück*

Pendelhinterachse, nunmehr 175 PS stark und gut für Tempo 180. Optisch zu erkennen ist der 300 Sc an seinen Dreiecksfenstern in den Türen und zusätzlichen Chromleisten am Radlauf und am vorderen Seitenblech, auffallend waren die vollverchromten Stahlfelgen. Der Mercedes 300 Sc wird vielfach wegen seines überbordenden Chromschmucks gescholten. Das ist Geschmackssache, und der Geschmack wandelt sich im Laufe der Zeit wie die Mode. Die Kritik stammt ausschließlich aus Zeiten, als der Mercedes 300 Sc längst den »Oldtimer-Status« erreicht hatte, schwoll also Mitte der 70er-Jahre an. Als der 300 Sc aktuell war, orientierte man sich am amerikanischen Geschmack, die Chromverzierungen gefielen allgemein und ungemein.

Abb. rechts: Eindrucksvolle und monumentale *Darstellung des 300 S auf dem Prospektcover von 1951, eine Zeichnung von Hans Liska.* *Quelle: Archiv afs*

Zu viel Lametta? *Mercedes 300 Sc Coupé mit Dreiecksfenster in den Türen, reichlichem Glitzerschmuck und verchromten Stahlfelgen.*
Foto: Archiv Daimler-Benz

Kapitel 2:

Vom Stellen wert her die erste S-Klasse:

Mercedes 220 W187

Foto: Archiv afs

Der 300er bediente die Klasse, die ein Angehöriger der bürgerlichen Schicht nicht erreichen konnte und nicht erreichen wollte. Denn damals galt noch eine automobile Rangordnung, die der gesellschaftlichen Rangordnung, welche ebenfalls noch Gültigkeit hatte, entsprach. Deshalb lancierte Daimler-Benz gleichzeitig mit dem 300er den Mercedes 220 W 187. Er war der Wagen des gehobenen Bürgertums, repräsentativ und dabei stockkonservativ, konstruktiv auf der Höhe der Zeit, optisch dem gehobenen Vorkriegsstil entsprechend und dabei diskret genug, um nicht angeberisch aufzufallen. Ein automobiler Ignorant konnte einen 220er im Vorbeifahren nicht von einem Mercedes 170 V unterscheiden. Genau diese Diskretion schätzte die Klientel des Mercedes 220, und eben deshalb behielt Daimler-Benz dies auch beim Nachfolger in Pontonform bei.

Die ersten Blüten des Wirtschaftswunders

Im selben Stil wie der 170 V und damit als veritabler Vertreter der Vorkriegs-Formensprache erschien 1949 der Mercedes 170 S der Baureihe W 191. Er war äußerlich bei gleicher Höhe etwas länger und breiter, innen wesentlich besser ausgestattet und besaß den Nimbus, das richtige Auto für die Upper Class des frühen Nachkriegs-Deutschland zu sein. Aber er war ein Vierzylinder. Überhaupt bestand das Pkw-Programm von Daimler-Benz während der ersten Nachkriegsjahre ausschließlich aus Vierzylindern, was nicht gerade standesgemäß und deswegen zu ändern war. Auf der IAA im April 1951 präsentierte Daimler-Benz den 220, eine sechszylindrige Version des 170 S mit in die Kotflügel integrierten statt freistehenden Scheinwerfern und Fahrwerksverbesserungen. Im Verkaufsprospekt vom Januar 1952 sprach Daimler-Benz von der »zurückhaltend vornehmen Linienführung der traditionsbewussten Weltmarke« und, bezogen auf den markanten Kühlergrill in Verbindung mit den kotflügelintegrierten Scheinwerfern, von der »Synthese von Fortschritt und Tradition«. Auch die Rückleuchten waren formintegriert im Gegensatz zu den aufgesetzten Leuchten des 170 S. Die Konstruktion entsprach dem hohen Niveau der Vorkriegs-Schule und eben auch seinem Vorgänger 170 S: Ovalrohr-X-Rahmen mit aufgeschraubter Karosserie, vorne Einzelradaufhängung, hinten Pendel-Schwingachse, vollsynchronisiertes Getriebe mit Viergang-Lenkradschaltung.

Sein Herzstück war der neue Reihensechszylinder M 180 mit 80 PS Leistung und hochmodernen Attributen wie oben

Als »man« noch mit Chauffeur unterwegs war: Den Weg ins Büro vollzog der Herr Direktor im Mercedes 220, er nutzte ihn als Dienstwagen und ließ sich fahren. Und am Wochenende gönnte er sich als Selbstfahrer einen Ausflug im Nash Rambler von 1950. Seine vielen Plaketten zeugen davon, dass er die Herrschaft schon öfters in den Urlaub begleiten durfte. *Foto: Archiv afs*

Ein Mercedes W 187 ist heute als Oldtimer nicht mehr so gefragt. Zu alt. Zu wenige erinnern sich an ihn. Zu wenige haben ihn noch zeitgenössisch erlebt. Fahrzeuge dieser Art sind in den Händen älterer Enthusiasten, und beide werden gemeinsam alt und älter. *Foto: afs*

Die Königsallee in Düsseldorf, aufgenommen im April 1956. Standort ist die Ostseite mit Blick über den Kö-Graben gen Westen, und auch in Düsseldorf sind elf Jahre nach Kriegsende noch deutlich die Wunden zu sehen. Von links Mercedes 180, DKW F89 Meisterklasse, Mercedes 220 sowie Borgward Isabella. Ein Tabakwerbeverbot gab es zu Zeiten, als jeder rauchte, noch lange nicht, und die Marke LUX der British American Tobacco war damals sehr populär. *Foto: Archiv afs*

Der US-Markt war schon damals wichtig. Werbung in der Zeitschrift Road & Track vom Februar 1953 für die Typen 170 D und 170 DS, 220, 300 und 300 S. Das war der Wiederanfang der Exporte nach dem Krieg (»The magnificent race-bred Mercedes returns to world markets«). *Quelle: Archiv afs*

liegender Nockenwelle mit Doppelrollenkette und vierfach gelagerte Kurbelwelle. Sein seidenweicher Lauf wurde hoch gelobt, ebenso seine Durchzugsfähigkeit. Der 220 wies, wie der 300er, einen manuellen Oktanzahlkompensator auf, quasi also eine Zündzeitpunktverstellung. Nur die offenen Wagen und das Coupé profitierten ab April 1954 von fünf Mehr-PS dank höherer Verdichtung. Dieser Motor sollte noch viele Jahre leben und mehrere Generationen an Mercedes-Wagen antreiben, der letzte Mercedes-Pkw mit dem M 180 war 1976 der 230/6, also der Strich-Achter.

Produktionsbeginn war im Juni 1951, die Viertürer-Limousine und das viersitzige Cabriolet B mit vier Seitenfenstern lebten bis Mai 1954, das zweisitzige Cabriolet A sogar bis August 1955 (und 1953 erhielt es eine leicht gewölbte Windschutzscheibe). Ein kurzes Leben hatte das rare Coupé. Diese Sonderaufbauten entstanden in Handarbeit in den Sindelfinger Karosseriebauhallen. Der Mercedes 220 wurde von einer kaufkräftigen Kundschaft begeistert aufgenommen, das Wirtschaftswunder zeigte erste Früchte. Sein Hauptkonkurrent hieß Opel Kapitän, lange Jahre der hubraumstärkste deutsche Nachkriegswagen und der einzige deutsche Sechszylinder. Nach Erscheinen des Mercedes 220 war er immerhin noch der preiswerteste deutsche Sechszylinder. Zu W-187-Zeiten sah auch der Kapitän altmodisch aus, ab 1951 ein schwer modernisiertes Vorkriegsdesign. Anders hingegen der Borgward Hansa 2400 zu gleicher Zeit: ein hoch modern gezeichneter Wagen in Pontonform mit Fließheck. Dennoch verkaufte sich der »altbackene« Mercedes bei weitem besser als der »neumodische« Borgward, was zeigt, welch konservativer Formgeschmack der damaligen großbürgerlichen Klientel doch zu eigen war.

Sporterfolg: Die Mercedes-Mannschaft mit 220 nach der Rallye Monte Carlo 1952 bei der Preisverleihung am Prinzen-Palais. Neben Carraciolas Wagen von links die Herren Hermann Lang (Rang 34), Karl Kling (Rang 26) und Rudolf Caracciola (Rang 18). *Foto: Archiv afs*

Der Verkaufspreis des W 187 änderte sich während der kompletten Produktionszeit nicht: 11.925 D-Mark für die Limousine, 15.160 DM für das Cabriolet B, teure 18.860 DM für das Cabriolet A und gar 20.850 DM für das Coupé, das optionale Schiebedach kostete 1150 DM Aufpreis. Der (relativ) hohe Preis der Wagen mit Sonderkarosserie erklärt sich durch die Handarbeitsfertigung. Produktionszahlen: Limousine 16.113 Exemplare, offener Tourenwagen für die Polizei 41 Fahrzeuge, Cabriolet A 1278 und Cabriolet B 997 Stück, das Coupé wurde nur 85-mal gefertigt. Das Volumenfahrzeug bei Daimler-Benz war nach wie vor der vierzylindrige Mercedes 170 V in all seinen Varianten.

Voller Einsatz auf Schotter: Mercedes 220 als Teilnehmer einer Rallye-Veranstaltung 1952. Damals reichte es, Startnummern aufzukleben. Dieser Fahrer nahm nicht mal die Radkappen ab. *Foto: Archiv Daimler-Benz*

Die Prominenz im offenen 220 Cabriolet B, zwei höher positionierte Mercedes 300 folgen ihm, hinten im Tross ein Cadillac: Die Umkehrung tradierter Werte... *Foto: Archiv Daimler-Benz*

Womöglich gab es mehr Kombis als Coupés, obgleich das Werk nie welche baute: Die Polizei orderte beim Karosseriebauer Binz im württembergischen Lorch etliche Funkwagen. *Foto: Archiv Binz*

Berlin, anno 1971: Das Mercedes 220 Cabriolet B ist noch kein Oldtimer, sondern nichts als ein gepflegter, 20 Jahre alter Gebraucht- und Gebrauchswagen. Das war seine gefährlichste Zeit. Kam er damals in falsche Hände, bedeutete dies sein Ende. Überlebte er sie, dürfte seine Zukunft ewig währen. Vor dem Mercedes das Abrissheck eines Opel Manta A, dahinter ein altmodischer Briefkasten in Gelb. *Foto: Archiv afs*

Standesgemäßes Fortbewegungsmittel: 220 Cabriolet A der frisch gekrönten Weinkönigin 1952/53. Sie war die vierte deutsche Weinkönigin, hieß Elisabeth Huber und kam aus dem badischen Neuweier. Daimler-Benz stellte öffentlichkeitswirksam das offene Paradefahrzeug.

Foto: Archiv Daimler-Benz

***Das erste S-Klasse-Cabrio:** Mercedes 220 Cabriolet A 2+2-Sitzer. Damals ergaben die verchromten Sturmstangen am Verdeck noch einen Sinn, heute sind sie nur noch retro-nostalgisches Zierelement.* *Foto: Wolfgang Diem*

220 Cabriolet A *inmitten einer illustren Mercedes-Gesellschaft: Rechts von ihm ein 300 Cabriolet D, dahinter eine W 187 Limousine, im Vordergrund ein Porsche 356 Cabriolet und hinter diesem erneut ein 300er. Aufnahme in Mexiko, die Wagen gehören zur Mercedes-Delegation anlässlich der Carrera Panamericana.* *Foto: Archiv Daimler-Benz*

Ein seltener Wagen: *Vom Mercedes 220 Coupé wurden 1954/55 nur 85 Exemplare gebaut. Aufnahme ebenfalls in Mexiko.* *Foto: Archiv Daimler-Benz*

Kapitel 3:

Morgendämmerung der Moderne:

Der Ponton-Mercedes

Foto: Wolfgang Diem

Das Fanal der neuen Generation: Der Mercedes 180 und 190

Der Mercedes 180 läutete die Stuttgarter Moderne ein, er war der erste Mercedes ohne separates Fahrgestell und sah so aus, wie man sich heute noch ein Automobil vorstellt. Auf seiner Basis erschien die Sechszylindergeneration, der 220er, quasi das Fanal der jahrzehntelangen Regel, dass es eine Mercedes-Mittel- und eine -Oberklasse gab, die miteinander korreliert sind und weitgehend parallel gebaut werden. Der 180er ging dem 220er chronologisch voraus, er war die Neukonstruktion, der große Wagen basierte auf ihm.

Daimler-Benz nutzte die Vorteile der Pontonform voll aus: Die gesamte Fahrzeugbreite steht dem Innenraum zur Verfügung. Der 180 (W 120/I) war ein ungemein geräumiger Wagen, und im Gegensatz zu heutigen Automobilen brachte das bombierte Dach eine gehörige Portion Kopffreiheit mit sich. Wohlgemerkt: In den 50er-Jahren trugen die Herren einen Hut und die Damen eine hoch gesteckte Frisur. Auch das Kofferraumvolumen war immens. Ein Mercedes 180 war ein perfekter Reisewagen, kein Quadratzentimeter wurde verschenkt. Die Konstruktion kam bereits ausgereift auf den Markt, alles war solide und die Qualität der Materialien ebenfalls erste Güte. Kaum ein

Die Premierenausführung: Brandneuer Mercedes 180 im September 1953, vom Werk bereitgestellt für den Graphiker Willi Altstadt aus Bad Homburg, der den Wagen rundum fotografierte und anhand dieser Fotos die Zeichnungen für den Verkaufsprospekt anfertigte.
Foto: Willi Altstadt/Archiv afs

Flott unterwegs auf der Autobahn: Mercedes 190 in Zweifarbenlackierung als gelungener Mitzieher des Fotografen.
Foto: Archiv afs

vergleichbares Automobil war so dauerhaft wie der Mercedes, und dass noch 50 Jahre später alte 180er im Alltagsbetrieb in Dritte-Welt-Ländern dienten, ist dafür ein schlagkräftiger Beweis.

Eine Besonderheit der Ponton-Mercedesse war der beim 180er eingeführte Fahrschemel, also die konstruktive Zusammenfassung von Motor, Getriebe, Lenkung und vorderem Fahrwerk. Diese Einheit konnte zu Wartungszwecken ausgebaut werden, was Reparaturarbeiten sehr erleichterte. Neu war auch die Kugelumlauflenkung. Die neu konstruierte Vorderradaufhängung entsprach prinzipiell derjenigen des Vorgängers 170 Sb (Doppel-Querlenker, Schraubenfedern, Stabilisator), die Hinterachse war Daimler-Benz-typisch eine Pendelschwingachse mit zwei Schubstreben, und Anfang 1956 erhielt der 180er eine stark modifizierte Hinterachse im Stile des 220ers, eine Eingelenk-Pendelachse. Eine Mode der Zeit war, dass die Räder immer kleiner wurden (um dann in den 60er-Jahren wieder größere Durchmesser zu erhalten), und Daimler-Benz machte diese Mode mit. Hatten der Mercedes 170 V noch 16- und der 170 S 15-Zoll-Räder, so setzte der 180er auf 13-Zöller.

Altbewährtes unter der Haube: Den seitengesteuerten Reihen-Vierzylinder übernahm der Mercedes 180 nahtlos vom Vorgänger 170 Sb, die Leistung mit 52 PS blieb gleich. Weil der 180 aber leichter als sein Vorgänger war (allein die selbst tragende Karosserie wog 80 Kilo weniger) und über eine strömungsgünstigere Form verfügte, war er agiler und sparsamer. Auch das vollsynchronisierte Viergang-Getriebe mit Lenkradschaltung war eine 170-Sb-Erbschaft. Ab März 1954 gab es auch Dieselmotoren im Ponton-Mercedes, was wir erwähnen wollen, wenngleich es in Bezug auf unser Thema, die Sechszylinder, ja die S-Klasse, völlig irrelevant ist.

Für den im Mai 1955 lancierten Sportwagen 190 SL (W 121/II) konstruierte Daimler-Benz einen völlig neuen Motor, der in entschärfter Form Einzug in die Limousine hielt und den Mercedes 180 zum 190 (W 121/I) beförderte. Der Reihen-Vierzylinder Typ M 121 B II war eine Neukonstruktion mit oben liegender Nockenwelle und Leichtmetall-Zylinderkopf, konstruktiv verwandt mit den 1951 herausgekommenen Sechszylindern aus dem Typ 220. Das ohc-Triebwerk war ein richtiger Hochleistungsmotor, im 190 SL satte 105 PS stark und mit einer aufwendigen Gasfabrik versehen (zwei Register-Fallstromvergaser). Im Mai 1956 hielt dieser Motor Einzug in die Mercedes-Mittelklasse und schuf so einen richtigen Grand Routier. Er wurde leicht kastriert und besaß nur noch einen Vergaser, war niedriger verdichtet und wies auch sonst einige Änderungen auf, die dem Hochleistungsmotor mehr Alltagstauglichkeit verliehen, brachte es aber immer noch auf 75 PS und hatte somit ein Drittel mehr Leistung als der prinzipiell gleiche Mercedes 180. Äußerlich unterschieden sich die beiden Brüder kaum, und der 180er erhielt im August 1957 dieselbe ohc-Maschine wie der 190, erneut mit reduzierter Leistung, und wurde zum 180a

(W 120/II) mit 65 PS. Damit hatte der Mercedes 180 a 1,9 Liter Hubraum. Deutlich modernisiert wurden die Mittelklassetypen im Juli 1959, nunmehr 180 b und 190 b. Sie profitierten von zahlreichen Attributen des neuen Sechszylindermodells 220 und bekamen ein weithin sichtbares Facelift zur Verjüngung (breitere und niedrigere Kühlermaske, flachere Motorhaube, massivere Stoßstangen, längere Rücklichter, gepolstertes Armaturenbrett, Lenkrad mit Prallplatte). Obgleich ein völlig neu konstruierter Wagen im Sommer 1961 den Mercedes 190 b ersetzte und die Heckflossen-Generation geboren wurde, durfte der Mercedes 180 als letzter Vertreter der bisherigen Vierzylinder-Generation noch 15 Monate lang weiterleben, sozusagen als Einstiegsmodell in die Mercedes-Palette, und wurde zum 180 c. Als Vierzylinder lebte der Ponton-Mercedes bis Oktober 1962, als Sechszylinder hingegen nur bis August 1959.

Daimler-Benz sprach von einer Hilfsrahmenkonstruktion, was vornehm untertrieben war, aber der konservativen Klientel den Eindruck der Fahrzeugstabilität vermittelte. Tatsächlich war der Ponton-Mercedes eine selbsttragende Konstruktion. *Quelle: Archiv afs*

Konstruktives Charakteristikum: Der Fahrschemel als Einheit von Motor, Lenkung und Vorderachse beim Mercedes 180 a. *Quelle: Archiv afs*

Warum der Ponton Ponton heißt

Das Wort Ponton war in den Jahren nach dem Krieg ein geläufiger Ausdruck. Denn vielfach waren Brücken gesprengt worden, um Nachschubwege zu zerstören oder das Vorrücken des Feindes zu verhindern. Diese Wege wieder gangbar zu machen, war eine der Aufgaben der Pioniertruppen. Zu ihrer Ausrüstung gehören auch Pontonbrücken. Ein Ponton ist ein einfach gestalteter und gehaltener Schwimmkörper. Man kann ihn auf dem Wasser transportieren, aber er ist nur eingeschränkt fahrtauglich und nicht angetrieben. Pontons können geschlossene und mit Luft gefüllte Hohlkörper sein, aber auch bootsähnliches Aussehen haben. Wenn eine Reihe solcher Schwimmkörper innerhalb eines Flussbettes aneinander montiert wird und darüber eine Fahrbahn oder ein Gleis angebracht ist, hat man mit relativ wenig Aufwand eine Behelfsbrücke geschaffen. Ihr Vorteil ist, dass sie im Kriegsfall nach der Benutzung durch die eigenen Truppen ziemlich schnell wieder abgebaut ist.

Der Begriff Pontonform hat sich nach dem Krieg für die aktuelle Automobilkarosserieform eingebürgert, die keine freistehenden Kotflügel mehr aufweist und nahezu immer selbst tragend ausgeführt ist. Ihr prinzipieller Vorteil ist, dass die komplette Karosseriebreite dem Innenraum zu Verfügung steht. Sie galt als der Inbegriff der Modernität, und sie kam, wie sehr viele automobiltechnische Innovationen, aus Nordamerika. Der US-Jahrgang 1949 setzte auf die Pontonform. Sehr schnell wurde sie in Europa aufgegriffen. Die erste deutsche Nachkriegs-Neukonstruktion in Pontonform war der Borgward Hansa 1500 von 1949.

Nun trug die Pontonform den systemimmanenten Nachteil jeglicher absoluter Neuerungen in sich, dass sich die Menschen erst einmal daran gewöhnen müssen. Manche Herstel-

Ford in den USA gehörte zu den ersten, die die Pontonform radikal umsetzten; völlig glatte Karosserieflanken am Ford Fordor Sedan des Modelljahrs 1949, bereits 1948 präsentiert. *Foto: Archiv afs*

Der deutsche Pionier: Carl F. W. Borgward kreierte die erste deutsche Nachkriegs-Neuentwicklung in radikaler Pontonform. Sein Borgward Hansa 1500 wurde auf dem Genfer Salon im März 1949 präsentiert und ging im folgenden Herbst in Serie. *Foto: Archiv afs*

ler setzten auf die totale Revolution und schufen ihre neuen Modelle in völlig ausgeprägter Pontonform, in Amerika und Deutschland setzte Ford auf diese Radikallösung. General Motors hingegen gehörte zu den Verfechtern der gemäßigten Pontonform. Der erste Ponton-Chevrolet des Jahrgangs 1949 trug noch Ansätze der hinteren Kotflügel, man wollte den Kunden nicht zu viel zumuten. Genau diese Formensprache übernahm der Opel Olympia Rekord des Jahrgangs 1953, ebenso wie Daimler-Benz, in seiner Formensprache damals eher konservativ, mit dem 180. Die Mercedes E-Klasse W 212 (2009 bis 2016) gönnte sich Anleihen am W 120 – dies war natürlich kein Rückschritt, sondern eine formale Anlehnung an die hauseigene Tradition und letztlich ein Design-Gag. Heute wird nicht mehr von der Ponton-Form gesprochen, das Wort ist veraltet. Aber der Name Ponton gab einer Mercedes-Generation ihren Namen, der »Ponton-Mercedes« oder, verkürzt, einfach »der Ponton«.

General Motors traute (oder: mutete) seinen Kunden weniger Progressivität zu: Die im Januar 1949 vorgestellten Modelle Styleline und Fleetline in Pontonform trugen noch angedeutete hintere Kotflügel – auf dieses Stylingmerkmal setzte Daimler-Benz noch 1953 und gab sich damit nicht gerade fortschrittlich. Warum auch, für wen auch? Gerade zwei Jahre zuvor waren der 220 und der 300 im besten Vorkriegsstil als Neukonstruktionen präsentiert worden.

Foto: Archiv Matthias Braun

Eine rundum klassische Limousine: Der Mercedes 220 a

Der kleinere Mercedes war neu, der größere war alt – bis auf sein Herz. Um den Anschluss in der großen Klasse zu halten, war ein neuer Mercedes 220 bitter nötig. Schließlich basierte der bisherige 220er auf einer Vorkriegskonstruktion. Der Genfer Salon 1954 war die Drehscheibe für den neuen Mercedes 220, nun mit dem Suffix a versehen und auf den ersten Blick ein 180 mit verlängerter Motorhaube. In Wahrheit war nicht nur die Frontpartie ab der Windschutzscheibe nach vorne um zehn Zentimeter verlängert, sondern auch die Fahrgastzelle. Sie maß im Bereich der hinteren Türen sieben Zentimeter mehr, was den Radstand um insgesamt 17 Zentimeter verlängerte. Und wie das dem neuen Wagen stand! Er war eine Limousine mit ausgewogenen Proportionen, kraftvoll, modern, mit einer gestreckten Silhouette.

Der Karosseriekonstrukteur der Ponton-Baureihe war Karl Wilfert, das Design erledigte Friedrich Geiger. Aufnahme des 220 a vor dem Denkmal Kaiser Wilhelms I. in Bad Homburg. *Foto: Archiv afs*

Frauen am Steuer: Zwei Mercedes 220 bei der Vierten Deutschen Damen-Rallye im badischen Ittersbach am 2. Mai 1956. *Foto: Archiv afs*

Unter der Haube tat sich wenig. Das war aber auch nicht nötig, hatte Daimler-Benz den neu entwickelten Reihen-Sechszylinder M 180 doch erst drei Jahre zuvor präsentiert. Mit einem Alu- statt Graugusszylinderkopf wurde der etwas kernig laufende ohc-Sechszylinder aufgewertet und leistete dank neuem Vergaser, anderer Nockenwelle und höherer Verdichtung fünf Zusatz-Pferde. Kupplung und Getriebe sowie die Kugelumlauflenkung steuerte der 180 bei, ebenso den modifizierten vorderen Fahrschemel; Neukonstruktionen waren die Eingelenk-Pendelachse hinten, abgeleitet vom Rennsport-Typ W 196, und die Bremsanlage mit neuen Querrippen auf den Bremstrommeln zur besseren Kühlung. Wie die Mittelklasse, rollte auch der Mercedes 220 a auf 13-Zoll-Rädern.

Mit kleinen, aber sehr geschickt vollzogenen optischen Änderungen schaffte es Daimler-Benz, dem 220 a ein völlig neues Gesicht zu vermitteln, ohne den Stil zu ändern. Die Lufteinlassöffnungen waren nun unten situiert, knapp oberhalb der Stoßstange, und wurden von den serienmäßigen Nebelscheinwerfern fast verdeckt. Auf den Kotflügeloberkanten saßen die Blinker, die in langen, verchromten Schwingen ausliefen. Das Markenzeichen selbst, der Kühlergrill, war etwas schräger gestellt als beim kleineren Bruder, quasi als Symbol für Geschwindigkeit und Dominanz auf der Straße. Ohne Zweifel - der Mercedes 220 a hatte Überholpotenzial. Von hinten war er kaum vom kleineren Stallgefährten zu unterscheiden. Er nahm die längeren Rückleuchten des späteren Typs 190 voraus, und nur das geschulte Auge konnte ihn am etwas größeren Heckfenster und dem horizontalen Kofferraumgriff erkennen.

Die Flanke schmückte Daimler-Benz mit einer Doppelzierleiste am Türschweller und der Türunterseite, welche sich fast schon bacchantisch in der angedeuteten, hinteren Kotflügelkante fortsetzte und dieses eigentlich anachronistische Stilmerkmal geradezu betonte. Unterhalb der Türfenster verlief eine weitere Zierleiste, die später auch vom 190 übernommen werden sollte, und selbstverständlich trugen alle Scheiben Chromumrandungen, die vorderen Seitenscheiben bekamen ausstellbare Dreiecksfenster, die hinteren fest eingebaute.

Die sieben Mehr-Zentimeter der Fahrgastzelle kamen voll und ganz den hinteren Passagieren zugute, die nun einen verschwenderischen Fußraum genossen. Prinzipiell glich der Innenraum demjenigen des 180, war jedoch luxuriös ausgestattet und mit viel echtem Wurzelholz geschmückt. Ein wahres Wohnzimmer im gediegenen Stil der Wirtschaftswunderzeit.

Die Nachfrage war riesig, die Kunden mussten lange Wartezeiten in Kauf nehmen und Daimler-Benz exportierte fast ein Drittel der Produktion. Fahrkomfort, Fahreigenschaften und Prestige ließen den Mercedes 220 a unter den besten Fahrzeugen der Welt mitmischen. 25.937 Wagen wurden zwischen Juni 1954 und April 1956 gebaut, dann ersetzte Daimler-Benz den 220 a durch die beiden Typen 220 S und 219.

Geheimtipp für den Connaisseur: Der Mercedes 219

219 ist eins weniger als 220. Aber wie klingt 219? Es klingt defizitär, eben wie 220 minus eins. Also ist ein Mercedes 219 ein 220er, dem etwas fehlt. In gewisser Weise stimmt das, ihm fehlten zum Beispiel sieben Zentimeter Außenlänge. Ansonsten aber verband der Mercedes 219 auf geniale Weise die Vorzüge des vernünftigen Mercedes 190 mit der ingeniösen Klasse des 220 a. Das erkannten aber nur 27.845 Kunden zwischen März 1956 und Juli 1959, und die saßen zu 60 Prozent nicht in West-Deutschland.

Auf Kaiser-Wilhelm-Gedächtnispflaster unterwegs: Mercedes 219 mit holländischem Kennzeichen kurz hinter einem Grenzübergang zur DDR. *Foto: Archiv afs*

Wer einen Sechszylinder wollte, aber den Trend der Wirtschaftswunderzeit nach Renommiergehabe und Prunksucht ablehnte, war ein potenzieller 219-Kunde. Ebenso wie derjenige, der mit einem Opel Kapitän liebäugelte, aber doch lieber einen Mercedes fahren wollte. Und natürlich derjenige, der vom 180 oder 190 aufstieg, aber keinen 220 S kaufen konnte, der mit 12.500 Mark genau 2000 Mark teurer war als ein 219.

Sicherlich ein begehrter *Dienstwagen unter den Streifenpolizisten der Hamburger Polizei: Mercedes 219 im Einsatz.*
Foto: Archiv Thomas Lück

Mit mondäner Kulisse hinterlegt: Illustration für den 1956er 219-Prospekt. *Quelle: Archiv afs*

Der Mercedes 219 kombinierte die Fahrgastzelle und Ausstattung des 190 mit dem Sechszylindermotor und langen Karosserievorbau des eben verblichenen 220 a. Die Menge an Chromschmuck war überschaubar und auf 190er-Niveau, die Sechszylinderfront erhielt einen neuen Charakter, weil die Luftzufuhröffnungen gut sichtbar waren – der 219 trug serienmäßig keine Nebellampen. Verglichen mit dem 220 a brachte der 219 bessere Fahrleistungen zutage, denn er war durch die Standardausstattung und die kürzere Fahrgastzelle merklich leichter. Die sieben Fehl-Zentimeter machten sich auch in der Agilität spürbar, der 219 war ein richtig fahraktiver Wagen.

Für das Modelljahr 1957 erfuhr er einige Änderungen. Der Motor leistete fünf PS mehr dank höherer Verdichtung, die Hinterachsübersetzung entsprach fortan der des 190 SL, innen hielten neue Stoffe Einzug. Für 450 Mark Aufpreis offerierte

Im Profil gut zu erkennen: Der 219 kombiniert die Karosserie des 190ers mit dem langen Vorbau des 220ers, also vorne lang und in der Mitte kurz. *Foto: Archiv Daimler-Benz*

Daimler-Benz nun eine Automatik, bei Fichtel & Sachs entwickelt und mit dem Namen Hydrak versehen. Das war eine Art Halbautomatik, bei welcher der Fahrer zwar schalten musste, der Kupplungsfuß aber Ruhe hatte.

Den Fehler mit der unrunden Typenbezeichnung machte Daimler-Benz nicht nochmals. Abgelöst wurde der 219 vom 220 b der Heckflossengeneration, der nach demselben Prinzip aufgebaut war (Ausstattung vom 190 c, Technik vom 220 S).

Beförderung zur S-Klasse: Mercedes 220 S und 220 SE

In erster Linie durch satte 15 Zusatz-PS unterschied sich der Mercedes 220 S vom Vorgänger 220 a. Der mit einer Doppelvergaseranlage aufgewertete Motor M 180 war stark, elastisch, ruhig, sparsam – ihm wurden in zeitgenössischen Testberichten die höchsten Weihen verliehen, und er machte den 220 S zu den schnellen Fahrzeugen seiner Zeit. Tempo 160 Autobahngeschwindigkeit war Porsche-Niveau. Optisch unterschied er sich kaum vom Vorgänger, sein einziges Charakteristikum war die zusätzliche seitliche Zierleiste entlang der Karosseriesicke auf dem vorderen Kotflügel, die in der Vordertüre sanft auslief. Während Daimler-Benz dem 219 eine eher sportliche Wesensart bescherte, setzte der 220 S mit weicher abgestimmtem Fahrwerk noch mehr auf Langstreckenkomfort. Zum Modelljahr 1958 stieg die Leistung erneut an, nun standen 106 PS zur Verfügung, die Lichthupe war serienmäßig, und die Hydrak-Halbautomatik stand auch für den 220 S auf Wunsch bereit. Der 220 S wurde von März 1956 bis August 1959 gebaut, 55.279 Exemplare liefen vom Band.

Nur elf Monate lang lebte das Spitzenmodell der Ponton-Limousinen, der 220 SE. 1900 Mark musste der Kunde für das E im Heckschriftzug zahlen, 14.400 Mark kostete der 220 SE. Dementsprechend gering war seine Verbreitung, nur 1974 Wagen ver-

Der längere Karosseriekörper sorgte in Verbindung mit dem langen Vorbau beim 220 S für mehr Ausgewogenheit und Harmonie als beim 219. Daimler-Benz offerierte fünf Standardfarben und gegen Aufpreis 21 Sonderfarben und 26 Zweifarbkombinationen. Foto: Archiv afs

Die Dame mit ihrer damals modischen, hochgesteckten Frisur erklärt ohne Worte, warum 50er-Jahre-Fahrzeuge bombierte Dächer hatten: Man benötigte Kopffreiheit. Mann übrigens auch, denn Mann trug Hut. Foto: Archiv afs

Der Geschmack der Zeit, ausgeführt mit besten Materialien. Bemerkenswert ist die Fensterumrahmung in Echtholz, überhaupt sehr viel Holz. Damals wurden diejenigen Materialien für einen Fahrzeuginnenraum verwendet, die auch die Wohnung dominierten. Das ist bis heute so. Deshalb wird in heutigen Fahrzeuginnenräumen Plastik mit Alcantara beklebt. Quelle: Archiv afs

Der 220 S trägt mehr Chrom, dieser hat auch ein Faltschiebedach. Nach wie vor wurden Fahrzeuge dieser Klasse gerne in Schwarz geordert, das galt als konservativ, schick und elegant, und es war dem Fahrzeug angemessen. Bunt durften die kleineren Autos sein. Daimler-Benz bot ihn auch in bunten Farben wie knalligem Rot an, und ein paar davon wurden wohl auch in Westdeutschland zugelassen. Aber das waren Farben hauptsächlich für den Export. Daimler-Benz exportierte in die ganze Welt, und Farbgeschmäcker variieren je nach Kulturkreis. Hinter dem Mercedes ein Goggomobil Coupé. *Foto: Archiv afs*

ließen die Sindelfinger Werkshallen. Solange es die S-Klasse mit Vergaser gab, also bis zur Generation W126, sollte das magische E nichts von seiner Faszination einbüßen. Heute ist der Buchstabe nach wie vor wichtig im Daimler-Benz-Portfolio, aber seit 1993 nicht mehr als Bezeichnung für den Einspritzmotor, sondern für eine Klassenzugehörigkeit (E-Klasse). Daimler-Benz war der erste Hersteller, der einen Wagen in Großserie mit Benzineinspritzung herstellte. Aber nicht der erste Hersteller überhaupt. Der Daimler-Benz-Chefkonstrukteur Hans Scherenberg hatte diese Position zuvor beim Plochinger Kleinwagenhersteller Gutbrod inne. Dort kitzelte er 1951 aus dem 600-cm^3-Triebwerk des Gutbrod Superior mehr PS, indem er eine in Zusammenarbeit mit Bosch konzipierte Benzineinspritzung einbaute, und der Superior darf für sich in Anspruch nehmen, das erste deutsche Serienautomobil mit derartiger Gemischaufbereitung zu sein. 1952 folgte Borgwards Goliath GP 700, und Scherenberg nahm sein Können zu Daimler-Benz mit. Als erster Mercedes mit Benzineinspritzung erschien der 300 SL, an dessen Rennsportprototypen die Injektion ab 1953 erprobt worden war.

Für den Großserienbau konstruierte Daimler-Benz die Benzineinspritzung um; aus der komplizierten Sechsstempelpumpe (ein Pumpenelement pro Zylinder) wurde die Zwei-

Das treibt den Modernisierungswillen auf den Gipfel: Nicht nur Doppelstoßstangen, sondern auch die aufrechtstehenden Scheinwerfer des W 111, von einem Karosseriebauer kunstvoll einmodelliert. Der Zusatzschriftzug im Grill belegt, wie der Eigentümer dieses Wagens das Ergebnis seiner Umbauaktivitäten findet: Super! Der Wagen trägt eine Wiener Zulassung, und die kleinen seitlichen Zusatzblinker waren damals eine Spezialität der österreichischen Zulassungsordnung. Foto: Archiv afs

Variation desselben Themas: Der Nachfolger war bereits am Markt und setzte mit seinen doppelten Stoßstangen einen neuen Trend, mit dem dieser 220 S à jour gebracht wurde. Bemerkenswert sind die sehr professionell in den Kühlergrill eingearbeiteten Zusatzscheinwerfer. Und die ewig in den Himmel ragende Antenne belegt wohl, dass der Chauffeur begeisterter CB-Funker ist.

Foto: Archiv afs

Damals wie heute: *Der Hund als Sympathieträger: Anmutige Prospektzeichnung, die einen Röntgenblick in den großen Kofferraum des 220 S gestattet. Mittels analoger Fotografie wäre das nie möglich gewesen.* *Quelle: Archiv afs*

stempelpumpe, die ohne spürbare Übergänge innerhalb des gesamten Drehzahlbereichs arbeitete. Als Einspritzer leistete der 2,2-Liter-Reihensechszylinder stolze 115 PS und verfügte über ein spürbar höheres Drehmoment als in der Vergaserversion, und das bei deutlich geringerem Verbrauch.

Der Große erwarb sich sportliche Meriten, der Kleine weniger. Private Sportfahrer setzten den Mercedes 220 a ebenso ein wie das Werk selbst, nicht nur bei Rallyes, sondern auch bei Tourenwagen-Meisterschaften. Die Werkswagen leisteten dank Zweivergaseranlage 120 statt 85 PS, das Getriebe erfuhr eine sportliche Abstufung, das Fahrwerk war härter. Herausragende Erfolge erzielte der 220 a beim 24-stündigen Tourenwagenrennen in Spa-Francorchamps 1955, bei der holländischen Tulpenrallye und mehrmals bei der Königin aller Straßenrallyes, der legendären Rallye Monte Carlo. Selbst bei der Mille Miglia 1956 schlug sich der 220 a tapfer. In Afrika reüssierte der Mercedes 219 mit 130 PS gleich drei Mal bei der East African Safari.

Den Begriff des *Tunings gab es zu Pontons Zeiten nicht, aber den Wunsch nach Fahrzeugindividualisierung sehr wohl. Und auch diese trieb manchmal Stilblüten. Schwungvoll dreifach abgesetzte Dreifarbenlackierung, dazu Pseudo-Bullaugen, dem amerikanischen Buick entliehen, eine Sonnenschute, Scheinwerferschirmchen und Plaketten im Grill.* *Foto: Archiv afs*

Armer kleiner Renault 4CV! Er wird von einem weit überlegenen Gegner bei der ADAC-Deutschlandfahrt 1954 böse durch die Steilkurve gejagt.
Foto: Archiv afs

Eine steile motorsportliche Karriere: 220 a im Doppelpack am Start der Internationalen Rallye Wiesbaden am 23. Juni 1956, gefolgt von einem Peugeot 403. *Foto: Archiv afs*

Sehr dynamisch: Joachim Kühling und Hanns Gerdum, beide aus Kassel, bei der Rallye Monte Carlo 1955. Sie schafften den dritten Platz im Gesamtklassement und überholen gerade verwegen zwei Fiat-Lastwagen mit Baumstämmen. *Foto: Archiv afs*

Etappenziel bei der Monte Carlo 1956: Kontrolle in Stuttgart-Eiss am 16. Januar 1956, der Wagen von Walter Schock und Rolf Moll, Zweiter im Endergebnis hinter dem Jaguar Mk VII von Ronnie J. Adams und Frank E. Biggar. Foto: Archiv afs

Zweiter Sieger ist schlechter als Sieger, aber zweiter Sieger ist sehr gut. Der Monte-Mercedes 1956 mit seinen Dompteuren im Anzug, links Rolf Moll, rechts Walter Schock. Und in die Mitte drängte sich der damalige ADAC-Sportpräsident Jules Köther, der zwei Jahre später aufgrund einer Affäre zurücktrat. Foto: Archiv afs

Liebhaberstücke in Chromglanz: Mercedes 220 Coupé und Cabriolet

Trotz aller Meriten in Güte, Design, Fertigung, Materialauswahl, Konstruktion und was auch immer gut an einem Mercedes sein mag, ist und bleibt eine Mercedes-Limousine stets ein Großserienprodukt. Es zu erwerben ist eine schöne Sache, fabrikneu wie gebraucht oder als Liebhaberfahrzeug. Aber der Eigentümer ist nie alleine mit seinem guten Stück. Ein Cabriolet oder Coupé hingegen war und ist etwas Besonderes. Es ist wesentlich teurer in der Anschaffung als die Limousine, auf der es basiert. Es ist weniger praktisch, denn es bietet weniger Innenraum und, im Falle eines Cabriolets, nicht mal ein schützendes Blechdach. Aber es ist exklusiv, strahlt Noblesse und wohlhabende Zurückhaltung aus, es schmückt seinen Besitzer und lässt Rückschlüsse auf seinen sozialen Status zu, es ist in vielfacher Hinsicht elaborierter als das Basismodell und es ist schlichtweg schön. Viele Teile erscheinen nur gleich zur Limousine, sind es aber nicht. In einem Coupé oder Cabriolet steckt eine gehörige Portion handwerklicher Arbeit, auch wenn die wesentlichen Bestandteile vom Fließband kommen.

Der Mercedes 220 a bildete die konstruktive und technische Grundlage für ein Cabriolet und Coupé in bester Mercedes-Manier. Diese Tradition konnte aber nicht nahtlos weitergeführt werden, weil es bei der Konstruktion nicht nur um eine besondere Karosserie ging, die auf ein Fahrgestell geschraubt wurde. Die selbst tragende Bauweise des Ponton-Mercedes verlangte eine völlige Neukonstruktion unter Beibehaltung möglichst vieler Komponenten der Sechszylinder-Limousine. Auf der IAA im September 1955 stand ein Cabriolet auf Basis des 220 a, das noch ziemlich von der Serienreife entfernt war. Es dauerte bis Juli 1956, bis das Cabriolet, nunmehr mit dem standesgemäßen 100-PS-Motor des 220 S, ausgeliefert wurde, die ersten Exemplare komplett in Handarbeit gefertigt.

Die Frontpartie entsprach der Limousine, ab inklusive Windschutzscheibe rückwärts betrachtet war das Cabriolet ein völlig neuer Wagen mit grazilen, fließenden Linien. Es ist zweifellos eine stilistische Meisterleistung Friedrich Geigers, dass es gelang, den doch massiven, vorhandenen Vorbau in ein harmonisches Ganzes zu integrieren. Die etwas großzügige Verwendung von Chromzierrat, nach manchem Geschmack etwas zu dick aufgetragen, ist das Sinnbild des von amerikanischen Ästhetikbetrachtungen infizierten Wohlstandsdenkens der ausgehenden 50er-Jahre.

Das Fahrgestell wurde solide versteift, der Radstand war zwölf Zentimeter kürzer als bei der Limousine, wegen des längeren Hecküberhangs allerdings war das Cabriolet nur deren acht kürzer als der Viertürer. Innen dominierte der pure Luxus, feinste Hölzer und edles Leder. Wie bei der Limousine bestand die Wahlmöglichkeit zwischen einer vorderen Sitzbank und Einzelsitzen, optional Liegesitze. Die Technik entsprach dem 220 S.

Ergänzt wurde das Cabriolet im Oktober 1956 vom weitgehend gleichen Coupé, dessen Dach mit Panoramaheckscheibe wie ein abnehmbares Hardtop wirkte, Schiebedach gegen Aufpreis. Beide Exklusivmodelle teilten die Evolution der Limousine. Nach 3429 Exemplaren (darunter 1251 Coupés) machten die zweitürigen 220 S im Oktober 1959 Platz für die Typen mit Einspritzmotor. Sie überlebten ihre viertürigen Brüder bis November 1960, dann traten sie nach 1942 gebauten Einheiten (darunter 830 Coupés) in den Ruhestand. Insgesamt wurden also 5371 Cabriolets und Coupés gebaut. Sie waren bereits Liebhaberstücke zu Zeiten, als sie fabrikneu waren. Das sollte sich nie ändern. Sie erlebten nie den Status der Wertlosigkeit. Lange blieben sie in erster Hand und waren willkommene Erbstücke.

Die Dame...das Auto... – Schöne Frauen und schöne Fahrzeuge gehör(t)en in der Werbung einfach zusammen. Früher wurde gezeichnet, später fotografiert, heute sind es leblose Avatare, welche die leibhaftigen Models ersetzen. Aber grundsätzlich geändert hat sich nichts daran. Quelle: Archiv afs

Ein Automobil für Herrenfahrer: Ein 220 S Cabriolet kostete 21.500 D-Mark, die hinter ihm fahrende 220 S Limousine 12.500 Mark. Für die Differenz bekam man einen ganzen 180er. *Foto: Archiv Daimler-Benz*

Eine Frage des Auftretens und der Einstellung: Zweifarbkombinationen sind schick, die einfarbige Lackierung ist würdevoll. *Foto: Archiv Daimler-Benz*

Weit seltener als das Cabriolet ist das Coupé, bereits ein Liebhaberstück, als es noch neu war, und niemals wertlos geworden. Dieser Wagen wurde 1980 nach umfangreicher Restaurierung fotografiert. Man musste ein großer Enthusiast oder Visionär sein, um damals einen 20 Jahre alten Wagen komplett neu aufbauen zu lassen.
Foto: afs

Der Werkstatthof der Mercedes-Niederlassung Landau, prall gefüllt, und zwar teilweise mit richtigen Preziosen. Ein Pagodendach-SL war schon immer ein schöner Anblick, wenngleich das Auto nie selten war (knapp 50.000 Exemplare wurden gebaut), aber das schwarze Mercedes 220 SE Coupé im Vordergrund, zum Zeitpunkt der Aufnahme rund zehn Jahre alt und augenscheinlich bestens gepflegt, war schon damals ein kleiner Schatz. Zwischen Oktober 1958 und November 1960 liefen ganze 830 Exemplare vom Band.
Foto: Archiv Daimler-Benz

Die Ponton-Kopie aus China

Hartnäckig hält sich das Gerücht, die Chinesen hätten den Mercedes 220 in den 50er-Jahren kopiert. Es ist nur ein Gerücht, es stimmt nicht. Der Shanghai SH-760 nahm technische und stilistische Anleihen am Mercedes 220, mehr nicht. Weil er aber so gerne als »Chinesen-Mercedes« bezeichnet wird, findet er, sozusagen als Kuriosität, Eingang in dieses Buch.

In den späten 50er-Jahren wurden in der Volksrepublik China zaghaft erste Personenwagen entwickelt, die allesamt Anleihen an westlichen Vorbildern nahmen. Die Shanghai Automobile Assembly Plant stellte im September 1958 ihren Prototypen Feng Huang (= Phoenix) vor, ein amerikanisch anmutender Wagen, der sich am Plymouth Savoy von 1956 orientierte und technisch auf dem sowjetischen Pobjeda basierte. Wenige Prototypen wurden in handwerklicher Fertigung gebaut, dann kam 1960 die Serienversion, ein völlig neu und anders konstruierter Wagen mit Mercedes-Ponton-Allüren, nach wie vor Phoenix genannt. Seinen 2,2-Liter-Reihensechszylinder mit 90 PS entlieh er sich aus dem chinesischen Nutzfahrzeug Jinfeng, konstruktiv lehnte sich das Aggregat an den Mercedes-Motor M 180 an, allerdings hängende statt stehender Ventile. Der Name änderte sich Ende 1964 von Phoenix in Shanghai SH-760. Neben der Luxuslimousine Hongqi war der Shanghai SH-760 viele Jahre lang der einzige Serien-Personenwagen Chinas, gedacht als Dienstwagen für mittlere Parteikader und Behörden. Er erlebte drei optische Modernisierungen, nämlich 1974 (SH-760A, Front und Heck neu gestaltet) und 1980 (SH-760B mit nunmehr 100 PS aus 2,3 Litern Hubraum); ganz zum Schluss gegen Ende der 80er-Jahre erhielt er noch einen Kunststoffkühlergrill, Kunststoffstoßstangen sowie Kopfstützen an den Sitzen und hörte auf die Bezeichnung SH-7221 (wobei der bisherige SH-760B parallel weiterproduziert wurde). Das Werk in Shanghai baute ab 1983 den VW Santana in Lizenz, dennoch lebte der SH-7221 noch lange weiter und profitierte von einigen Santana-Errungenschaften wie beispielsweise dessen Elektrik. Der letzte Shanghai-Personenwagen im 50er-Jahre-Design wurde am 25. November 1991 fertig gestellt, insgesamt entstanden 79.526 Exemplare in manueller Kleinserie. Pickups auf Basis des Shanghai wurden noch ein paar Jahre lang weiterproduziert.

Konstruktiv ähnlich, optisch ähnlich, aber keine Kopie. Im Gegenteil. Wer sich an etwas Gutem orientiert, zollt diesem dadurch Respekt. Shanghai SH 7221 in seiner Urausführung, ausgestellt im Shanghai Auto Museum. Foto: Morio

Facelift made in China: Shanghai SH760A des Baujahrs 1974, ebenfalls ein Ausstellungsstück im Shanghai Auto Museum. Foto: Morio

Die Endausführung, mit Kunststoffgrill und -stoßfängern modern gemacht: Shanghai SH7221 von 1990, im gleichen Museum präsentiert. Ein weiß lackierter Shanghai SH7221 ist im Volkswagen-Museum in Wolfsburg zu bewundern. Foto: Morio

Kapitel 4:

Der 220er
und der 300er:

Die Heckflossen-S-Klasse

Foto: afs

Kein anderer Mercedes widerspiegelte das Lebensgefühl seiner Zeit so gut wie die Heckflossen-Generation. Egal ob Vierzylinder oder Sechszylinder, Limousine oder Coupé, die Mercedes-Baureihe W 110/W 111/W 112 ist ein typischer Vertreter der 60er-Jahre.

1968 war eine Zäsur. Bei Daimler-Benz, weil die letzten Vertreter der Heckflosse einer neuen Generation Platz machten. Und in Deutschland. Neben 1945 und 1989 war 1968 wohl das einschneidendste Jahr in der Geschichte der Bundesrepublik Deutschland. Die »68er« waren geboren, resultierend aus der kritischen Auseinandersetzung mit der nationalsozialistischen Vergangenheit, mit der vorherrschenden Wohlstandsgesellschaft, dem Bildungsnotstand und dem Krieg der USA in Vietnam. Danach war in Deutschland alles anders.

Doch bis dahin waren die 60er-Jahre eine goldene Zeit, begleitet von ihrem veritablen Vertreter, dem Heckflossen-Mercedes. Das Wirtschaftswunder befand sich auf dem Höhepunkt. 1962 war Vollbeschäftigung erreicht, es mussten erste Gastarbeiter aus dem Ausland angeworben werden. Der Tourismus entwickelte sich prächtig, die Menschen hatten mehr Urlaub und mussten immer weniger arbeiten. Supermärkte deckten die Bedürfnisse der damals so genannten Edelfresswelle, Tante-Emma-Läden konnten die Esslust nicht mehr stillen, und 1967 wurde das Fernsehen in Deutschland farbig. Die Musik der Beatles und ihrer Epigonen, Frisuren und Kleidung sorgten für den einzigen Zündstoff zwischen Eltern und ihren Kindern. Die Soziale Marktwirtschaft unter Kanzler Ludwig Erhard ab 1963 feierte sich selbst.

1966 kamen dunkle Wolken auf in Form der ersten Rezession nach dem Wirtschaftswunder, darauf folgte sogar eine kleine Arbeitslosigkeitswelle. Die Zeiten voller Lebensfreude, Optimismus und Utopien neigten sich dem Ende zu – trotz Mondlandung, Begeisterung für die persische Kaiserin Farah und Woodstock-Festival machten sich Ängste, Pessimismus und eine triste Realität breit. Zu dieser Zeit waren die Mercedes-Typen W 110/W 111/W 112 bereits Gebrauchtwagen.

In der zweiten Hälfte der 70er-Jahre waren sie weitgehend aus dem Straßenbild verschwunden, doch schon zuvor waren sie völlig out of date. Das ist mit modischen Kreationen so: Neu sind sie voll im Trend, aber sie altern furchtbar schnell. Die Nachfolge-Generation von Daimler-Benz, der W 108 / W 109 und der Strich-Achter waren viel zeitloser. Bereits in den 80er-Jahren wurden die Heckflossen-Limousinen für Liebhaber interessant, während das Coupé und das Cabriolet faktisch nie einen Werttiefpunkt erreichten. Sie entwickelten sich, teilweise in derselben Hand, vom Neu- über den Gebrauchtwagen zum Klassiker.

Das Diktat der Mode: Heckflossen und sonstige Designmerkmale

Mercedes sprach von Peilstegen. Der Volksmund zog das Wort Heckflossen vor. Und das gilt noch heute. Als »Heckflossen-Mercedes« wird die Generation bezeichnet, die folgende Fahrzeuge umfasst: Die Vierzylinder-Modelle mit dem internen Kürzel W 110 (Typen 190, 190 D, 200, 200 D und 230), die großen Wagen der damals noch nicht so genannten S-Klasse, also der W 111 (Typen 220, 220 S, 220 SE und 230 S) sowie die davon abgeleitete Luxuslimousine W 112 (Typen 300 SE und 300 SE lang). Auch zur Heckflossen-Generation zählen das Coupé und Cabriolet, obgleich sie keine Peilstege aufweisen (220 SE, 250 SE, 280 SE, 300 SE und 280 SE 3.5).

Warum eigentlich Heckflossen, und wer hat sie erfunden? Dazu müssen wir um Jahre zurück- und über viele Kilometer jenseits des Großen Teiches blicken. Heckflossen kommen aus

Weißes Auto, weiße Reifenflanken und elfenbeinfarbenes Lenkrad: völlig jungfräulicher 220 Sb in voller Pracht, der bisher wohl am meisten modische Mercedes. *Foto: Archiv Daimler Benz*

Nein, keine Heckflossen. Daimler-Benz sprach von Peilstegen und gab dem modischen Attribut einen technisch-pragmatischen Anstrich.

Foto: Archiv afs

Amerika, wie überhaupt das Automobildesign aus Amerika kommt.

Dort hatten Männer wie Harley Earl, Virgil Exner und Bill Mitchell die Lizenz zum Träumen, sie waren die Designikonen der amerikanischen Automobilindustrie in den 50er-Jahren. Nahezu ohne wirtschaftliche Vorgaben durften sie den Bleistift schwingen und zu Papier bringen, wie sie sich einen Traumwagen vorstellten. Traumwagen, »Dream Car«, so nannte man damals, was später Stylingstudie und heute Concept Car heißt. Doch ein heutiges Concept Car hat ganz andere Vorgaben als ein Traumwagen. Es muss dem Kunden schmackhaft machen, was der Hersteller in absehbarer Zeit ohnehin zu produzieren beabsichtigt. Bei einem Dream Car hingegen war die Realität des späteren Serienfahrzeugs Nebensache. Die Illusion war das Ziel.

In den 50er-Jahren träumten die Amerikaner hauptsächlich vom Fliegen und vom Mond, unzählige TV-Serien im Weltall zeugen davon. Der Amerikaner wollte ein Pilot oder »Rocket

Er zeichnete »die Flosse«: Daimler-Benz-Chefdesigner Friedrich Geiger (1907 bis 1996).

Foto: Archiv Daimler-Benz

Diese Moderne war nach der Ponton-Generation in Mercedes-Kreisen nahezu unerhört und sorgte »all over the world« für Furore. In den USA selbstverständlich, aber auch auf der London Motor Show 1960 war der W 111 umlagert und wurde bewundert. Foto: Archiv afs

Man« sein, und die idealisierte automobile Form orientierte sich am Düsenjet und der Rakete. Wahrgewordene Träume sind in den Himmel ragende, spitze Heckflossen und Stoßstangenhörner, die einem Weltkriegsbomber alle Ehre machen würden. Solche Gebilde zeichneten Männer wie Earl, Exner und Mitchell, die Vorträumer in den Designstudios der großen amerikanischen Marken. Sie schufen bunte Innenausstattungen mit bonbonfarbenen Lenkrädern und goldenen Bedienknöpfen, die einem Düsenjet glichen, weit um die Dachseiten herumgezogene Panoramascheiben für nahezu ungetrübten Rundumblick, und sie hatten Visionen von technischen Helferlein, die ihren Weg in die Serie erst 20 Jahre später finden sollten.

Der wohl bekannteste amerikanische Autodesigner ist Harley Earl (1893 bis 1969), der GM-Designchef der 50er-Jahre. Earl entdeckte die Designdynamik als Instrument der Marken-

Wie Schmetterlingsflügel: Gegeneinander laufende Scheibenwischer sind gut für die Symmetrie. Foto: afs

Detailverliebt, detailverspielt: Die Heckflosse wird mittels einer Zierleiste betont, die Verkleidung der Entlüftung an der C-Säule ist beinahe schon Art Déco. *Foto: afs*

führung und ist der Vater der Dream Cars (das erste überhaupt war sein Buick Y-Job von 1938). Er liebte nicht nur Pastelltöne, sondern versah seine Schöpfungen gerne mit verchromten oder gar goldenen Ornamenten, er war der Erfinder der Heckflossen, der Panoramascheiben und des fließenden Hardtop-Daches. Letztlich gilt Earl als der erste Automobildesigner schlechthin. Sein Kollege Virgil Exner ließ die Flossen bei Chrysler wachsen, und Earls Nachfolger Bill Mitchell schaffte sie bei GM 1958 nach seinem Amtsantritt wieder ab.

Die Situation bei Mercedes spiegelt die europäische Wirklichkeit wider: Eine Mode schwappt aus den USA nach Europa über, und wenn sie hier landet, ist sie in ihrer Heimat bereits passé und wird vom nächsten Trend ersetzt. Als der Heckflossen-Mercedes erschien, schafften die Amerikaner die Heckflossen ab. Es war für Daimler-Benz ein schwieriger Design-Spagat. Einerseits vergötterte und übernahm das Nachkriegs-Deutschland jeglichen Amerikanismus. Andererseits wurde, gerade im Automobil-Design, in Europa erkannt, dass das Diktat der Mode einen für hiesige Verhältnisse zu raschen Modellwechsel bedingte, was das Vorjahresmodell jeweils entwertete. Europäer wollten eher Modellkonstanz. Schossen sich europäische Stilisten auf amerikanische Moden ein, so war die Halbwertszeit des Geschaffenen sehr klein. Dieses Hin- und Hergerissensein offenbart sich auch in Äußerungen des Konzerns bezüglich der Karosserielinie der Heckflossengeneration (Design: erneut Friedrich Geiger). Daimler-Benz sprach gerne davon, die eigenen Kreationen seien »modern, ohne modisch zu sein«, und zur nachhaltigen Strategie gehöre es, »stets einen Schritt hinter der Mode« zu sein. Das ist schön und gut formuliert, aber eben doch nur eine Rechtfertigung dafür, nun doch einem Designmerkmal erlegen zu sein, das just aus der Mode kam, als der 220 S erschien. Da ersonn Daimler-Benz das Wort von den Peilstegen. Das gab der Sache einen funktionalen Anstrich: Stege, die dazu dienen, peilen zu können. Mit anderen Worten: Durch die Flossen sah der Fahrer die hinteren Karosserieabschlüsse beim Rangieren, was ihm Selbiges erleichterte. Und schon, so die Daimler-Benz-Logik, folgt die Form wieder der Funktion (»form follows function« – vernünftig) und nicht umgekehrt (Form beeinträchtigt Funktion – unvernünftig).

Die Flossen sind nicht das einzige Designmerkmal der Heckflossen-Generation, auch die so genannte Trapezlinie. Darunter wird verstanden, dass der Karosseriekörper, im Profil be-

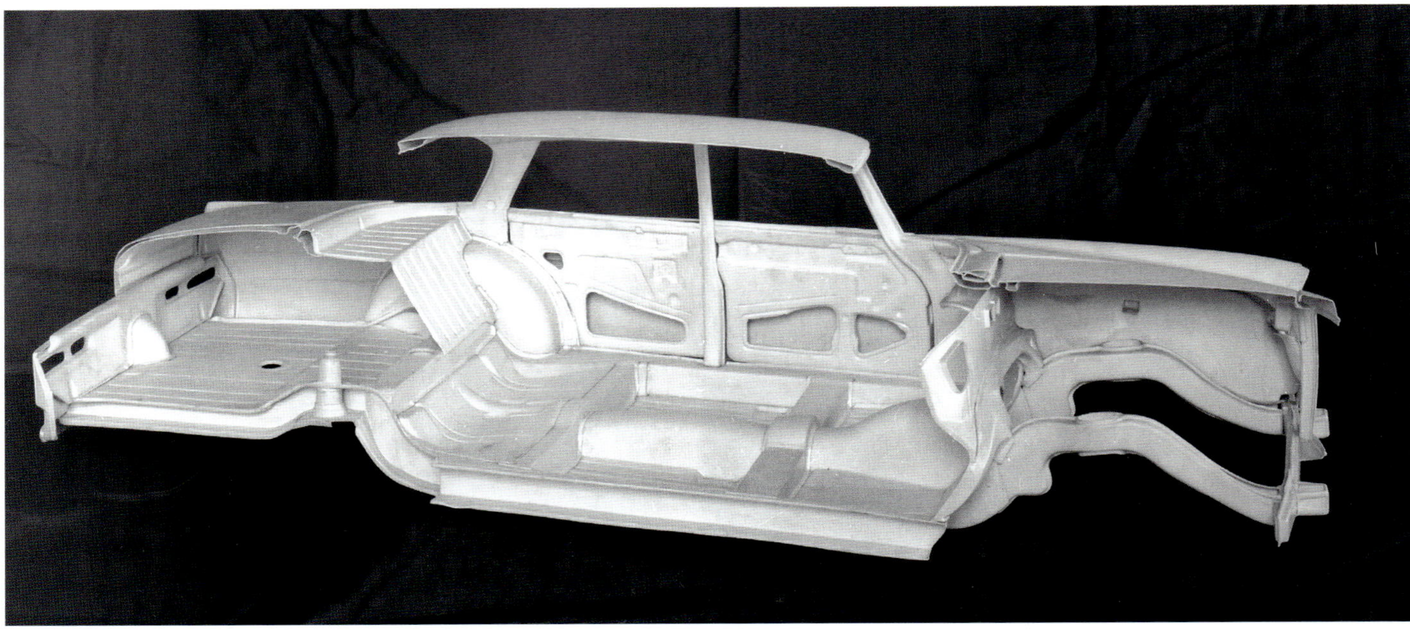

Ein Schnittmodell der Karosserie. Die gebogenen Längsträger ermöglichen eine kontrollierte Deformation der Knautschzonen, Ergebnis der Forschungen des Mercedes-Sicherheitskonstrukteurs Béla Barény, der die passive Sicherheit im Automobilbau begründete. Foto: Archiv Daimler-Benz

trachtet, die geometrische Form eines Trapezes aufweist. Auch das war damals Mode, geschaffen vom italienischen Designstudio Pininfarina und zunächst vom britischen BMC-Konzern verwirklicht. Typische Vertreter der Trapezlinie sind die englischen Austin/Morris A55/A60-Modelle und der Fiat 1800/2100. Sie wurden gleichzeitig mit der »Heckflosse« im Frühjahr 1959 präsentiert. Und noch ein Designmerkmal war völlig en vogue: Doppelscheinwerfer. Auch sie prägen das Gesicht der »Heckflosse«, wenn auch nicht unmittelbar. Die hohen Scheinwerfer bieten Platz für zwei übereinander angeordnete Rundscheinwerfer, und zumindest in den Export-Versionen für USA wählte Daimler-Benz diese Option. Die Panoramascheiben, ebenfalls eine aus den USA kommende Mode, hatten durchaus ihre Vorteile. Der Innenraum war durch schmale Fensterpfosten Licht durchflutet, der tote Winkel wurde minimiert.

Last but not least zeichnete sich Ende der 50er-Jahre ein weiterer automobiler Trend ab, der auch heute wieder sehr stark ist: das regelmäßige Wachstum der Karosserien von einer Generation zur nächsten. Groß mussten 1959 die Autos sein, Platz bieten für ebenfalls groß gewachsene Menschen und für deren immense Habseligkeiten, die sie mitzuschleppen pflegten. Diese immer schwereren Autos mit ihren immer schwereren Passagieren und ihrem immer schwereren Gepäck bedurften natürlich immer stärkerer Motoren, damit die Fuhre ordentlich vom Fleck kam. Also wuchsen auch die Motorleistungen, parallel zum deutschen Wirtschaftswunder. Ende der 50er- und Anfang der 60er-Jahre war also Größe angesagt. Diese Größe korrelierte der Westeuropäer ebenso wie der Amerikaner mit Freiheit, sie war quasi die Repräsentanz seiner Saturiertheit, seines Erfolges, seines Selbstwertgefühls und nicht zuletzt ein Ausdruck von Egomanie.

Daimler-Benz hatte mit seiner oberen Mittelklasse, dem Ponton-220er, keine Absatzsorgen. Ein Mercedes ließ sich immer gut verkaufen. Aber der W 120 repräsentierte in den ausgehenden 50er-Jahren das Formgefühl des auslaufenden Jahrzehnts, und die Konkurrenz von Opel (Kapitän) sowie Borgward (2400) rüstete auf. Außerdem drangen Ende der 50er-Jahre erstmals nennenswert Importfahrzeuge auf den deutschen Markt. In Staaten ohne eigene Automobilproduktion wie Österreich, der Schweiz und den Benelux-Staaten hatten deutsche Wagen ohnehin mit internationaler Konkurrenz zu kämpfen. Und gerade der wichtige US-Markt erforderte moderne Importfahrzeuge, um gegen die einheimische Übermacht auch nur ansatzweise bestehen zu können. Die Zeit war also reif für einen neuen Typ.

1956 begannen die Arbeiten am Nachfolger unter den Herren Fritz Nallinger (Chefingenieur), Rudolf Uhlenhaut (Leiter Pkw-Entwicklung) und Karl Wilfert (Leiter Karosserieentwicklung). Damals wurde beschlossen, einen Einheitstyp zu lancieren - also ein Fahrzeug, das sowohl die Mittel- als auch

Hintere Radaufhängung: Eingelenk-Pendelachse mit Schubstreben (= Längslenker), eine frühe und (aus heutiger Sicht) einfache Form der hinteren Einzelradaufhängung. Ihr gewichtiger Nachteil ist, dass sich beim Ein- und Ausfedern der Sturz der Räder erheblich ändert. Erst 1968 erschien der erste Mercedes mit Schräglenkerhinterachse, der Strich-Achter. *Foto: Archiv Daimler-Benz*

die Oberklasse ablösen sollte. Das Rückgrat für den neuen Mercedes bildete das Chassis des Typs 219. Im Laufe des Jahres 1957 schuf die Stylingabteilung diverse Modelle, das Fahrwerk des 219 wurde überarbeitet, der durchaus aktuelle 220er-Motor erfuhr kleine Modifikationen. Anfang 1958 bevölkerten erste Prototypen die Straßen rund um Stuttgart. Sie entsprachen in Grundzügen dem fertigen Fahrzeug, waren aber mit einem großen, ovalen Grill getarnt, manche trugen runde Scheinwerfer, andere vertikale Leuchteinheiten, und etliche davon waren in mattem Oliv lackiert. Im Mai 1959 startete Daimler-Benz die Vorserie im Werk Sindelfingen. Hier wurde die Produktion erprobt und vom Vorgänger auf den Nachfolger umgestellt, die Arbeiter wurden an das neue Produkt gewöhnt, letzte Fehler konnten ausgemerzt werden.

Das Maß aller Dinge in der Oberklasse: Mercedes 220 b, 220 S und 220 SE

Die Fachwelt reiste in den französischen Jura, wo der neue Mercedes im August 1959 in großem Rahmen vorgestellt wurde. Drei Fahrzeuge präsentierten die Stuttgarter: den Mercedes 220 b als Nachfolger des 219 und sozusagen als Einstiegsmodell, den Mercedes 220 Sb als Volumenmodell und den Mercedes 220 SEb mit Einspritzmotor, beide mit identischen Bezeichnungen und Motoren wie die Vorgänger. Die Journalisten waren beeindruckt, und als das Publikum offizielle Fotos sah und später, nach Auslieferung der ersten Fahrzeuge, die Wagen selbst, war es ebenso beeindruckt. Natürlich von der schieren Größe (12,5 Zentimeter länger als der Vorgänger), auch von den modischen Stilelementen, von den doppelten Stoßstangen, von der gestreckten Form. Die neuen 220er machten etwas her, weckten Begehrlichkeiten, und der Glanz des Fahrzeugs färbte ab auf seinen Fahrer.

Friedrich Geiger vermochte es geschickt, den ohnehin schon großen Wagen optisch zu strecken. Der fast schwebend wirkende Pavillon wirkte, als sei er vom Karosseriekörper getrennt. Und dieser verbleibende Karosseriekörper wiederum war durch die horizontale Sichtkante quasi in ein Ober- und ein Unterteil geteilt, und der nochmaligen Auflockerung diente die vom hinteren Radlauf bis zur Stoßstange reichende, zweite Karosseriesicke. Der Neue war fünf Zentimeter niedriger als

Ein Hit in der ganzen Welt: 220 SE beim Angeln in New South Wales, Australien. *Foto: Archiv afs*

W 111 als Schnellreportagewagen des Bayerischen Rundfunks mit fest eingebautem Tonband-Aufnahmegerät vor dem Münchner Funkhaus anno 1966. *Foto: Archiv Bayerischer Rundfunk*

sein Vorgänger und ebenso viel breiter. Die Doppelstoßstangen betonten die Vertikale, unterstützt von den wie seitliche Begrenzungen wirkenden Hochkantscheinwerfern, und wenn sich ein 220er von hinten bedenklich näherte, machte jegliches automobile Geziefer freiwillig Platz. Die Scheinwerfereinheiten nahmen die Formensprache des 300 SL Roadster auf, sie umfassten die Hauptscheinwerfer, Blinker, Parklichter und serienmäßigen Nebellampen (letztere nur 220 S und SE). Das Heck hingegen wirkte durch etwas übermäßige Chromzier fast schon wuchtig. Von der gestreckten Linie profitierte vor allem der Kofferraum. Nie war er größer als bei der Heckflosse.

Die Bodengruppe entsprach weitgehend dem seitherigen Typ 219. Insgesamt wurde die Einheit versteift, der tiefer gelegte Boden sorgte für ausreichend Sitzhöhe (notabene: das neue Modell war fünf Zentimeter niedriger als der Vorgänger) und

Geschmückt wie ein Pfingstochs': Es war in den 60ern eine Mode, Autos zu allerlei Anlässen mit Girlanden zu behängen und mit Blumen herauszuputzen. Übrig geblieben von dieser Mode ist bis heute allenfalls das Blumendekor auf Hochzeitsautos. *Foto: Archiv afs*

einen niedrigeren Schwerpunkt, was wiederum der Straßenlage zugutekam. Auch der bewährte Fahrschemel blieb erhalten, ebenso wie die Schraubenfedern, die weiter nach außen wanderten. Federung und Dämpfung wurden verfeinert, die Kugelumlauflenkung entsprach bis auf Details dem Vorgänger, und ab August 1961 war optional eine Servounterstützung erhältlich. Auch die hintere Pendelachse blieb bestehen, sie wurde weiter modifiziert, und ab August 1963 offerierte Daimler-Benz auf Wunsch eine hintere Zusatz-Luftfederung. Die vier Trommelbremsen des Vorgängers blieben nahezu unangetastet, beim Basismodell 220 b war der Bremskraftverstärker aufpreispflichtig. Ab April 1962 lieferte Daimler-Benz vordere Girling-Scheibenbremsen. Im August 1963 wurde die Einkreis- durch eine Zweikreisbremsanlage ersetzt. Zeitgenössische Tester waren sich einig, dass das Fahrverhalten der S-Klasse tadellos

Den Blumenschmuck auf die Spitze getrieben: österreichischer 220 SE mit den für den dortigen Markt typischen, runden Zusatzblinkern an den Kotflügeln. *Foto: Archiv afs*

Auch eine Art Schmuck, oder Missbrauch des Blechs, jedenfalls Zweckentfremdung einer würdigen Heckflosse: Der Mercedes feiert Fasching in Neu-Ulm 1968. *Foto: Stadtarchiv Neu-Ulm*

Auch im Ostblock begehrt: W 111 in Ungarn in direkter Nachbarschaft eines Tatra T-603, ein staatstragender Wagen, für den wohl auf dem ungarischen Markt kein Weißwandreifen als Ersatz erhältlich war.

und vorbildlich sei, sowohl was die Straßenlage als auch den Komfort anbelangt.

Kaum Veränderungen unter der Motorhaube: Zwei Fallstromvergaser unterschiedlichen Typs beim 220 b und 220 Sb, letzterer ab Sommer 1963 mit Startautomatik; leichte Modifikationen an der Einspritzanlage des 220 SEb. Das brachte ein Leistungsplus gegenüber den Vorgängern: 95 PS beim 220er, 110 beim 220 S und 120 beim 220 SE. Geschaltet wurde via Schalthebel am Lenkrad, ab Herbst 1964 wahlweise Knüppelschaltung. Die seidenweichen und durchzugsstarken Maschinen verlangten geradezu nach einer Automatik, doch darauf mussten die S-Klasse-Fahrer bis Sommer 1962 warten. Daimler-Benz setzte nicht auf eine Wandlerautomatik, sondern auf ein Viergang-Planetengetriebe mit hydraulischer Kupplung. Ihr Vorteil: Sie fraß weniger Leistung als die amerikanischen Wand-

Rad ab: Moderner *Teamwork-Unterflurstand in der Mercedes-Vertretung in Mayen/Eifel. 220 SE nebst 190 D.* *Foto: Archiv Daimler-Benz*

ler-Boxen. Ihr Nachteil: Sie schaltete nervös hin und her, die Schaltvorgänge waren deutlich spürbar. Die Mercedes-Automatik erleichterte also lediglich den Umgang mit dem Wagen, der Komfortaspekt (das hauptsächliche Kriterium, warum ein Automatik-Wagen erworben wird) kam aber zu kurz.

Nach den Patenten des Daimler-Benz-Sicherheitsexperten Béla Barényi zeigte sich die Fahrgastzelle für die damalige Zeit ungewöhnlich stabil. Sie war nach den Gesichtspunkten der passiven Sicherheit konstruiert worden: gepolstertes und nachgiebiges Armaturenbrett, Lenkrad mit Prallplatte, mit Kunststoff ummantelte Bedienelemente und Fensterkurbeln, selbst der Innenrückspiegel wusste, was er bei Feindberührung zu tun hatte: Er fiel ab.

War der Mercedes-Chauffeur bislang edle Hölzer im Blickfeld gewöhnt, so musste er sich mit Imitat zufriedengeben, das im Falle eines (Un)falles nicht splitterte. Doch eigentlich im Blick hatte der Fahrer das Kombiinstrument. Und das war der einzige Stein des Anstoßes beim Heckflossen-Mercedes. Es war vertikal angeordnet, unübersichtlich, schwierig abzulesen

220 S mit *Zweifarbenlackierung. Es gab zwei Arten der Absetzung: Meist war die C-Säule in Dachfarbe lackiert, manchmal nicht. Zudem waren auf Wunsch die Radkappen in Dachfarbe gehalten, serienmäßig war Karosserielack. Dieser Wagen trägt auch eine frühe Version der heizbaren Heckscheibe, ein separat aufzuklebendes Teil aus dem Zubehörhandel, das aus dem Bordnetz gespeist wurde.* *Foto: Archiv afs*

Äußerst dynamisch: Mercedes-Anzeige in der amerikanischen Road & Track vom Mai 1961, worin Daimler-Benz die Einzelradaufhängung betont und hervorhebt, sie sei »perfected in racing and cornering«: Der 220 SE bleibe im Gleichgewicht, wenn andere Fahrzeuge längst ins Schleudern gerieten. *Quelle: Archiv afs*

Als Gebrauchtwagen stets gefragt: 220 SE auf einem Münchner Gebrauchtwagenplatz im Juli 1969. Generell ist es ein herrliches Thema für Wachträume, sich in diese Zeit zurückzubeamen und mit ein paar tausend D-Mark in der Tasche hier auf Einkaufstour zu gehen. Foto: Archiv afs

US-Version des 220 SE mit den charakteristischen Doppelrundscheinwerfern, die in Europa erst durch den 300 SEL 6.3 der Nachfolgegeneration populär werden sollten. Aufnahme eines mit ovalen Zollkennzeichen versehenen Wagens in der Mercedes-Niederlassung Luzern im September 1961. Foto: Archiv afs

Die Sealed-Beam-Doppelscheinwerfer trug der W 111 obligatorisch auf dem US-Markt. Dieser hat sie nicht und trägt dennoch eine US-Zulassung. Des Rätsels Lösung: Es ist ein in Deutschland von einem Besatzungssoldaten erworbener Gebrauchtwagen.
Foto: Archiv Wolfgang Diem

und überdies ungenau. Seine äußere Gestaltung und seine Anordnung gaben ihm den Spitznamen Fieberthermometer. Die übrigen Armaturen waren konventionell ausgestaltet und befanden sich seitlich der Tacho-Skala. Fahrer und Beifahrer saßen auf Einzelsitzen, bis zur Liegeposition umlegbar. Optional bot Daimler-Benz einen gepolsterten Deckel für das Ablagefach dazwischen an, dann konnte ein Kind in der Mitte sitzen. Hinten war genügend Platz für drei, denn die fünf Zentimeter mehr Fahrzeugbreite kamen voll dem Innenraum zugute.

Für Pragmatiker und Rechner: Der Mercedes 220 b

Den 220 S und 220 SE verstand Daimler-Benz (neuzeitlich ausgedrückt) als Premium-Produkt, und das zu Recht. Eine Sonderstellung nahm der 220 b als Nachfahre des 219 ebenso wie dieser ein. Der 220er war nicht wirklich das Einstiegsmodell und auch keine abgemagerte Sparversion (das hätte der S-Klasse damals wie heute nicht gut angestanden). Nein, er hatte einen anderen Charakter und sprach dadurch eine andere Klientel an. Zwar verfügte er über weniger Pferde und auch über eine reduzierte Ausstattung. Dadurch war er aber auch 30 Kilo leichter als der S und SE. Seine kürzere Hinterachsübersetzung machte ihn zusätzlich agiler. Er war die vernünftigste Art, S-Klasse zu fahren, das Auto für Vertreter, Vielfahrer, für Landärzte, ja für Pragmatiker. Mehr Sein als Schein war seine Devise. Er verzichtete auf Chrom, und vor allem seine Heckpartie unterschied ihn sehr von den teureren Brüdern: Fast schon nüchtern wirkte sie durch den Verzicht auf die doppelten Stoßstangen und die pompöse Kennzeichenbeleuchtung. Seine Rückleuchten waren völlig anders gestaltet und kleiner. Mit dem 220 b nahm

Zweifarbiger Mercedes 220 b mit stolzer Dame im Petticoat. Für die Spätgeborenen: Der Petticoat ist nicht der Überrock, den man sieht, sondern das Darunter, bauschig-weit aus versteiften Nylon- und Perlonstoffen und mit verzierten Stufen. Der Überrock dagegen ist äußerst tailliert und weit. Seine Hochphase hatte der Petticoat in der zweiten Hälfte der Fifties, denn er war prädestiniert für die Bewegungen des Rock-'n'-Roll- und Twist-Tanzes. Abgelöst wurde die Petticoat-Phase in der zweiten Hälfte der 60er durch den Minirock. *Foto: Archiv afs*

Dem Fotografen und *der allgemeinen Lage weit weniger zugetan als die Petticoat-Lady ist dieser unwillige Junge. Der Mercedes 220 b hingegen präsentiert sein einfaches Heck, das in krassem Gegensatz zur schwer geschmückten Front steht. Die kleineren Rückleuchten sollten später die vierzylindrigen W-110-Modelle erben.* *Foto: Archiv afs*

Nie zuvor und *nie danach war ein Kofferraum bei einem Mercedes größer als bei der Heckflosse.* *Quelle: Archiv afs*

Daimler-Benz die Heckgestaltung des künftigen 190 voraus. Im Profil wirkte es etwas seltsam, dass die vorderen Stoßstangen doppelt und die hinteren einfach ausgeführt waren. Schade und nicht konsequent war, dass Daimler-Benz auch an Sicherheitsmerkmalen sparte, Bremskraftverstärker und ordentliche Reifen kosteten Aufpreis.

Das teure E: Zehn PS für 1700 Mark und ein sportliches Image dank Rallyesport

Der Automobilhistoriker Werner Oswald mochte die Einspritzversion nicht. In seinem Standardwerk »Deutsche Autos« spricht er von »deren ganz beträchtlichem Mehrpreis, der in keinem angemessenen Verhältnis zu dem nur unbedeutenden Leistungszuwachs stand.« So weit, so gut. Das ist Oswalds Meinung - jedoch war er der Meinungsbildner par excellence. Der 220 SE war spritziger als die Vergaserversion, erreichte eine höhere Endgeschwindigkeit und verbrauchte dabei weniger Superbenzin. Daimler-Benz war beileibe nicht der Pionier in Sachen Benzineinspritzung, aber gab der Benzineinspritzung dasjenige Renommee, das diese Form der Gemischaufbereitung viele Jahre lang innehatte: Sie war fortan ein Attribut leistungsstarker Klassewagen mit entsprechend eingeschenktem Hubraum, ein technischer Leckerbissen für Kenner, ein Leistungsbeweis für Sportfahrer. Das magische »E« oder später das »I« (für Injektion) in der Typbezeichnung war ein Muss für den wirtschaftlich arrivierten Technikfan. Der Konservative fuhr die Version mit Vergaser. Denn die meisten Autohersteller boten die Wahl zwischen Vergaser oder Einspritzung.

Der Monte-Carlo-Sieg war *die Feuertaufe: Walter Schock und Rolf Moll gewannen 1960 die »Mutter aller Rallyes«. Es war ein Dreifachsieg des 220 SE: Rang Zwei für Eugen Böhringer und Hermann Sacher, Rang Drei für Eberhard Mahle mit einem Co Roland Ott. Dann kam ein Sunbeam Rapier, und Rang Fünf ging wieder an einen 220 SE, die niederländischen Privatfahrer Hans Tak und Johan Swaab.* *Foto: Archiv afs*

Großer Preis der Tourenwagen 1963 auf dem Nürburgring (»Europapokal für Tourenwagen«): Hauptgegner der Mercedes W 111 waren die schnellen Jaguar Mk II, aber auch flotte Volvos und Alfas. Peter Lindner/Peter Nöcker im Jaguar siegten, dann folgten die beiden Mercedes von Eugen Böhringer/Dieter Glemser (300 SE) und der Schwedinnen Evy Rosqvist/Ursula Wirth (220 SE) auf Rang Drei. *Foto: Archiv afs*

Sportlich ambitioniert war der 220 SE auch, nicht nur sein luftgefederter Bruder 300 SE. Karl Kling, der legendäre Rennfahrer, war als Nachfolger Alfred Neubauers Leiter der Mercedes-Sportabteilung. Unter einer Ägide nahm Daimler-Benz am Tourenwagensport teil, und der 220 SE fuhr zwischen 1960 und 1965 sehr viele bedeutende Siege bei internationalen Rallyes und Rundstreckenrennen ein. Klings Team stellte den Rallye-Europameister 1960 (Walter Schock) und 1962 (Eugen Böhringer). Das war die größtmögliche Auszeichnung, denn damals gab es noch keine Rallye-Weltmeisterschaft. 1965 gab Daimler-Benz sein Engagement im Tourenwagensport auf.

Mehr als nur ein Lückenbüßer: Mercedes 230 S

Mit Erscheinen des W 108 im September 1965 stellte Daimler-Benz die 220er-Typen ein. Die Peilstege-Generation sollte aber noch drei Jahre weiterleben, nicht nur in Form der kleineren Typen 200 und 230, sondern auch als S-Klasse. Die 220er wurden nämlich nicht nur von der neu konstruierten S-Klasse in Form des 250 S und 250 SE abgelöst, sondern auch vom 230 S als 220-b-Nachfolger mit der bisherigen Karosserie.

Das Vorgängermodell als Einstiegsvariante weiterlaufen lassen, obgleich der Nachfolger bereits am Markt ist, ist bis heute gang und gäbe, aber zumeist in der kleinen oder Mittelklasse. Dass diese Art der Amortisierung (oder des Recyclings?) in der Oberklasse stattfindet, ist schon ein ziemlich einmaliger Fall. Dabei sagten etliche Kenner der Materie, ein 230 S sei damals ein hervorragendes Automobil gewesen und dem 250 S vorzuziehen, und heute zieht mancher Freund klassischer Mercedes den 230 S einem 220 S oder SE vor.

Als der 230 S im Juli 1965 erschien, waren die 220er-Typen soeben entschlafen. Nichts am 230 S war neu, alles stammte aus den Mercedes-Teileregalen. Neu war allenfalls die Mischung dieser Einzelteile, also das Zusammenspiel, und das war ein harmonisches. Optisch entsprach der 230 S dem seitherigen 220 S/SE, ebenso sein Fahrwerk, das in Nuancen aktualisiert wurde und Elemente des 250 S/SE verwandte. Der Motor (Typ M 180) stammte aus dem 230 SL und war eine gerade mal zwei Jahre alte Konstruktion. Sie baute auf der Maschine des 220ers auf, war etwas höher verdichtet und bekam 100 Kubikzentimeter mehr Hubraum eingeschenkt. Im 230 S leistete er 120, im SL stolze 150 PS. Aber der 230 S bediente sich ja keiner Benzineinspritzung, sondern erbte die Vergaseranlage vom 220 S. Auch das Getriebe stammte aus dem 230 SL. Der 230 S

Letzter Aufguss: 230 S von 1965 als ultimativer Vertreter der Heckflossen-Einheitskarosserie. Er wurde anfangs parallel zum Nachfolger W 108 gebaut und lebte bis 1968. *Foto: Archiv Daimler-Benz*

Als die Automatik noch einen Heckschriftzug wert war: 230 S Automatic (international und elegant mit »c« geschrieben) mit schöner, aber nicht originaler Felgendekoration. Der 230 S trug serienmäßig kleine Radkappen plus Radzierringe, sodass die komplette Felge chrombedeckt war. Dieses Exemplar hat in Wagenfarbe lackierte Felgen, kleine Radkappen und Zierringe, die nur den Felgenaußenrand abdecken (à la 230/250 SL oder 250 SE). *Foto: afs*

Kraftprotz: Motor des 230 S von 1965, 120 PS stark und eng verwandt mit dem Aggregat aus dem 230 SL. *Foto: Archiv Daimler-Benz*

war etwas einfacher ausgestattet als sein direkter Vorgänger 220 S, kostete ebenso viel, hatte aber 10 PS mehr unter der Haube. Freilich war sein Prestigewert in Anbetracht des 250 S/SE etwas gesunken, aber der Wagen war sehr ausgereift.

Zwischen August 1959 und Juli/August 1965 wurden 296.896 Fahrzeuge der Heckflossen-S-Klasse hergestellt, nämlich 69.691 Exemplare des 220 b, der 220 Sb lief 161.119-mal vom Band, vom 220 SEb wurden 66.086 Stück gebaut. Dazu kam der Mercedes 230 S, zwischen Juli 1965 und Januar 1968 entstand er 41.107 Mal.

Vorgänger des T-Modells: Der Kombi von IMA

Zu einer kleinen Serie brachte es der Mercedes Universal, ein bei IMA in Belgien gebauter und in Zusammenarbeit mit Daimler-Benz konzipierter Kombiwagen mit klaren Linien und gefälligen Formen. Er hatte eine einteilige, oben angeschlagene Heckklappe und verwendete die für die W110-Ambulanzen konzipierten, kompakten Rückleuchten. Wegen seiner erhöhten Nutzlast verfügte der Mercedes Universal über verstärkte Federn und große 15-Zoll-Räder, was seinem Fahrkomfort abträglich war. Serienmäßig war eine hintere Niveauregulierung, die Rücksitzbank war auf Wunsch geteilt ausgeführt, und als Siebensitzer mit dritter, entgegen der Fahrtrichtung angebrachter und voll versenkbarer Rückbank war er ebenfalls lieferbar. Die ersten Mercedes Universal entstanden Anfang 1965 als 190 D, später folgten die aufgewerteten Modelle 200, 200 D, 230 und sogar der 230 S - also der einzige, von Daimler-Benz selbst vertriebene Kombi auf S-Klasse-Basis.

IMA ist die Abkürzung für »Importateur des Moteurs d'Automobiles«. 1951 wurde die Firma in Brüssel als Importgesellschaft gegründet und hatte bald Mercedes und Saab für den belgischen Markt inne. 1954 folgte ein Montagebetrieb in der flämischen Stadt Mecheln (niederländisch Mechelen und französisch Malines; Belgien hat drei Amtssprachen). Dort montierte IMA zunächst Saab für den belgischen Markt, in den frühen Sechzigern auch einige Mercedes-W-110-Limousinen, und ab 1965 insgesamt 2754 Mercedes Universal, die Daimler-Benz über das eigene Händlernetz weltweit anbot. Ursprünglich waren 5000 Exemplare pro Jahr vorgesehen gewesen, aber wegen seines hohen Preises (ein Drittel teurer als die entsprechende Limousine) und des bockigen Fahrverhaltens war der Mercedes Universal ein Flop - zumal seit Mitte der 60er-Jahre vor allem Ford mit dem sechszylindrigen 20m einen komfortablen Kombi der oberen Mittelklasse offerierte, ganz zu schweigen vom »göttlichen« Citroën DS Break. IMA stellte Anfang der 70er-Jahre die Automobilmontage ein, nachdem Saab seine CKD-Fertigung zu Brondeel nach Antwerpen verlegt hatte.

Kräftiger Kombi: 230 S Universal mit 120 PS unter der Haube, 1966 für 15.900 D-Mark zu haben und damit 4000 Mark teurer als die Limousine. Foto: Archiv Daimler-Benz

Der »Werks-Kombi« stammte von IMA, doch es gab noch weitere Kombis auf Basis des W 111. Ein Einzelstück erstellte der belgische Karosseriebauer Jacques Coune (Debüt: Brüsseler Salon 1963), Fritz Jauernig in Wien realisierte eine Kleinserie. Im Bild ein Exemplar des Fahrzeugbauers Welsch aus Mayen in der Vulkaneifel, fotografiert in nicht mehr taufrischem Zustand. Foto: Wolfgang Diem

Der Primus der Oberklasse: Mercedes 300 SE und 300 SE lang

Kann ein Automobil einen demokratischen Tabubruch bedeuten? Es kann, und wenn es eines kann, dann der Mercedes 300 SE. Daimler-Benz war bis dato eine aristokratische Firma mit langer Tradition und einer fest gefügten Modellpalette. Der Konzern widerspiegelte sozusagen die politische Struktur in der stockkonservativen Adenauer-Zeit. Genau definiert war, was oben und was unten hingehörte, was gut und böse war, wer reich und wer arm war.

Für die Armen hatte Daimler-Benz nichts im Köcher. Der wirtschaftsgewunderte Mittelstand konnte einen Mittelklasse-Mercedes kaufen, Ponton oder später Heckflosse. Die wahrhaft Wohlhabenden erfreuten sich an der S-Klasse. Und darüber stand, wie der König auf dem Thron, der Mercedes 300. Konrad Adenauer fuhr ihn, Wirtschaftsmagnaten, Fabrikbesitzer und der alte Adel. Neureiche trauten sich nicht, ihn zu fahren, sie liebten amerikanische Straßenkreuzer. Prominente Künstler votierten für den britischen Jaguar.

Und dann erdreistete sich Daimler-Benz, die absolute High Tech zu lancieren, ein Automobil, so fortschrittlich wie noch keine Mercedes-Limousine zuvor. Und verpackte dieses geniale Stück ganz einfach in der Einheitskarosserie, gleich dem 190 Diesel. Das allerdreisteste aber war, dass Daimler-Benz dieses Auto »Mercedes 300 SE« nannte - und das zu einer Zeit, als der altehrwürdige, aristokratisch-steife 300er noch gebaut wurde. Ein Aufheulen ging durch die Nation, von der Auflösung tradierter Normen und Werte wurde gesprochen, und dass »der Daimler« das Unterste nach oben kehre. Fachleute sahen das anders. Journalisten, die den 300 SE fuhren, schwelgten in höchsten Tönen. Daimler-Benz selbst sah das auch anders. Es war die neue Zeit der 60er-Jahre. Und bald darauf, bei der Bundestagswahl im September 1961, verlor Konrad Adenauer

Die Krönung des Programms: 300 SE im vollen Ornat und in für das Fahrzeug typischer Umgebung. *Foto: Archiv Daimler-Benz*

Chauffeurslimousine: 300 SE lang mit im Bereich der hinteren Türe verlängerter Karosserie und ohne verchromte Schwalbe an der C-Säule. Die Karosserie entstand weitgehend in Handarbeit aus serienmäßigen W-111-Karosserien, wurde manuell durchgeschnitten und verlängert. Nur die Dachhaut und die äußeren Bleche der Fondtüren wurden am Fließband extra gefertigt. Foto: Archiv Daimler-Benz

seine absolute Mehrheit, er musste mit der FDP regieren. Daimler-Benz stellte das Klassengefüge wieder her. Der alte 300 d trat 1962 ab, und nach einer zweijährigen Phase ohne echtes Spitzenmodell erschien der Mercedes 600.

Während heute 3-Liter-V6-Motoren in Mittelklassewagen zu finden sind, markierte das magische Wort »Drei Liter« vor 65 Jahren die absolute Spitze. Die Drei-Liter-Wagen bedeuteten bei den englischen Limousinen »the cream of the crop« (Vanden Plas 3 Litre, Lagonda 3 Litre, Rover 3 Litre P5), und nur der Jaguar nahm sich heraus, noch mehr Hubraum eingeschenkt zu bekommen. Die Franzosen hatten gar nichts in dieser Klasse, weil ihre Luxusmarken während der ersten Hälfte der 50er allesamt eingegangen waren, die Italiener waren noch nie stark in Sachen große Limousinen. Die amerikanischen Hubraumriesen spielten in einer anderen Liga. Sie hatten zwar riesigen Karosserien und ebensolche Motoren. Aber technisch waren sie meist hinter Pfui Teufel angesiedelt.

Also kam dem Mercedes 300 SE eine Spitzenstellung im

Des 300 SE Herzen eingebaut im Motorraum. Trotz der Enge ist alles gut zugänglich. Weil Block und Zylinderkopf des Motors M 189 aus Aluminium gefertigt sind, wiegt der Motor rund 40 Kilo weniger als die bisherigen 3-Liter-Graugussblöcke aus dem Adenauer oder 300 SL. Foto: Archiv Daimler-Benz

Kommandostand eines Privilegierten oder eines abhängig Beschäftigten: Ein 300 SE taugte ebenso für den ambitionierten Herrenfahrer wie für den Gentleman, der sich, im Fond sitzend, von einem Chauffeur befördern ließ. *Foto: Archiv Daimler-Benz*

europäischen Automobilbau zu. In ihn packte Daimler-Benz hinein, was technisch machbar war, das Feinste vom Feinsten. Der 300 SE konnte alles: Er war gleichsam eine Luxuslimousine, ein Sportwagen und ein Träger höchsten konstruktiven Wissens. Mit dem 220 S/SE teilte er die Rohkarosse und ergänzte diese beiden nach oben. Auf den ersten Blick identisch, unterschied sich der 300er vom 220er durch viel zusätzlichen Chrom: Seitenzierleiste, Prägekante am hinteren Radausschnitt, vordere Radläufe, C-Säule, komplette Chromverkleidung der Einstiegsschweller, und der 300-SE-Schriftzug auf dem Kofferraumdeckel war chromumfasst. Innen bestach er durch feinste Polsterstoffe und echtes Holz, vorne und hinten sorgten Mittelarmlehnen für Bequemlichkeit.

Um dem Repräsentationsbedürfnis vieler Kunden entgegenzukommen, die einen großen Mercedes als Chauffeurlimousine nutzen wollten, brachte Daimler-Benz im Frühjahr 1963 den 300 SE lang. Die Typenbezeichnung 300 SEL gab es damals nicht, sie entstand erst zu Zeiten seines Nachfolgers W 109. Der 300 SE lang war zehn Zentimeter länger als die Normallimousine, die Streckung kam ausschließlich dem hinteren Fußraum zugute. Verlängert wurde die Karosserie im Bereich der hinteren Türen. Optional rüstete Daimler-Benz den langen 300er mit einer Trennwand inklusive elektrisch versenkbarer Scheibe aus. So weit die Optik, die Essenz des 300 SE liegt aber unterm Blech.

Der Motor (Typ M 189) war eine Neukonstruktion aus Leichtmetall (also auch der Block!) mit siebenfach gelagerter Kurbelwelle, thermisch gesund, er drehte wie eine Turbine, war kräftig, aber nicht leise. Seinen Saft bezog er wie der 220 SE über eine Bosch-Einspritzpumpe. Einen Teil seiner 160 PS verbrauchte er für die zahlreichen Nebenaggregate: Bremsservopumpe, Kompressor für die Klimaanlage (optional) und für die

Ein rechtsgesteuerter 300 SE lädt zum Einsteigen: feinste Stoffe, edle Hölzer und ein Instrument in Form eines Fieberthermometers.
Foto: Archiv Daimler-Benz

Mit Separée: Fondabteil des 300 SE lang mit optionaler Trennscheibe. Sie ist elektrisch versenkbar, der Schalter dafür ist zwischen den beiden Haltegriffen zu sehen. Es gab eine separate Fondraumheizung, Zentralverriegelung, edelste Stoffe. *Foto: Archiv Daimler-Benz*

Luftfederung. Leistungsmäßig war die Maschine nicht ausgereizt, und so spendierte Daimler-Benz dem M 189 im Januar 1964 zehn PS mehr dank etwas höherer Verdichtung und neuer Einspritzpumpe. Der 300 SE wurde zunächst ausschließlich mit Automatikgetriebe geliefert, jener Vierstufenbox, die auch im 220 SE Dienst tat. Der März 1963 brachte das ebenfalls im 220 SE verbaute Viergang-Schaltgetriebe in den 300 SE, wahlweise mit Lenkrad- oder Knüppelschaltung. Auch die Achsen stammten aus dem 220er, ab März 1963 gab es für die Antriebsachse wahlweise zwei schnellere Übersetzungen, was den 300 SE im Bestfall zum Tempo-200-Autobahnstürmer machte. Ab März 1962 gab es ein Sperrdifferenzial. Ebenfalls neu für eine Mercedes-Limousine: Vierrad-Scheibenbremsen. Das alles sind technische Features, die heute Standard sind und damals zwar nicht unbekannt waren, aber in ihrem Zusammenspiel ein Optimum an Komfort und eine ingeniöse Höchstleistung bedeuteten.

Getoppt wurde das Ganze durch die Luftfederung, und durch sie unterschied sich der 300 SE charakterlich völlig von seinen preiswerteren Brüdern. Sie vermochte es, eine hervorragende Straßenlage mit bestmöglichem Fahrkomfort zu verbinden, eine ungeahnte Harmonie. Der Wagen hielt, unabhängig vom Beladungszustand, stets Niveau, seine Seitenneigung in Kurven wurde auf ein Minimum reduziert, ebenso das Eintauchen beim Beschleunigen und starken Bremsen. Dabei glitt der Wagen, vor allem bei geringerem Tempo, über Unebenheiten einfach hinweg.

Ein derartig perfektes Fahrwerk forderte Karl Kling geradezu heraus, den 300 SE im Motorsport einzusetzen. In den Saisonen 1963 und 1964 ersetzte der Dreihunderter den 220 SE auf Rundkursen und bei Rallyeeinsätzen und war nahezu unschlagbar. Er wurde Rallye-Europameister und erkämpfte den Europapokal der Tourenwagen. Die Werks-300-SE leisteten zunächst 195 PS und waren 230 km/h schnell, in der Saison 1964 brachten sie es auf 205 PS.

Gebaut wurde der 300 SE von April 1961 bis Juli 1965. 6748 Exemplare liefen vom Band, darunter 1546 mit verlängertem Radstand. Er war vor allem in den USA erfolgreich. Dort hatte er mit einem weiteren europäischen Importwagen zu kämpfen, dem Jaguar Mk X. In Deutschland hatte er keinen Konkurrenten. Der barocke BMW V8 3200 wurde in kleinster Stückzahl produziert und war allein schon wegen seiner Formensprache ein Relikt der 50er-Jahre.

Volumenmodelle mit Einheitskarosserie: der 190er und 200er

Als die Heckflossen-S-Klasse auf den Markt kam und das Publikum mit seiner modernen Eleganz betörte, sahen die Ponton-Mercedes ziemlich alt aus. Sie waren echte Vertreter der 50er-Jahre-Formensprache, doch Daimler-Benz konnte nicht ein gesamtes Programm auf einmal ersetzen. Selten in der Mercedes-Personenwagen-Geschichte war der Sprung von einer zur nächsten Generation so eklatant. Hier war eine Designrevolution im Gange, während bei sonstigen Modellwechseln eher von einer Evolution gesprochen werden kann.

Die Ponton-Ägide war lange nicht zu Ende. Sowohl das 220er Coupé und Cabriolet als auch die kleineren Typen 180 c und 190 b mit Benzin- und Dieselmotoren mussten noch jahrelang auf Käuferfang gehen. Erst zum Modelljahr 1962 ersetzte Daimler-Benz die Mittelklassewagen durch die neue Generation W 110, zunächst 190 c (80 PS) und 190 Dc (55 PS), und sie erbten vom 220 b die Einheitskarosserie. Zumindest teilweise. Ab der Windschutzscheibe nach hinten waren die Rohkarosserien identisch, die Front zeigte sich völlig anders. Die Vierzylinder wirkten nicht wie aus einem Guss. Ihnen war anzusehen, dass nachträglich in ein harmonisches Ganzes hineingefummelt wurde. Gerade im Profil erschien die um 14,5 Zentimeter verkürzte Frontpartie einfach als zu kurz - nicht unbedingt im Verhältnis zum Fahrgastraum, aber in Relation zum riesigen Heck. Und auch bei der Frontgestaltung hatte das Team um Designchef Friedrich Geiger nicht das glücklichste Händchen: Die weit oben auslaufenden Vorderkotflügel à la S-Klasse bedingten eine hohe Stirnfläche, und in dieser wiederum wirkten die Rundscheinwerfer etwas verloren. Es war einfach ein ungewohnter Anblick, wenn bei einem Wagen dank eines Mittelkühlers wie beim Mercedes weite Flächen schlichtweg aus lackiertem Blech bestehen. Jedermann sah: Hier fehlen die Blinker. Sie saßen auf den vorderen Kotflügeln vor der Windschutzscheibe wie beim Vorgänger.

Eine Flotte »gemopfter« W 110 anlässlich der Präsentation des W108 am Rande des Formel-1-Rennens am Hockenheimring im August 1965.

Foto: Archiv afs

Ein »deutsches Musclecar«: Nur am Schriftzug ist er zu erkennen, der Mercedes 230 von 1966, mit 120 PS mehr als doppelt so stark wie ein 200 Diesel, aber optisch identisch. Foto: Archiv Daimler-Benz

In Stuttgart spricht man vom »Mopfen«, wenn eine Baureihe überarbeitet wird. »Mopf« ist nämlich die Abbreviatur von MOdellPFlege. Im August 1965 erschienen die gemopften Vierzylinder und hießen fortan 200 und 200 D. Zunächst die Optik: Die Front wurde geschickt überarbeitet: Die Blinker, in Einheit mit den Nebelscheinwerfern und den Parklichtern, wanderten unter die Scheinwerfer. Das ebenfalls etwas nackte Heck wurde auch aufgewertet: Eckigere, größere Heckleuchten und zusätzlicher Chrom ließen die Heckpartie etwas schwerer werden. In der C-Säule saß nun eine Dauerentlüftung. Viel tat sich unter der Haube. Der Ottomotor bekam 100 Kubik mehr Hubraum eingeschenkt, seine zwei Liter rechtfertigten die neue Typenbezeichnung. Fünffach gelagerte Kurbelwelle, höhere Verdichtung, Doppelvergaseranlage - durch klassisches »Werkstuning« stieg die Motorleistung um satte 15 auf 95 PS an. Das machte den Mercedes 200 zum richtig starken Wagen, und seine Fahrleistungen reichten beinahe an den zwar stärkeren, aber auch schwereren 220er heran. Und dann gab es noch den Mercedes 230, ein echtes, deutsches »Muscle Car«. Er strafte die These Lügen, der Sechszylinder passe nicht in den kurzen Vorbau. Er passt, und Daimler-Benz hat davon über 40.000 Stück gebaut.

Der Motor des Mercedes 230 entsprach nicht exakt demjenigen des 230 S, der dank Zenith-Doppelregistervergaser 120 PS Output hatte. Im kleinen 230er verbaute Daimler-Benz die Gemischaufbereitung des 200ers, so kam der Wagen zunächst auf 105 PS. Erst im August 1966 wurde in beiden 230ern die identische Vergaseranlage verbaut, und nun kam der 230 sogar auf 125 PS (also deren 5 mehr als im 230 S). In beiden Versionen war er ein totales Understatement-Fahrzeug, denn bis auf den Heckschriftzug wies nichts auf den Sechszylindermotor hin. Mit einer Höchstgeschwindigkeit von 180 km/h und einem Beschleunigungswert von 12 Sekunden auf Tempo 100 gehörte der Mercedes 230 zu den Schnellen auf der Autobahn, und noch während der gesamten 70er-Jahre waren diese Fahrleistungen das Maß in der gehobenen Mittelklasse (ein Ford Granada 2,3 Liter erreichte selbst 1980 diese Werte nicht!). Trotz desselben Motors kannibalisierte der 230 nicht den 230 S. Er blieb ein Mercedes 200 mit mehr Leistung, erreichte aber nicht das Komfortniveau der S-Klasse, weder in Bezug auf die Fahrwerksabstimmung noch die Ausstattung.

Die schiere Eleganz: Das Coupé und das Cabriolet

Das Coupé hätte Heckflossen haben können. Hatte es aber nicht. Und genau dies schuf die wunderbar elegante Form, die ihm ein zehnjähriges Leben bescherte. Die ersten Studien waren heckflossenbewehrt. Doch weil die amerikanischen Design-Vordenker gerade zu dem Zeitpunkt, als die Heckflossen-Generation auf den Markt kam, dieser Mode abschworen, orientierte sich auch der geniale Mercedes-Zeichner Paul Bracq um. Er war seit 1957 in der Daimler-Benz-Designabteilung und schuf das Coupé auf Basis der von seinem Chef Friedrich Geiger gestalteten Limousine. Es kam 1961, zwei Jahre nach der Limousine. Zeit genug, sich auf den neuen Stil einzustellen, sich in der Abteilung zu etablieren, sich ein wenig vom Chef zu emanzipieren, eigene Ideen einzubringen.

Das W 111-Coupé war ein nahe liegendes Konzept. Der Vorgänger im Ponton-Stil überlebte seine Artgenossen und sah neben dem Peilstege-Mercedes äußerst betagt aus. Sein Nachfolger nahm wesentliche Stilmerkmale und technische Komponenten der Limousine auf und war ein echter Fünfsitzer. Die ersten Zeichnungen Bracqs vom Jahresende 1957 wiesen noch ausgeprägte Heckflossen auf. 1958 war dann die hochelegante Linie von Dach und Heckfenster ausgegoren. Die definitive Form stand 1960 fest, im Februar 1961 nahm Daimler-

War der Mercedes-Chefstilist Friedrich Geiger noch der amerikanischen Linien gefolgt und hatte der Limousine Heckflossen spendiert, so hatte Paul Bracq (links), verantwortlich für die Linienführung von Coupé und Cabriolet, seiner zwei Jahre später erschienenen Kreation eine neue Linie verordnet, der auch die kommende Limousinen-Generation folgte. Foto: Archiv Daimler-Benz

Benz die Wiedereröffnung des Museums zum Anlass, das neue Coupé zu präsentieren.

Das Fahrwerk entsprach der Limousine, lediglich die Scheibenbremsen nahm das Coupé voraus. Kein Karosserieteil außer den Scheinwerfern und dem traditionellen Kühlergrill war mit der Limousine identisch, wenngleich die Formensprache übereinstimmte. Die Dimensionen variierten: Das Coupé war fast gleich lang, aber 5 Zentimeter breiter und 8,5 niedriger als die Limousine. Vor allem das Heck differierte und war leichter und ansprechender gezeichnet als das mit Chrom etwas überladene Limousinenheck (und es nahm die Gestaltung der kommenden

Später Prototyp: kein »echtes« Auto, sondern ein Mockup aus Gips und Plastilin, dessen Linienführung, vor allem im Dachbereich, so wenig definitiv ist wie die Rückleuchten, der Luftauslass an der C-Säule und die Türinnenverkleidungen. Und der obere Teil der doppelten Stoßstangen fehlt auch. Foto: Archiv Daimler-Benz

S-Klasse W 108 voraus). Innen bestach das Coupé mit feinsten Stoffen und echtem Holz. Kritiker des »Fieberthermometer-Tachos« freuten sich über die Abkehr von dieser vermeintlichen Untugend: Der Fahrer blickte auf zwei mittige Rundinstrumente.

Dem Coupé folgte mit einem halben Jahr Verspätung im September 1961 das Cabriolet, das bis auf Rahmenversteifungen technisch völlig dem Coupé entsprach. Ein schönes Detail waren die farblich auf die Außenlackierung abgestimmten Verdeckstoffe. Im Februar 1962 erschienen Coupé und Cabriolet als 300 SE mit all dessen High-Tech-Features, einem noch nobleren Innenraum und einer äußeren Aufwertung durch Zusatzchrom (Flankenzierleiste, Radlaufchrom).

Den Modellwechsel vom W 111/W 112 zum W 108/W 109 machten Coupé und Cabriolet nicht mit. Aber sie wurden technisch aktualisiert, was im kommenden Limousinen-Kapitel abgehandelt wird. Die Coupé-/Cabriolet-Baureihe lief bis Juli 1971.

Ein Mercedes 220 SE Coupé oder Cabriolet zu fahren war schon immer ein exklusives Vergnügen, nicht nur wegen des Preises, sondern auch wegen der Stückzahlen. Früh schon entwickelten sich diese schönen und diskreten Wagen zu Liebhaberfahrzeugen, oftmals in der Hand desselben Besitzers, teils der nächsten Generation weitergegeben. In der ersten Hälfte

Die schiere Eleganz: *300 SE Coupé, kenntlich an der Flankenzierleiste und dem Radlaufchrom, als sehr neues Fahrzeug in Tananarive auf Madagaskar. Der Winzling neben ihm ist ein Vespa 400 2CV, trotz des italienisch klingenden Namens ein Franzose.* Foto: Archiv afs

Ausgewachsener Viersitzer: Im *Coupé ließ es sich gut reisen. Besonders hübsch: Die Farbe der Radkappen korrespondiert mit derjenigen des Daches. Wenn die hintere Seitenscheibe nicht herabgelassen ist (wie auf diesem Bild), so wirkt der Wagen, als verfüge er über eine schmale B-Säule.* Foto: Archiv afs

Die Flossen zurecht *gestutzt: Coupé mit einfarbig roten Rückleuchten, noch keine orange gefärbte Blinkersektion (was an Neuwagen bis 31. Dezember 1969 erlaubt war und bis heute Bestandsschutz genießt). Der Eigentümer gönnte seinem 220 SE die seitliche Chromzierleiste des 300 SE.* Foto: Archiv afs

Kein Fieberthermometer: Das gediegene Armaturenbrett eines 220 SE Coupé. Die herabgelassene hintere Seitenscheibe demonstriert den Hardtop-Effekt. Foto: Archiv Daimler-Benz

Mit diesem 220 SE Coupé wird Europa bereist, bevor der ehemalige amerikanische Besatzungssoldat es mit in die Staaten nimmt. Der Aufkleber auf der Stoßstange verrät, dass er Mitglied in der AAA ist, der American Automobile Association – ein Autoclub, vergleichbar dem ADAC. Foto: Archiv afs

Was hätte sein können...: 300 SE Coupé als Landaulet-Umbau. Foto: Archiv Daimler-Benz

Was für ein Wagen! 300 SE Cabriolet von 1962 mit elfenbeinfarbenem Lenkrad. *Foto: Archiv Daimler-Benz*

Vorübergehend geschlossen: Das Cabriolet nimmt die Dach-Linienführung des Coupés auf, freilich ohne Panorama-Heckscheibe.
Foto: Archiv Daimler-Benz

Pace Car: 220 SE als Schrittmacher bei der Einführungsrunde des Großen Preises der Tourenwagen auf dem Nürburgring 1966.
Foto: Archiv afs

der 70er-Jahre mögen frühe Coupés in entsprechendem Karosserie- und Technikzustand preiswert gewesen sein, und so manches Coupé verbrachte seine letzten Tage mit einem lahmen Dieselmotor aus dem W 110. Einige Coupés mussten auch ihr Dach lassen und wurden nachträglich zu Cabriolets umgebaut, weil diese wesentlich höhere Liebhaberpreise erzielen. Viele Fahrzeuge, vor allem Cabriolets, wurden in den USA verkauft und später als sonnenverwöhnte und rostfreie »California-Cars« (auch wenn sie aus dem schneereichen New York kamen) in die Heimat reimportiert.

Kapitel 5:

Bis zu 6,3 Litern eingeschenkt:

Der W 108/W 109

Foto: Brabus

Die Modellstrategie bei Daimler-Benz, die »Heckflosse« mit Einheitskarosserie versehen zu haben, wurde und wird so häufig thematisiert. Als ob das bei deren Vorgänger, der Ponton-Baureihe, nicht genauso gewesen wäre! Und bei deren Vorgängern, den Typen 170 V und 220, erst recht! Aber wahrscheinlich wurde diese Besonderheit, die gar keine war, nur deshalb in der Literatur so sehr hervorgehoben, weil Werner Oswald sie thematisch sehr akzentuierte. An ihm und seinen Standardwerken im Motorbuch-Verlag orientiert sich eben heute noch jeder nachgeborene Autoschreiber. Und das zu Recht!

Jedenfalls fand die »Einheitskarosserie-Politik« bei Daimler-Benz mit der Baureihe W 108 ein Ende. Der 250 SE trug eine eigenständige Karosserie. Drei Jahre später erschien sein kleiner Bruder, die Baureihe W 114 und W 115, der »Strich-Achter«. Und erneut Werner Oswald: Der Strich-Achter habe sich formal zu sehr am W 108/W 109 orientiert, dass der weniger fachkundige Betrachter die beiden Baureihen verwechselte, was wiederum den großen Mercedes entwertet habe.

Darunter litten die W 108 und W 109, weil sich diese Meinung im allgemeinen Gedächtnis festschrieb. Auch heute: Der Strich-Achter ist ein arrivierter Klassiker, einer der am meisten verbreiteten Klassiker auf der Straße. Und wenn dann ein 280 SE oder ein 300 SEL des Weges kommt, geschieht noch heute genau das, was Oswald damals schon konstatierte: Die Fahrzeuge werden verwechselt.

Dabei sind der W 108 und sein großer Bruder W 109 wunderbare Fahrzeuge, und völlig eigenständig, selbstverständlich! Sie sind der Schritt von Daimler-Benz in die Moderne. Die Heckflosse ist ein Oldtimer. Der W 108 ist ein Fahrzeug, mit dem man heute noch fahren kann, alltäglich, mit dem man mithalten kann, souverän. Seine Geschichte ist spannend, vom überzüchteten 2,5 Liter mit eingeschränkter Standfestigkeit über den legendären und unverwüstlichen 280er bis hin zum Einzug der V8-Motoren in den großen Mercedes. Dann die darüber angesiedelte Baureihe, der W 109 mit der Luftfederung, mit dem Gipfel dessen, was sich Untertürkheim an Luxus vorstellen konnte, und als absoluter Höhepunkt die geniale Idee, den Motor des majestätischen Mercedes 600 in den W 109 zu transferieren. Damit wurde ein automobiles Genre geschaffen, das heute in der dünnen Luft der absoluten Oberklasse gang und gäbe ist: Eine Luxuslimousine mit den Fahrleistungen eines Sportwagens.

Ein stilistisch verbindendes Element zwischen der Heckflosse und dem W 108/W 109 sind Coupé und Cabriolet, jene großartigen Reisewagen, die bereits zu Heckflossenzeiten geschaffen wurden, diese überlebten, parallel zum W 108 weitergebaut wurden und dessen Evolution erlebten. Ihren Höhepunkt erfuhren sie in ihren letzten Jahren als so genannte Flachkühlermodelle.

Das passt alles so wunderbar zusammen, stilistisch: Das strahlt alles dieselbe Ruhe aus. Und deswegen fühlte sich Werner Oswald wohl auch dazu bemüßigt, von einer Verwechslungsgefahr zu sprechen. Denn es war ein Mann, der all diese Fahrzeuge zeichnete – zunächst das Coupé und Cabriolet, dann den W 108 und W 109, und danach im selben Stil den Mittelklasse-Mercedes, den Strich-Achter: Paul Bracq. Und der Organspender des 300 SEL 6.3, der legendäre Mercedes 600, entstammt ebenfalls dem Zeichenstift des Franzosen.

Paul Bracq: »Fische mit Karosserie«

Er zeichnet verantwortlich für das Design des Mercedes W 108 und W 109: Paul Bracq, 1933 in Bordeaux geboren und Absolvent der Pariser Designschule École Boulle. Als Assistent des französischen Stilisten Philippe Charbonneaux erwarb der junge Bracq erste Meriten. Danach war er als französischer Be-

Der Maestro aus Süc frankreich bei der Arbe in Stuttgart: Paul Brac im März 1965 mit der Designmodell eines Mi telmotor-Supersportwa gens im Maßstab 1:5.

Foto: Archiv Daimler-Ber

Vorgänger und Nachfolger *auf einen Blick, und beide im Schnee. Vorne der W 108, dahinter der W 111, der als 230 S parallel bis 1968 vom Band lief. Frontal ist der Unterschied so groß gar nicht.,..* *Foto: Archiv Daimler-Benz*

...aber von hinten ist er signifikant. Natürlich macht »die Flosse« mehr her, hat mehr Prestige. Aber der W 108 entspricht dem Zeitgeschmack und -gefühl, dem saturierten Wohlstand. Man musste nicht mehr zeigen, was man hat. Man hatte es einfach. *Foto: Archiv Daimler-Benz.*

Journalisten unter sich: Präsentation des Mercedes W 108/W 109 in Hockenheim am Rande des 500-Kilometer-Rennens am 31. August 1965. Zuvor schauten sich die Pressevertreter das Rennen an. Daimler-Benz wählte diesen Termin mit Sorgfalt aus. Alle waren begeistert, und alle waren dem neuen Mercedes gewogen. *Foto: Archiv afs*

satzungssoldat in Deutschland stationiert. Er hatte einst die Aufgabe, den Mercedes seines Generals in das Daimler-Benz-Werk zur Wartung zu bringen. Diese Gelegenheit nutzte Bracq, um dort seine Zeichnungen zu präsentieren. Karosserieentwicklungschef Karl Wilfert wurde auf den jungen Mann aufmerksam. So wurde ihm in Aussicht gestellt, nach Beendigung seiner vierjährigen Militärdienstzeit bei Daimler-Benz anzufangen. Zehn Jahre lang von 1957 bis 1967 gestaltete Bracq Mercedes-Fahrzeuge: Den 600er, den Pagodendach-SL, das 220 und 300 SE Coupé W 111/W 112, die Limousine W 108/W 109 und schließlich den Strich-Achter. Eine humorvolle Anekdote aus seiner Mercedes-Anfangszeit: Anlässlich des Pariser Salons 1957 saß eine Mercedes-Designdelegation in einem noblen Pariser Restaurant. Die Deutschen konnten kaum französisch, Bracq sprach nur wenig deutsch. So wusste er natürlich, was »Huitres« sind, nämlich Austern, kannte aber das deutsche Wort nicht und erläuterte den Daimler-Mannen: »Huitres sind Fische mit Karosserie.« Dieses Bonmot hielt sich jahrzehntelang in der Mercedes-Designabteilung.

Nach den Sindelfinger Jahren kehrte er in seine französische Heimat zurück und betätigte sich für das Designbüro

Der Blick auf den Bauch, ein seltener Blick, außer, der Wagen ist auf der Hebebühne: Top restaurierter 280 SE 3.5. Brabus tunt nicht nur, Brabus restauriert auch.
Foto: Brabus

Brissonneau & Lotz, schuf Prototypen und war an der Gestaltung des Hochgeschwindigkeitszuges TGV beteiligt. 1970 gelang BMW-Chef Eberhard von Kuenheim der große Coup: Er verpflichtete Paul Bracq als Nachfolger des BMW-Designchefs Wilhelm Hofmeister. Dessen Designsprache behielt Bracq bei: die Front mit nach vorne gezogener Motorhaube, die Doppelscheinwerfer, den »Hofmeister-Knick« an der Flanke und natürlich die BMW-Niere. Aber er fand seinen eigenen Stil, das BMW-Design wurde unter Bracq schwerer, aber auch seriöser. Vier Jahre lang blieb Bracq bei BMW, und in dieser kurzen Zeit entwarf er gleich vier Serienfahrzeuge: Fünfer E28, Dreier E21, Sechser E24 und Siebener E23. Auch die 1972er BMW Turbo-Studie entstammt seiner Feder. Bracq war während der vier BMW-Jahre extrem produktiv, aber er ging, weil er sich nicht durchsetzen konnte. Den ersten BMW Siebener entwarf er als filigran leicht gezeichneten Wagen, sozusagen als Gegenstück zum Jaguar XJ. Aber BMW wollte mit der Mercedes S-Klasse W 116 konkurrieren und verlangte einen großvolumigen Kofferraum. Den bekam der E23 dann auch, aber die Leichtigkeit des Designs war zugunsten eines fetten Hinterns dahin. Bracqs Nachfolger bei BMW wurde Claus Luthe.

Bracq selbst wechselte zu Peugeot, wo er bis zu seiner Pensionierung 1996 blieb und verantwortlich für das Innenraum-Design war. Heute lebt er wieder in seiner Geburtsstadt Bordeaux, widmet sich der Kunstmalerei und ist begehrter Juror bei Concours-d'Élégance-Veranstaltungen, beispielsweise in Pebble Beach. Daneben unterhält er seit 2013 zusammen mit seinen Kindern Isabelle und Boris die Ateliers Paul Bracq, ein Museum über das von ihm automobilistisch Geschaffene inklusive einer Restaurierungs- und Servicewerkstatt für Mercedes-Wagen mit Bracq-Design und natürlich auch für andere historische Mercedes.

Paul Bracq hat in seinem Leben nicht allzu viele Fahrzeuge entworfen. Aber, und das unterscheidet ihn von anderen Designern, auch von so genannten Stardesignern: Kein einziger seiner Entwürfe geriet zum Flop. Und Paul Bracq ist so etwas wie das Symbol der deutsch-französischen Freundschaft nach dem Zweiten Weltkrieg, damals von Bundeskanzler Konrad Adenauer und dem französischen Staatspräsidenten Charles de Gaulle auf politischer Ebene vor- und von Bracq im Alltag nachgelebt: Er war und blieb Franzose mit Herzblut, aber arbeitete für die Deutschen in Deutschland. Und seine Ehefrau Alice ist, trotz ihres Namens, eine waschechte Deutsche.

Auf dem Weg zur S-Klasse: Der Mercedes W 108

Auch wenn der Neue kam – der Alte ging deswegen noch lange nicht. Die Heckflossen-Generation blieb am Leben in Form des 230 S, der Übergang vom Vorgänger zum Nachfolger verlief fließend. 250 S und SE, die neuen Typen W 108, ergänzten den 230 S W 111 nach oben und demonstrierten die neue Daimler-Benz-Linie: Weg von der Einheitskarosserie, zwei völlig unabhängig voneinander bestehende Fahrzeuge sollten das Mercedes-Pkw-Programm repräsentieren. Natürlich gab es eine dritte Linie, den Mercedes 600. Aber kommerziell spielte er keine Rolle.

Auf dem Motodrom von Hockenheim durfte die Fachpresse die neuen Mercedes im August 1965 erstmals in Augenschein nehmen und erfuhr aus dem Munde des Chefkonstrukteurs Fritz Nallinger, dass es den Ansprüchen eben der anspruchsvollen Kundschaft geschuldet sei, zwei deutlich unterscheidbare Typenreihen anzubieten. Die obere Klasse wurde fortan von den Typen 250 S, 250 SE, 300 SE und 300 SEL bedient. Diese Präsentation war wohl gewählt und für die Journalisten eine Freude, fand sie doch am Rande des 500-Kilometer-Rennens am 31. August 1965 statt.

Die neuen Wagen wirkten fragiler und eleganter als die Heckflossen-Sechszylinder, ohne es faktisch zu sein. Die Di-

Paul Bracq hat seine Sache gut gemacht: Eine klassische Limousine von zeitloser Eleganz. 250 SE als Hochzeitsauto Ende der 60er-Jahre.

Foto: Archiv afs

Von der Sonne verwöhnt, von der Sonne verbrannt. Und in der Sonne verwohnt: Kaum rostiger, aber wirtschaftlich verbrauchter Mercedes 250 S auf der Insel Kreta. Abgestellt und einfach nicht mehr abgeholt. Aufgenommen 1999, und womöglich steht er heute noch unberührt dort. Foto: Christian Fries

mensionen blieben dieselben, die paar Mehrzentimeter in der Länge sind lediglich den Gummiauflagen auf den Stoßfängern geschuldet. Aber sie sind sechs Zentimeter niedriger, was der Eleganz zugutekommt. Am ehesten ähnelt der W108 seinem Vorgänger im Gesicht, wobei die Physiognomie eine Melange aus W 111 und den 1961 erschienenen Coupés darstellt. Der größte Unterschied liegt im Wegfall der Heckflossen und im sanft abfallenden Heck, das einen kleineren Kofferrauminhalt bedingte, aber, zusammen mit der fließenden Dachpartie, eine zeitlose und große Eleganz hervorbrachte. Die Heckflossen-Generation war, eben wegen der Heckflossen, modisch. Der W108 war nie modisch. Er war und ist ein Klassiker, einfach zeitlos. Und er passte eben deshalb besser in die Zeit.

Die späten 50er-Jahre, deren Symbol der Mercedes 220 SE war, waren eine Zeit, in welcher die Deutschen viel gearbeitet und dadurch viel erreicht hatten, die Wirtschaftswunderzeit. Die Deutschen wollten zeigen, was sie geschaffen hatten, wollten repräsentieren. Der W 111 war signifikanter Ausdruck dessen, er war ein wenig prahlerisch. In den 60ern hingegen bewegten sich die Deutschen auf einem hohen Niveau, das sie zu halten vermochten. Wohlstand musste nicht mehr so sinnfällig zur Schau gestellt werden. Wohlstand war selbstverständlich geworden. Niemand hatte es mehr nötig, anzugeben. Also gab

Für viele ein Kummerkasten: Motor des 250 SE, nicht von der sprichwörtlichen Standfestigkeit geprägt, aber schon während seines aktiven Lebens werksseitig verbessert. Dennoch war sein Ruf ruiniert. Foto: Archiv Daimler-Benz

sich der Mercedes W 108 dezenter, eleganter, zurückhaltender – ja bescheidener. Das neue Schlagwort lautete »Understatement«.

Innen bot der Neue trotz nahezu identischer Außenmaße mehr Platz, denn er war effektiver konstruiert: Die Seitenscheiben konvex gewölbt, die B-Säule nach außen versetzt, kein Zentimeter verschenkt. Die Rücksitzbank ist immerhin sieben Zentimeter breiter als beim Vorgänger. Die innere und äußere Sicherheit war enorm erhöht worden, ausgeklügelte Knautschzonen, und dennoch nahm der Wagen nicht zu. Am augenfälligsten im Interieur war der Wegfall des dauerkritisierten »Fieberthermometers« zugunsten von Rundinstrumenten. Das Armaturenbrett orientierte sich stilistisch und in Bezug auf die Bedienung weitgehend an jenem des Coupés.

Grob gesagt blieb der Motor des 250ers gleich. 1951 war der 2,2-Liter-Reihensechszylinder erschienen, ein sehr bewährtes Aggregat, und es tat seine Dienste im ersten 220, im Ponton-220 und in der Heckflosse. Daimler-Benz bohrte ihn auf, verlängerte den Hub und schuf dadurch 2,5 Liter, die Kurbelwelle war sieben- statt vierfach gelagert, es gab weitere Detailmodifikationen. Die Vergaseranlage im 130 PS starken 250 S entspricht jener der letzten W 111-Modelle. Der Einspritzer hatte eine Sechsstempelpumpe wie der bisherige 300 SE und der 230 SL, 150 PS Leistung. Beide Motorvarianten liefen schön rund, waren im unteren Drehzahlbereich ein wenig lahm, im oberen aber umso sportlicher, die Elastizität ließ ein wenig zu wünschen übrig. Ebenso wie die Ruhe. Die 250er Mercedes hatten einen lauten Motor. Insgesamt war die Hubraumvergrößerung nicht die beste Lösung. So bewährt der 2,2-Liter-Motor war, so atypisch für einen Mercedes erwies sich die Standfestigkeit des 2,5-Liters: thermische Probleme bis hin zum Kolbenfresser, hoher Ölverbrauch. Daimler-Benz reagierte schnell, beschichtete den oberen Kolbenring mit Molybdän und reduzierte das Kolbenspiel. Schon war der 2,5-Liter ein zuverlässiger Motor und auch kein übermäßiger Ölfresser mehr. Aber sein Ruf war dahin! Getriebe: Viergang, wahlweise Knüppel- oder Lenkradschaltung, oder Dreistufenautomatik, für die sich fast die Hälfte aller Käufer entschied. Das Fahrwerk entsprach weitgehend demjenigen des Vorgängers, weiterhin hintere Eingelenk-Pendelachse, nun mit hydropneumatischer Ausgleichsfeder (ebenso wie beim 230 S). 14-Zoll-Räder, entweder Diagonal- oder Gürtelreifen. Servolenkung auf Wunsch. Neu: Scheibenbremsen rundum, getrennte Bremskreisläufe für vorne und hinten. Prinzipiell waren sowohl Tester als auch Kunden mit dem Fahrverhalten sehr zufrieden. Das Fahrwerk des W 108 war seiner Motorleistung mindestens angemessen, wenn nicht überlegen.

Preise: 250 S 15.300 DM, 15.800 DM ab April 1966; 250 SE zunächst 16.850 DM, später 17.300 DM. Die letzten 250 S bis März 1969 kosteten 16.115 DM. Sonderwünsche: Automatik 1400 DM, Servolenkung 550 DM, Stahlschiebedach manuell 700, elektrisch 770 DM. Der Mercedes 250 SE wurde von September 1965 bis Januar 1968 gebaut, 55.181 Exemplare entstanden. Länger befand sich der 250 S im Angebot, er blieb das Einstiegsmodell, nachdem der 250 SE durch den 280 S und SE abgelöst worden war. Er lief bis März 1969 vom Band, 74.677 Stück wurden gebaut.

Nach demselben Rezept wie bisher gestrickt war der 300 SE, ein W 108 mit dem 170 PS starken 3-Liter-Leichtmetall-Reihensechszylinder. Die Ausstattung entsprach jener des 250ers, nur der 4000 DM teurere Motor war anders, nicht mal die Automatik war serienmäßig, dafür offerierte Daimler-Benz für ihn ab Frühjahr 1967 ein Fünfgang-Getriebe. Der Motor war elastisch, aber laut, und er machte den 300 SE magische 200 km/h schnell. Er war ein teures und prestigeträchtiges Auto (21.500 DM, ab April 1966 sogar 22.100 DM), aber nichts für kluge Rechner. Bis Dezember 1967 wurden nur 2737 Stück gebaut. Das hatte seine Gründe. Denn eigentlich hatte der 300 SE nahezu keine Daseinsberechtigung. Er bot nicht signifikant mehr als ein 250 SE, sah auch nicht anders aus, war zwar schneller und mit höherem Renommee behaftet, aber eben auch sehr teuer. Wer in diesen automobilen Regionen unterwegs war, strebte zum 300 SEL. Das war dann schon ein anderes Kaliber! Und er hatte ein anderes internes Kürzel, nämlich W 109.

Lang und luftig gefedert: Mercedes 300 SEL W 109

Zu Zeiten der Heckflosse hieß er 300 SE lang. Mit dem W 109 bekam er ein neues und logisches Kürzel: 300 SEL. SEL bedeutet zehn Zentimeter mehr Radstand, zehn Zentimeter mehr Länge, die ausschließlich dem hinteren Fußraum zugutekam. Aber SEL bedeutet aus Sicht des Werkes gar nicht »Lang«, sondern »Luftfederung«, Luftfederung mit Niveauregulierung. Das war das Topmodell der Oberklasselinie bei Daimler-Benz, ausgestattet mit feinem Velours-Teppichboden, mit elektrischen Fensterhebern vorne und hinten, mit automatischem Getriebe

Durchaus länger als ein gewöhnlicher W 108. Aber um kein Jota schöner geschmückt: Mercedes 300 SEL, im Gegensatz zum Vorgänger kein Lametta-Träger. *Foto: Archiv Daimler-Benz*

Zu diesem Zeitpunkt hatte der 300 SEL bereits 2,8 Liter unter der Haube. Aber feiner ausgestattet als ein 280 S war er schon, denn MB-Tex war seiner nicht angemessen. Stoffausstattung und ein wenig Holz im 300 SEL von 1968. *Quelle: Archiv afs*

Ein wunderbares Aggregat, aber eben auch sehr teuer. Spätestens mit dem 280 SE verlor der ursprüngliche 300er seine Daseinsberechtigung. Bis Dezember 1967 lief der 3-Liter-Leichtmetallmotor vom Band. Er war aufwendig zu fertigen und kein Kostverächter. Er wurde durch den 2,8-Liter Typ M 130 ersetzt, ebenfalls auf 170 PS gekitzelt. *Foto: Archiv Daimler-Benz*

(wenngleich auch eine Schaltversion mit vier oder fünf Gängen angeboten wurde). 29.400 DM kostete der 300 SEL, aber nur einen Monat lang, denn im April 1966 wurde der Preis auf runde 30.000 DM angehoben. Produktion von März 1966 bis Dezember 1967 in 2369 Exemplaren. Er war quasi die Eröffnung eines Reigens großvolumiger Mercedes-Modelle mit langer Karosserie und fantastischen V8-Motoren, alle mit Luftfederung, Ausnahmeerscheinungen am Automobilmarkt. Doch diese sollten erst erscheinen, nachdem Daimler-Benz die Modellreihe motorisch auf Vordermann gebracht hatte, nach Januar 1968.

Endlich ein neuer Motor: Mercedes 280 S und 280 SE W 108

Es mag ein wenig provokant klingen: Die Baureihe W 108 wurde unausgegoren auf den Markt gebracht. Der Wagen war hervorragend, nur nicht der 2,5-Liter-Motor. Er war quasi eine Interimslösung, ein verzweifelt aufgebohrter 2,2-Liter. Was dem Auto fehlte, war ein neuer, eigens dafür konstruierter Motor. Er sollte im Januar 1968 erscheinen, als aus dem 250 S und 250 SE der 280 S und 280 SE wurde.

Neu war der Motor mit der Bezeichnung M 130, erneut ein Reihensechszylinder in Vergaserversion (140 PS) und mit Einspritzung (160 PS), im 300 SEL sogar mit 170 PS. Die Motoren waren nicht nur leistungsfähiger als die bisherige Generation, sondern hatten ein deutlich höheres Drehmoment, waren also durchzugsstärker, sie mussten nicht mehr so hochgedreht werden und waren überdies etwas sparsamer. Insgesamt also ein guter Wurf. Es blieb beim Vierganggetriebe, wahlweise Fünfgang, wahlweise Dreistufenautomatik. Es blieb auch bei der Eingelenk-Pendelachse, eine veraltete Konstruktion, deren Potenzial Daimler-Benz voll ausgeschöpft hatte. In dieser Wagenklasse war Ende der 60er-Jahre allerdings längst eine hintere Einzelradaufhängung Stand der Technik. Dafür wurde der Mercedes W 108 kritisiert. Den 300 SE W 108, also einen 280 SE

Ungewöhnliche Zweifarbenlackierung. Sie war werksseitig lieferbar, wurde aber selten geordert. Ohnehin ist dieser Wagen restauriert. Sehr schöner 280 SE aus Monaco mit gelben Hauptscheinwerfern. *Foto: Wolfgang Diem*

Ab Mitte der 60er-Jahre war das Hauszelt das Maß aller Urlaubsfreuden für den etablierten Bürger, mit abgetrennten Schlafplätzen für Eltern und Kinder und einem Kochbereich für Mama, die im Urlaub dasselbe wie das Jahr über machte, aber unter erschwerten Bedingungen. In den Kofferraum eines 280 S passte es rein. Im Gegensatz zur Mehrheit seiner Brüder hat er die serienmäßigen Scheinwerfer. Vielleicht ist die Aufnahme früh und der Sechs-Dreier-Optiktrend war noch nicht auf seinem Höhepunkt. Foto: Archiv afs

mit 3-Liter-Leichtmetallmotor, offerierte Daimler-Benz fortan nicht mehr, zu nahe waren sich der neue 280 SE und der 300 SE, lediglich zehn Pferde trennten die beiden.

Äußere Unterschiede zwischen dem 250er und dem neuen 280er gab es nahezu keine, aber der Kenner konnte das neue Modell an Details sofort identifizieren. Natürlich der Heckschriftzug, dessen Weglassen damals noch nicht in Mode war. Dann der Kühlergrill: Er trug größere Karos als derjenige des 250ers. Sodann die Felgen: Beim bisherigen Modell waren sie in Wagenfarbe lackiert, trugen einen äußeren, verchromten Felgenzierring sowie kleine Radkappen in Felgenmitte, in Wagenfarbe ausgelegt. Die W 108 ab Januar 1968 hingegen hatten jene einteiligen Nirosta-Radzierkappen mit in Wagenfarbe ausgelegtem Mittelteil, die bis zum Ende des W 123 im Januar 1986 die Mercedes-Stahlfelgen schmücken sollten. Die Felgen selbst waren nun mattschwarz lackiert. Aber das sah ja niemand.

Der Mercedes W 108 wurde bis September 1972 gebaut, sein Nachfolger war der W 116, der die Bezeichnung S-Klasse tragen sollte, was dem W 108/W 109 noch nicht vergönnt war

Das übliche Taxi seiner Zeit war mit 55 oder 60 dieselnden PS unterwegs und bis 1971 einheitlich schwarz lackiert. Dieses Taxi stammt aus Italien, laut Schriftzug ein 280 S, und war sicherlich ein standesgemäßes Beförderungsmittel, auch für den Fahrer. Ob er allerdings wirklich 140 PS unterhielt, ist fraglich. Ein Diesel passte in den W 108. Foto: Wolfgang Diem

Er konnte alles besser und beflügelte mehrere Generationen an großen Mercedes: 2,8-Liter-Einspritzmotor ab 1968. *Foto: Wolfgang Diem*

So stellte man sich in Untertürkheim Gemütlichkeit vor: Ein eher rauer aber sehr widerstandsfähiger und dauerhafter Teppichboden, Sitzbezüge und Türinnenverkleidungen aus MB-Tex, ebenfalls unvergänglich, außerdem abwaschbar. Dieses Interieur sah nach zehn Jahren und 200.000 Kilometern noch genau so aus. Blick in einen 280 SE des Modelljahrs 1970. *Quelle: Archiv afs*

Das ist sachlich, das ist teutonisch, das ist nüchtern. Aber unkaputtbar und ergonomisch bis ins letzte Detail durchdacht. Rücksitzbank eines 250 S von 1968, also dem letzten Jahrgang. Im 280er sah es nicht anders aus. *Quelle: Archiv afs*

Ein W 108 war stets gefragt. Er gehörte noch nicht zu der Generation, die im Alter auf Teufel komm' raus ins Ausland verschickt wurde. Bis Mitte der 80er-Jahre bevölkerte er, optisch völlig aus der Mode, die Gebrauchtwagenplätze und erzielte gute Preise. Und nahtlos wurde er in gewissen Kreisen zu frühen Lifestyle-Fahrzeugen. Ende der 80er schmückten sich Studenten gerne mit gepflegten W 108ern, da war er das angesagte Auto. Foto: Gebrauchtwagenplatz eines Audi-Händlers 1981, W 108 zwischen Opel Manta A und Rekord D Caravan. *Foto: Archiv afs*

(posthum schon, aber offiziell nicht). Während der Produktionszeit stieg der Preis des 280 S von 17.150 DM (Januar 1968) auf 20.590 DM (Januar 1972); der 280 SE kostete zwischen 18.760 DM und 22.480 DM. Allerdings muss man berücksichtigen, dass während dieser Zeit die Mehrwertsteuer angehoben wurde. Das Verhältnis 280 S/280 SE war ausgewogen: Die Vergaservariante wurde 93.666 Mal gebaut, einen Einspritzer gönnten sich 91.051 Kunden.

Bleibt der 300 SEL mit langem Radstand und mit Luftfederung, der W 109. Ihn gab es weiterhin, wenngleich nicht mehr mit dem Leichtmetall-3-Liter. Vielmehr trieb ihn nun ebenfalls der Motortyp M 130 an, dieselbe Maschine wie im 280 S und SE mit 2,8 Litern Hubraum, aber mit 170 PS etwas stärker (ebenso stark wie im 280 SL). Die prestigeträchtige Bezeichnung 300 SEL blieb, aber sie war gelogen. Werner Oswald spricht in seinem Buch »Deutsche Autos 1945 bis 1975« von einer »Verlegenheitslösung«. Zu Recht! Nun unterschied sich der 300 SEL innen deutlicher von den »kleineren« Modellen als bisher, nicht nur vier elektrische Fensterheber waren Serie, sondern auch ein Stereoradio mit elektrischer Antenne. Die Auflage war klein, das Renommee groß, der Preis hoch: 26.000 DM kostete ein 300 SEL mit 2,8-Liter-Maschine. Dieses exklusive Vergnügen leisteten sich bis Januar 1970 nur 2519 Kunden. Danach wurde aus dem 300 SEL ein V8. Zuvor erhielt er noch einen kleineren Bruder, den 280 SEL. Der hatte den 280-SE-Motor mit 160 PS und auch dessen Ausstattung, also keine Luftfederung – weswegen er auch als W 108 geführt wurde. Lediglich die serienmäßige Servolenkung hatte der 280 SEL dem 280 SE voraus. Er wurde bis April 1971 insgesamt 8.250 Mal gebaut und war vor allem in Regierungskreisen ein beliebter Wagen: Das perfekte Fahrzeug für den Staatssekretär. Auch fein für einen hochgestellten Manager, der eine Wagenklasse unterhalb seines Chefs bleiben musste.

Der Superlativ: Mercedes 300 SEL 6.3

Deutschland war stolz auf den Mercedes 600. In automobiler Hinsicht bedeutete er das Wiederanknüpfen an Vorkriegsglorien, gleichsam symbolisierte er, dass Deutschlands Automobilindustrie wieder zur internationalen Spitze gehörte. Daimler-Benz gebührt die Ehre, diese beiden Attribute den Deutschen in den 60er-Jahren gegeben zu haben.

Aber der Mercedes 600 war ein unerreichbarer Solitär. Sein Herz hingegen, sein 6,3-Liter-V8, passte auch unter die Haube des 300 SEL. Vau-Acht, das klang wie Magie. Vau-Acht, das war amerikanisch. Vau-Acht, das bescherte Opel dem Diplomat, einen US-Small-Block im großen Opel. Vau-Acht, das blubberte in italienischen und englischen Hochkarätern, ebenfalls amerikanische Organspende. Maserati baute sogar einen eigens konstruierten V8. Diese Motoren beflügelten nicht etwa

Er ist der Einzige, der sie offiziell trug und dafür keine moralische Legitimation benötigte: 300 SEL 6.3 mit Doppelrundscheinwerfern mit getrenntem Abblend- und Fernlicht und die Jod-Nebelscheinwerfer daneben. Das machte so viel Eindruck, das musste jeder W 108-Fahrer auch haben.

Foto: Archiv Daimler-Benz

Eine solche Werbung, die ausschließlich auf Leistung zielt, traut man einem Sportwagenhersteller zu. Aber nicht Daimler-Benz. Annonce in der Zeitschrift Auto-Jahr, Nr. 16 von 1968. *Quelle: Archiv afs*

Womit konnte man *einem Fachjournalisten Ende der 60er-Jahre die größte Freude machen? Indem ihm sein Chefredakteur einen Sechs-Dreier als Testfahrzeug gab. Dieses Exemplar, auf das Werk zugelassen, ist ein Testwagen, und der konkrete Text erschien in der Hamburger Tageszeitung mit den vier Buchstaben. Die Bild-Zeitung widmete sich 1968 allerdings vorzüglich anderen Themen, nämlich der Studentenbewegung und machte sich durch ihre Haltung die Studenten zum Feind.*

Foto: Archiv afs

kompromisslose Supersportwagen, sondern Reisecoupé, teilweise vollwertige Viersitzer. Und dann noch die tatsächlichen US-Limousinen: In den 60er-Jahren kam nicht mal mehr der Einstiegs-Ami, der Chevrolet, mit weniger als acht Töpfen aus. Vau-Acht war nicht mehr unerreichbar, zwar die Elite, aber der Traum wurde zunehmend erfüllbar.

Daimler-Benz hatte es leicht. Da war der 300 SEL. Und da war der Vau-Acht. Natürlich war es mehr als nur ein anderer Motor im 300 SEL, es war eine schöne konstruktive Herausforderung, es war mutig, und es war überschaubar machbar. Alles andere hätte sich angesichts der zu erwartenden Stückzahlen nicht rentiert. Heraus kam ein luxuriöser Tourenwagen, der schlicht und einfach Weltklasseniveau hatte, der Mercedes 300 SEL 6.3, präsentiert auf dem Genfer Salon im März 1968.

250 PS waren nicht viel für 6,3 Liter Hubraum. Aber 250 PS waren enorm viel! Äußerlich unterschied sich der 6.3 nicht von einem üblichen 300 SEL. Konstruktiv schon, denn die Karosserie musste dem mächtigen Motor samt Automatikgetriebe angepasst werden. Der Motorraum war vollgestopft mit Aggregaten, auch wegen der aufpreispflichtigen. aber meist georderten Klimaanlage. Die Übersetzung war der Leistung angepasst, ein Sperrdifferenzial war Pflicht, innenbelüftete Scheibenbremsen rundum ebenso. Ansonsten entsprach die schnellste deutsche Serienlimousine dem 300 SEL. Er fuhr sich ausgezeichnet. Die Luftfederung ließ ihn schweben, die Dämpfung war härter abgestimmt. Der 300 SEL 6.3 lag wie ein Brett auf der Straße, wohl dosierte Gasstöße konnten ihn zu beherrschbaren Drifts bewegen. Aber wer wollte das schon? Das Potenzial, einen Porsche 911 abzuhängen, reichte seinen Eignern. Sie schöpften es selten aus. Es waren eher die grau melierten Herren, die einen 300 SEL 6.3 fuhren. Wenn allerdings deren Sohn die Zündschlüssel zu fassen bekamen, rauchten die Reifen und flüchten die Porschefahrer.

Im 300 SEL 6.3 war verbaut, was Daimler-Benz zu bieten

Und hier nun das Herz des Sechs-Dreiers. Zunächst für den Mercedes 600 reserviert, nun aber in der ersten Mercedes-Luxus-Sport-Limousine zu Hause. Ein prachtvoller Motor! Foto: Archiv Daimler-Benz

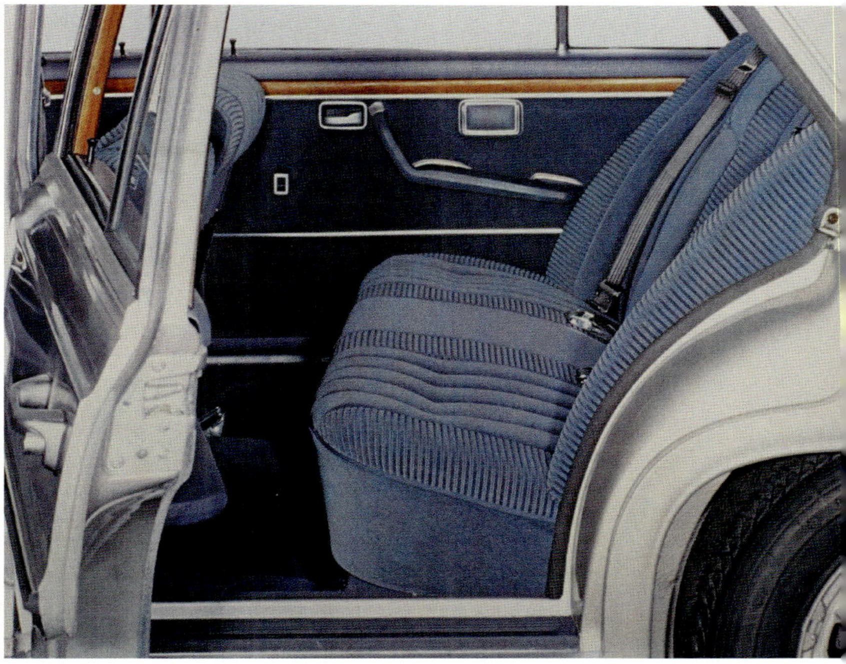

Ein Auto für den Herrenfahrer. Dennoch viel Platz im Fond, immerhin zehn Zentimeter mehr als normal. Die Passagiere erfreuen sich an Velours, an Chrom und Holz. Das Prospektfoto beweist: Sie konnten sich sogar anschnallen. Quelle: Archiv afs

Der Blick des Dompteurs. Er ist Herr über 250 Pferde. Er blickt auf doppelte Rundinstrumente, mittig ein kleiner Drehzahlmesser. Und er blickt auf Holz. Und auf einen Signalring. Wohin er blickt, er sieht Schönes. Quelle: Archiv afs

hatte – sofern es nicht dem 600 vorbehalten war, dem der 300 SEL 6.3 keine Konkurrenz machen sollte. Außen: Die USA-Exportscheinwerfer mit getrenntem Abblend- und Fernlicht, die separaten Jod-Nebelscheinwerfer zwischen Kühlergrill und Leuchteinheiten, der zweigeteilte Heckschriftzug (links: 300 SEL, rechts: 6.3) sowie, bei den meisten Fahrzeugen, die Räder. Serienmäßig trug der 6.3 die üblichen Stahlfelgen mit den üblichen Nirosta-Radkappen (Bereifung: 195 VR 14). Aber Daimler-Benz offerierte ab Ende 1969 die im Nachhinein so genannten Barock-Alus, Leichtmetallfelgen von Fuchs, die bald auch für alle Sechszylinder-Mercedes optional zu haben waren und einen wahren Siegeszug antraten. Ebenso wie die Nirosta-Radkappen waren die Barock-Alus bis zum Ende der Baureihe W 123 als Extra zu haben, also bis Januar 1986. Innen war der Sechs-Dreier so fein, wie ein Mercedes fein sein konnte. Erwähnenswert ist die pneumatische Zentralverriegelung. Und ein Augenschmaus war der bis Tempo 240 kalibrierte Tacho.

Noch heute rankt sich um den Mercedes 300 SEL 6.3 und seinen Stellwert in der automobilen Hierarchie ein Mythos. In seiner Leistungsklasse gab es kaum ein Fahrzeug mit mehr Understatement, gepaart mit einer beispiellosen Eleganz. Die Eleganz konnte vielleicht ein Jaguar XJ erreichen, aber eben nicht die Leistung. Ja, und die Kraft selbst war so exorbitant, dass nur in Superlativen gesprochen werden konnte. Die Leistung eines 300 SEL 6.3 erreichte nicht mal ein 500 SEL in den 80er-Jahren, geschweige denn sein direkter Nachfolger in der W 116-Bauserie, der 450 SEL 6.9. Wer einen Mercedes 300 SEL 6.3 sein Eigen nennen durfte, war schlichtweg nur eines: der König der Straße. Ein derartiger Mercedes war wertvoll. In der Anschaffung natürlich, er kostete 39.160 DM bei seiner Präsentation und der Preis kletterte auf zuletzt 47.400 DM. Aber er war auch ideell wertvoll, wurde gehegt und gepflegt. Wenn einem Exemplar allerdings das Schicksal nicht wohl gesonnen war und es verkauft und weiterverkauft wurde und in die Hände von Menschen geriet, die sich die immensen Wartungs- und Unterhaltskosten nicht leisten konnten, so verrottete der 300 SEL 6.3 rasch. Gebaut wurde dieser außergewöhnliche Wagen von Juli 1968 bis September 1972, 6526 Exemplare entstanden.

Jüngere Brüder des Sechs-Dreiers: Der kleinere V8

Der Sechs-Dreier hatte Brüder. Sie hatten kleinervolumige V8-Maschinen unter der Haube. Deshalb von »kleineren Brüdern« zu sprechen, wäre unangemessen. Sagen wir »jüngere Brüder«, und alles passt. 3,5-Liter-V8 und 4,5-Liter-V8, gepaart mit der Technik des Sechszylinders in der Normalkarosserie oder schlichtweg als Alternative zum 300 SEL 6.3 für jenen, der keine 250 PS benötigte, sondern sich mit 200 Pferden zufriedengab. Mercedes wurde innerhalb von zwei Jahren zum V8-Vollsortimenter.

Der 3,5-Liter-V8 war eine völlige Neuentwicklung und hatte keine Gemeinsamkeiten mit dem 6,3-Liter. Er schloss die erhebliche Lücke zwischen dem 2,8-Liter-Sechszylinder (der auch den 300 SEL antrieb) und dem Sechs-Dreier. Von Anfang

Bis auf die konventionellen Scheinwerfer und kleine Ausstattungsdetails identisch zum 300 SEL 6.3 ist der 300 SEL 3.5. 200 PS waren damals mehr als genug. Nicht jeder benötigte die 250 des Sechs-Dreiers. *Foto: Archiv Daimler-Benz*

Trotz des preislichen Unterschiedes lagen die Produktionszahlen des Sechs-Dreiers nicht so deutlich unter jenen des Drei-Fünfers: Vom 300 SEL 3.5 wurden 9.583 Exemplare gebaut, vom 300 SEL 6.3 waren es 6526 Stück. Foto: Archiv Daimler-Benz

50 Pferde trennten den 300 SEL 6.3 vom 300 SEL 3.5. 50 Pferde und viel Geld. Dennoch musste der 3.5-Chauffeur auf nichts verzichten. Auch sein Tacho ist bis Tempo 240 kalibriert. Quelle: Archiv afs

an war klar gewesen, dass der 3,5-Liter-Motor das Potenzial der Hubraumvergrößerung auf 4,5 Liter haben musste. Die Konstruktion war hochmodern, ein Graugussblock mit Leichtmetall-Zylinderkopf und -Ölwanne, fünffach gelagerter Kurbelwelle, zwei oben liegende Nockenwellen. Die Zylinderreihen stehen sich im 90-Grad-Winkel vis-à-vis, die Kurbelwelle ist fünffach gelagert, und der Motor verfügt über zweimal eine oben liegende Nockenwelle, über Duplex-Ketten angetrieben. Daimler-Benz kalkulierte bei der Konstruktion bereits ein, dass es dereinst (vor allem in den USA) nur noch bleiarmes oder bleifreies Benzin geben könnte (gepanzerte Ventilsitze, Ventilringe aus Chrom-Nickel-Molybdän-Legierung, hammerhart). 3,5 Liter sind für einen V8 nicht viel Hubraum, der Motor war eher drehfreudig konzipiert. Das war kein V8 nach amerikanischem Muster, brav brabbelnd, Hubraum ohne Ende und kaum Leistung. Das war ein Sportmotor. Fast nur die Hälfte an Hubraum gegenüber dem 6,3 Liter, aber nur 50 PS weniger – die beiden Motoren hatten eine völlig unterschiedliche Charakteristik. Neu auch die elektronisch gesteuerte Benzineinspritzung Bosch D-Jetronic, bereits erprobt am 250 CE, und die Transistorzündung. Die sportlich ausgelegte Maschine harmonierte nicht so gut mit der Dreistufenautomatik, sondern eher mit der Vier- oder Fünfgang-Box, er wollte gedreht werden, er jubelte, wenn man ihm Saures gab. Der 300 SEL 3.5 startete im November 1969, im Mai 1971 folgte die 4,5-Liter-Variante des Motors, ausschließlich für den US-Markt und an dessen wesentlich rigideren Umweltvorgaben orientiert. Deshalb leistete der US-4,5-Liter mit 195 PS auch fünf Pferde weniger als der europäische 3,5-Liter (in Kalifornien zuletzt sogar nur noch 180 PS). Die später im W 116 allgemein verbaute Dreistufenautomatik mit Drehmomentwandler erlebte ihr Debüt im US-300 SEL 4.5 im Mai 1971 und schaltete wesentlich sanfter. Er hatte auch eine länger übersetzte Hinterachse (die heute sehr gesucht ist). In der Heimat hätte sich die 4,5-Liter-Variante wohl auch verkaufen können, aber die Daimler-Benz-Logik ist für Außenstehende nicht immer verständlich. Einen 450 SE/L gab es erst im W 116, dafür dann aber im Vollbesitz seiner Kräfte und nicht auf US-Niveau kastriert. Der 300 SEL 3.5 entsprach bis auf den Motor (und die spezifischen Scheinwerfer) dem 300 SEL 6.3 mit Luftfederung, war ihm entsprechend ausgestattet, also ein teures Automobil, aber eben weniger teuer als der Sechs-Dreier: Zur Präsentation im November 1969 kostete er 28.200 DM, zuletzt 34.100 DM.

Diesen Motor wollten viele. Aber nicht jeder benötigte die lange Karosserie, nicht jeder wollte die zwar sänftenartige aber wartungsintensive Luftfederung, und es soll Mercedes-Fahrer gegeben haben, denen der Ausstattungskomfort eines 280 SE reichte. So erschienen im Mai 1971 der 280 SE 3.5 und der 280 SEL 3.5 in der Reihe W 108, also die Kombination aus stahlgefedertem Sechszylindertyp mit V8-Motor. Trotz härterer Fahrwerksabstimmung war das Stahlfeder-Fahrwerk mit der Eingelenk-Pendelachse arg mit der Motorleistung gefordert. Ein 280 SE 3.5 wollte nicht zu dynamisch gesteuert werden. 3000 DM Mehrpreis wollte Daimler-Benz für den V8-Motor, also 24.600 DM, zuletzt gar 25.970 DM. Dafür erhielt der Käufer einen »unscheinbaren« 280 SE mit den Fahrleistungen eines Sportwagens, unter neun Sekunden für den klassischen Spurt auf Tempo 100, Vmax satte 210 km/h bei einem handgeschalteten 280 SE 3.5.

Zwar gab es die neuen 3,5- und 4,5-Liter-Motoren im W 108 und W 109 und sie reüssierten. Aber allein die Typbezeichnungen mit der Angabe des Grundtyps plus einer zusätzlichen Hubraumerwähnung zeigte doch deutlich, dass Daimler-Benz diese Wagen nicht als grundsätzliche Vertreter des Mercedes-Typenprogramms sah, sondern eher als Sondermodelle. Erst mit dem Nachfolger W 116 gab es eine eingängige Typenpalette, die alle Fragen nach Typ und Hubraum beantwortete: 280 SE/L, 350 SE/L und 450 SE/L.

Der Wagen mit *dem Kennzeichen 0-2 ist jener des Bundeskanzlers (die 0-1 ist dem Bundespräsidenten reserviert), und bei offiziellen Anlässen trägt der Kanzlerwagen die deutsche Flagge rechts als Standarte. Ist ein ausländischer Staatsgast mit im Wagen, so wird links dessen Flagge als Standarte befestigt. Der Wagen rechts gehört zum Begleittross.*

Foto: Archiv afs

Kanzlerwagen und Guard-Modelle

Regierungen, Wirtschaftsvertreter und gekrönte Häupter bevorzugten schon immer den repräsentativen Luxus eines Mercedes-Benz. Je nach den Zeitumständen und den Wechselwirkungen zwischen Politikern und ihrem Volk oder Politikern und ihren Widersachern war und ist es nötig, dass eine Staatskarosse mehr Schutz nach außen bietet, als dies ein normales Automobil tut.

Bereits 1928 lieferte Daimler-Benz das erste Sonderschutzfahrzeug, eine Pullman-Limousine des Typs Nürburg 460, ihm folgte 1935 der legendäre Kaiserwagen des japanischen Tenno, ein 770, sowie gepanzerte Ausführungen für Vertreter der nationalsozialistischen Regierung. Der Große Mercedes 600 aus den 60er-Jahren diente nicht nur den Repräsentanten der Bundesrepublik Deutschland, sondern wurde von den Regierungen zahlreicher Länder und von vielen Herrscherhäusern gewählt. Auch ihn gab es als Sonderschutz-Fahrzeug, also als gepanzerte Limousine. Ihm sollten die S-Klasse-Typen aller Generationen bis heute folgen, natürlich auch der W 109. Anfang der 70er-Jahre wuchs bei der Bundesregierung das Bedürfnis nach gepanzerten Fahrzeugen, zunächst für die deutschen Repräsentanten in Lateinamerika. Mehrere deutsche Diplomaten

München 1972, im *Vorfeld der Olympischen Spiele: Der Kanzlerwagen kommt an, ihm folgt ein Tross an Begleitfahrzeugen, und das Fernsehen ist auch bereit. Der Kanzlerwagen hält, ein Sicherheitsmann öffnet den Schlag, Bundeskanzler Willy Brandt steigt aus. Hinter ihm zu Fuß Hans-Jochen Vogel, der damalige Münchner Oberbürgermeister.*

Foto: Archiv afs

Zu Willy Brandts Zeiten als Kanzler war Walter Scheel Außenminister und Vizekanzler. Ein fröhlicher Rheinländer, der gerne »Hoch auf dem gelben Wagen« sang und sich, wie man sieht, auch selbst ans Steuer einer S-Klasse setzte (die damals freilich noch nicht als solche bezeichnet wurde).
Foto: Monster4711

waren entführt und zum Teil ermordet worden, und das Auswärtige Amt sah sich gezwungen, die Dienstwagen verschiedener Missionschefs besonders zu sichern. Dies geschah zunächst auf Basis des Mercedes 280 SEL 3.5.

Doch auch in der Heimat gärte es. Die kulturrevolutionären Prämissen der »68er«-Generation wurden zunehmend radikal, aus den Kreisen kritischer Studenten rekrutierten sich die systemverachtenden Sympathisanten der »Außerparlamentarischen Opposition« (APO). Sie war der Nährboden für den Terrorismus der ersten Generation, die Baader-Meinhof-Bande, aus der sich die »Rote Armee Fraktion« rekrutierte.

Vor dem Hintergrund des »Deutschen Herbstes« rüstete der Staat auf, und dazu gehörten gepanzerte Limousinen für seine Repräsentanten. Industrielle sorgten selbst für ihren Schutz, sie erwarben ebenfalls gepanzerte Mercedes W 109, vom Werk selbst gebaut. Optisch konnten nur Eingeweihte einen gepanzerten W 109 von einer Fließband-Variante unterscheiden. Das Panzerglas war wesentlich dicker, dadurch mussten die Scheibenrahmen geändert werden. Am augenscheinlichsten war, dass die hintere Seitenscheibe kein Dreiecksfenster trug. Mercedes ging so weit, die Sonderschutzmaßnahmen mit den Behörden abzustimmen. Zum Schutz gegen Projektile und Sprengmittel arbeiteten die Stuttgarter Ingenieure mit Beschussämtern zusammen. Gemeinsam tüftelten sie an sinnvollen und technisch machbaren Vorgaben. Daraus entwickelten sich die heute gültigen Prüfvorschriften

Der Eingeweihte erkennt den Unterschied: Dickere Scheibenumrandungen, kein Dreiecksfenster in den hinteren Türen, ein Schiebedach über dem Passagierabteil. Das ist ein Mercedes 280 SEL 3.5 in der Guard-Version. Foto: Archiv Daimler-Benz

Silberfarbenes 250 SE Coupé mit elfenbeinfarbenem Lenkrad auf dem Autoreisezug durch den Gotthard-Tunnel, aufgenommen im Oktober 1971. Foto: Archiv afs

für die unterschiedlichen Widerstandsklassen. Das mündete darin, dass Daimler-Benz seit 1983 einen eigenen Beschusskanal unterhält – wohl als einziger Automobilhersteller weltweit. Bis heute wird jede S-Klasse, daneben seit 1979 auch das G-Modell und so manche E-Klasse, in der Sonderschutzlinie (»Guard-Modell«) angeboten.

Reisewagen par excellence: Coupés und Cabriolets

Das Coupé und Cabriolet existierten bereits seit 1961, die erste Arbeit Paul Bracqs bei Daimler-Benz. Die exquisiten Kleinserienmodelle teilten sich weitgehende konstruktive Komponenten mit den Sechszylinder-Modellen der Peilstege-Ära. Motorisch bestand ebenfalls Übereinstimmung zwischen 220 SE- respektive 300 SE-Limousine und den entsprechenden Coupés und Cabriolets – bis hin zur Luftfederung, vier Scheibenbremsen, Sperrdifferenzial und Servolenkung bei den 300er-Modellen. Letztere unterschieden sich optisch vom 220 SE durch Radlaufchrom und eine Flankenzierleiste. Im September 1965 stellte Daimler-Benz die Zweitürer auf den neuen 2,5-Liter-Motor um. Das 250 SE Coupé (24.350 DM) und Cabriolet (26.350 DM) wurde, wie die Limousine, bis Dezember 1967 gebaut, 6213 Stück entstanden am Sindelfinger Fließband parallel zur Limousine.

Beim 300 SE änderte sich nichts Wesentliches außer größeren Scheibenbremsen, Produktion bis Dezember 1967 (analog zur Limousine mit 3-Liter-Leichtmetallmotor). Wegen des hohen Preises von weit über 30.000 DM blieben die 300 SE Coupés und Cabriolets sehr exklusive Wagen, nur 3127 Exemplare.

Einen Monat nach der Limousine, im Februar 1968, hielt der 2,8-Liter-Motor auch im Zweitürer Einzug und ersetzte nicht nur den 250 SE, sondern auch den 300 SE. Die einzigen optischen Veränderungen, analog der Limousine, waren größere Karos im Kühlergrill, die neuen, einteiligen Radkappen auf 14-Zoll-Felgen (anstelle der 13-Zöller mit kleinen Radkappen plus Zierringen) und der Heckschriftzug. Das Coupé kostete zunächst 24.100 DM und endete 1971 bei 30.640 DM, das Cabriolet lag zuletzt bei 32.860 DM. Produktionsende Mai 1971, 5187 Exemplare.

Zuvor, im Sommer 1969, erfolgte eine Potenzspritze in Form des neu entwickelten 3,5-Liter-V8 mit 200 PS und ein Facelift, die so genannten Flachkühlermodelle entstanden: die Kühlermaske um sieben Zentimeter niedriger und um deren zehn breiter und die Motorhaube entsprechend flacher. Im Herbst 1969 debütierte das Duo Coupé und Cabriolet unter der Bezeichnung 280 SE 3.5 auf der IAA – ein wundervoller Reisewagen, ein exquisites Fahrzeug, distinguiert und sportlich zugleich, technisch auf der Höhe der Zeit, wenngleich optisch bereits etabliert. Die Versionen mit Reihensechszylinder, also die Typen 280 SE, erhielten ab November 1969 auch das neue

Dieser Wagen war bereits ein Liebhaberfahrzeug, als er noch neu war. Er hatte nie keinen Wert. Er wurde selten verkauft. Er wurde innerhalb der Familie vererbt. Dieses Foto stammt aus der Mitte der 70er-Jahre, und schon damals wurde das Cabriolet gehegt und gepflegt.

Foto: Wolfgang Diem

Schlichtweg ein Traumwagen: Pariser 300 SE Cabriolet mit viel Farbe in den Leuchteinheiten, gelbe Hauptscheinwerfer und orangefarbene Blinkergläser. Foto: Wolfgang Diem

Deutlicher geht es nicht, als wenn die beiden nebeneinanderstehen: links der Hochkühler, rechts der Flachkühler. Keine Frage, der Unterschied ist eklatant. Die Flachkühlermodelle tragen stets mit Gummi belegte Stoßfänger. Foto: Archiv Daimler-Benz

280 SE 3.5 Cabriolet in Moosgrünmetallic, ein von Brabus völlig neu aufgebauter und in den Neuzustand versetzter Wagen. Foto: Brabus

Treffen der automobilen High Society in Monte Carlo: 280 SE 3.5 Cabriolet flankiert Rolls-Royce Phantom (2002 bis 2011), der neben dem Mercedes wie ein Panzer wirkt. Foto: Wolfgang Diem

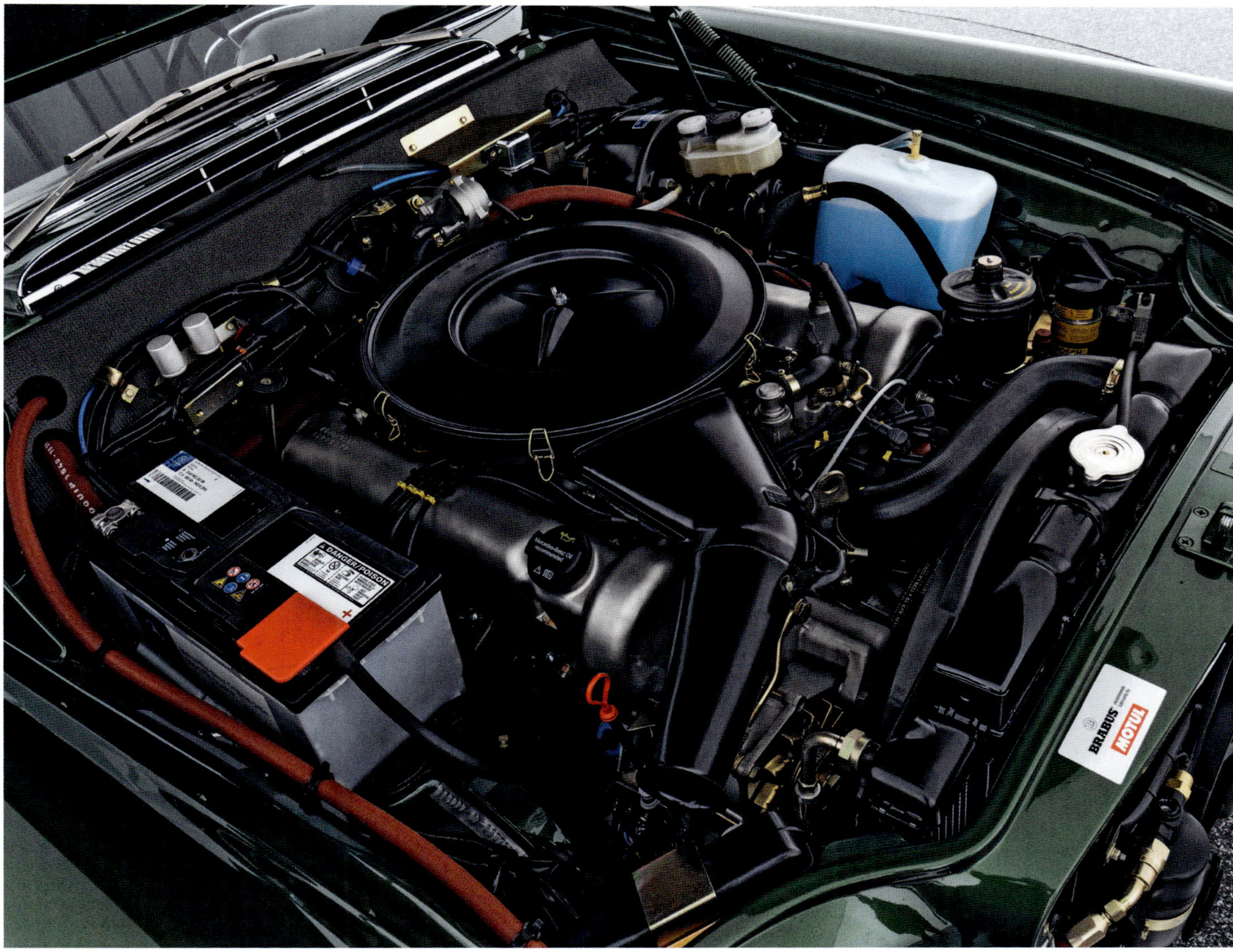

Wie aus dem Ei gepellt: Der 3,5-Liter-Motor im 280 SE 3.5 Cabriolet, der den offenen Wagen zum Grand Routier par excellence machte. So schön und sauber wie hier, nach der frischen Brabus-Restaurierung, war die Maschine allenfalls am Tag, als der Wagen vom Band lief. Foto: Brabus

Gesicht. Ebenfalls neu waren Gummi belegte Stoßstangen, innen kleine Modifikationen: weniger Holz am Armaturenbrett, die Instrumentenkonsole mit Leder bezogen. Fahrwerk: etwas straffer, um der höheren Motorisierung Herr zu werden. Nach wie vor, daran sei erinnert, tat die hintere Eingelenk-Pendelachse ihre Dienste, und das Coupé war eher ein stark motorisierter Reisewagen als ein Sportler. Das Luftfeder-Fahrwerk hätte sicherlich besser zum Charakter dieser Wagen gepasst. Getriebe: wie bisher Vier- oder Fünfgang, alternativ Automatik beim Coupé, das 280 SE 3.5 Cabriolet gab es ausschließlich automatisch. Ansonsten wurde die Technik den V8-Limousinen angepasst (innen belüftete Scheibenbremsen, stämmige 185-VR-14-Bereifung, später alternativ sogar 205/70 VR 14, Servolenkung). Die allerletzten Modelle wurden werksseitig mit einigen Details der bereits lieferbaren W 107-Modelle ausgestattet, so die Elektrik und das neue Lenkrad mit Prallplatte. Das Coupé kostete anfangs 30.640 DM und kletterte bis zum Produktionsstopp auf 33.690 DM, das Cabriolet schlug zunächst mit 34.130 DM zu Buche, zuletzt war es 37.350 DM teuer. Viel Geld, deutlich teurer als die Sechszylinder-Modelle und auch wesentlich kostspieliger als ein 280 SL. Aber eben ein exklusives, teilweise von Hand gebautes Spezialfahrzeug. Die 3,5-Liter-Coupés und Cabriolets wurden bis Juli 1971 gefertigt, 4502 Fahrzeuge entstanden. Der Nachfolger des Coupés, der 350 SLC W 107, ließ noch ein Dreivierteljahr auf sich warten. Und das Cabriolet wurde de facto nie ersetzt.

Oh Lord, won't you buy me... : Der Big Benz in Amerika

Der ironische Janis-Joplin-Song, der letzte, den sie vor ihrem Tod aufnahm, stammt von 1970, also der Zeit des W 108/W 109. Die exzentrische US-Rockröhre stigmatisiert in »Oh Lord, won't you buy me a Mercedes-Benz« das Denken, man fände sein irdisches Heil im Kauf von Luxusgütern: »Oh Herr, gib mir einen Mercedes-Benz. All meine Freunde fahren Porsche. Ich muss mich (= meinen Status) verbessern«, so die etwas freie Übersetzung der ersten Textzeilen.

Jede Nation hat ihre länderspezifischen Straßenverkehrszulassungsregeln, denen ein neu zugelassenes Auto entsprechen muss. Deshalb variieren einige Details exportierter Mercedes W 108 und W 109 von Land zu Land. Aber die Unterschiede sind meist überschaubar. Natürlich haben Fahrzeuge, die in Commonwealthländer exportiert wurden, Rechtssteuerung, die in Frankreich verkauften Mercedes trugen gelbe Hauptscheinwerfer und weiße vordere Blinkergläser, letzteres traf auch auf Italien zu. In Italien und in Österreich waren kleine Zusatzblinker seitlich an den vorderen Kotflügeln befestigt. Je nach vorgeschriebener Kennzeichenform variieren auch die hinteren Stoßstangen und die Kennzeichenbeleuchtung. Das sind alles Marginalien gegenüber den US-Cars.

Für kein anderes Exportland mussten europäische Fahrzeuge so sehr verändert werden wie für Nordamerika, und dort speziell für Kalifornien. Der Sonnenstaat hat die rigidesten Abgasgesetze. Um in den ganzen USA angeboten werden zu können, müssen Importfahrzeuge also die Kalifornien-Vorgaben erfüllen. Die größten optischen Veränderungen erfuhren die Fahrzeuge erst nach dem Ableben des W 108 und W 109, nämlich die Rammstoßstangen in Folge der dort staatlich reglementierten Sicherheitsnormen. Mit ihnen durfte sich der Nachfolger W 116 herumschlagen. Im Falle des W 108 und W 109 gab es sogar eine spezielle Variante des V8-Motors, die nur in Nordamerika und Kanada angeboten wurde, der 4,5-Liter.

»The Mercedes 250« titelt der US-Prospekt von 1966. Nicht 250 SE, nur 250. Damals gab es noch keinen 250er der Mittelklasse-Baureihe (dieser sollte erst 1968 als 250/8 erscheinen). Kombination der typischen US-Leuchteinheit mit Zusatzblinkern neben der Kühlermaske. Eine durchaus eindrucksvolle Erscheinung! Quelle: Archiv afs

Im Oktober 1970 aufgenommener 250 SE mit US-Spezifikationen und den typischen »white wall tyres«. Die äußeren Felgenzierringe fehlen diesem schwarzen Wagen. Deutlich zu sehen sind die seitlichen Rückstrahler, und die Nebelscheinwerfer stammen vom Zubehörshop. Foto: Archiv afs

Einige Modifikationen entsprachen dem dortigen Geschmack, die meisten kamen allerdings legislativen Auflagen nach. So hatten die W 108 und W 109 zusätzliche, kleine, runde Blinklichter rechts und links der Kühlermaske und ab Ende der 60er-Jahre jene vordere Leuchteinheit mit zwei übereinander angeordneten Sealed-Beam-Doppelrundscheinwerfern, die der 300 SEL 6.3 auch in Europa bekannt machte und die in der Folge das beliebteste Extra für jeden 280 SE sein sollten. Die USA-Rücklichter waren komplett rot gefärbt ohne orangefarbene Blinker-Sektion. Weitere Charakteristika: Meilen-Tachos und Zweikreis-Bremsanlage mit Kontrollleuchte am Armaturenbrett, die Reifen hatten Verschleißanzeiger, es gab einen Summer für den Zünd/Anlass-Schalter, die Wagen konnten nicht gestartet werden ohne dass der Fahrer angeschnallt war, Pflicht waren vordere Kopfstützen, Verbundglas-Frontschei-

280S *All luxury cars appear to be comfortable during a short test drive. The 280S feels comfortable after a long day's journey.*

Most luxury cars are designed with pillow-soft suspension, even softer seats, and a huge wheelbase to further isolate roughness in the road surfaces. Rather tasty morsels in a once-around-the-block test drive at 25 mph. Another story, however, on a *trip*.

The Mercedes-Benz 280S defines luxury in a completely different way. At first glance it may even look *less* comfortable. But after a long day's journey, driver and passengers arrive refreshed, relaxed.

The secret? *Amazing roadability and lots of human engineering.* Very briefly the details:

The 280S is blessed with fully independent suspension. It holds the road, any road, without wallowing or wandering. It refuses to be unsettled by dips or bumps. And through curves you tend to stay upright, not flung from side to side by a plowing, tire-squealing suspension system.

Inside, orthopedic surgeons have designed the seats for extended stays, not showroom demonstrations. Potentially fatiguing vibrations were eliminated in the early stages of design. Even the steering system has a special shock absorber to soak up tremors that would ordinarily be transmitted to the driver's hands.

It all adds up to a very different, very satisfying concept of luxury.

Other 280 series sedans

280SE. The same automobile as the 280S except it employs *fuel injection* instead of carburetors.

280SEL—The 280SE with an additional four inches of legroom in the rear compartment.

TECHNICAL SPECIFICATIONS

MODEL	Engine Type	Fuel System	Displacement (cu. in.)	Horsepower (BHP @ RPM)	Torque (FT. LBS. @ RPM)	Maximum Engine Speed (RPM)	Suspension Front	Suspension Rear	Braking System	Wheelbase (in.)	Overall Length (in.)	Empty Weight (lbs.)	Trunk Capacity (cu. ft.)
280S		Dual carburetors		157 @ 5400	181 @ 3800					108.3	192.9	3220	
280SE	6 cylinders overhead camshaft 7 main bearings	Fuel injection	169.5	180 @ 5750	193 @ 4500	6500	Unequal-length A-arms, coil springs, telescopic shock absorbers, anti-sway bar	Daimler-Benz patented low-pivot swing axle, coil springs, telescopic shock absorbers	4-wheel disc brakes, tandem master cylinders and vacuum-servo power assist.	108.3	192.9	3270	21.5
280SEL		Fuel injection		180 @ 5750	193 @ 4500					112.2	196.8	3305	

1968er Prospektblatt für den 280 SE mit US-Spezifikationen – aber nicht für den US-Markt, sondern für Angehörige der US-Streitkräfte in Europa. Deshalb ist der Wagen auch mit deutschem Ausführkennzeichen abgebildet. Sinn der Sache: Der amerikanische Besatzungssoldat soll sich nach seiner Dienstzeit mit seiner Abfindung noch in Deutschland einen Mercedes mit US-Ausstattung kaufen, mit ihm Europa bereisen und ihn anschließend mit nach Hause nehmen. *Quelle: Archiv afs*

ben, Sicherheitsgurte, alle Innenraumteile mussten aus nicht brennbaren Materialien sein, die Türen und A-Säulen waren wegen des Seitenaufprallschutzes verstärkt, und am Armaturenbrett musste die Chassis-Nummer angebracht sein. Lichthupe und Lenkschloss entfielen.

Eher Geschmacksache waren besonders häufig georderte Farb- und Ausstattungsvarianten. Die Amerikaner liebten Weißringreifen, eine Klimaanlage, getönte Wärmeschutz-Verglasung rundum, sie überließen das Schalten gerne einer Automatik und lümmelten sich lieber in kuscheligem Velours als auf rutschigem MB-Tex. Und während in good old Europe in den 60er-Jahren ein großer Mercedes durchaus in Uni-Farbtönen lackiert sein durfte, ging das in den USA gar nicht. Ein Auto ab einer gewissen Klasse hatte in Metallicfarbtönen zu glitzern.

Die 280 SE 3.5 Coupés und Cabriolets lieferte Daimler-Benz stets in Vollausstattung in die Staaten: Automatik, Klima, Sperrdifferenzial, Stereoradio mit vier Lautsprechern, vier elektrische Fensterheber und getönte Scheiben. Es gab Coupés und Cabriolets ausschließlich mit dem 3,5-Liter-V8. Als im Mai 1971 in den USA der 4,5-Liter-V8 eingeführt wurde, endete der Export der Zweitürer nach USA.

Von allen 4,5-Liter-Varianten wurden ausschließlich in den USA 24.253 Stück verkauft – eine stattliche Zahl angesichts der kurzen Angebotszeit zwischen Mai 1971 und November 1972. In den USA war der große Mercedes der bevorzugte Wagen für intellektuelle Freiberufler wie Architekten, Ärzte und Künstler. Der typische, wohlhabende Ami hingegen setzte auf Statussymbole wie Lincoln und Cadillac.

Im Motorsport: Die Rote Sau und andere Säue

Daimler-Benz hatte sich 1965 aus dem aktiven Tourenwagensport zurückgezogen, weswegen der 250 SE nur in privater Hand eingesetzt wurde. Große Erfolge sind nicht überliefert, Petry/Eberhardt siegten bei der Tour d'Europe 1967 in der Klasse über zwei Liter. Gleiche Veranstaltung, zwei Jahre später: 1969 siegten Ochs/Mischo, ebenfalls in der Klasse über zwei Liter, auf einem 300 SE. Nichtsdestotrotz wurden alle W 108 in der großen Tourenwagenklasse eingesetzt, selbst bei Slalomveranstaltungen, und so mancher W 108 hauchte in den 70er-Jahren sein Leben auf einem Truppenübungsplatz bei einer Rallyecross-Veranstaltung aus. Das ist aber alles nichts gegenüber der legendären »Roten Sau«.

Der 300 SEL 6.3 hatte, mitsamt seiner Vollausstattung, ein Leistungsgewicht von 7,1 kg/PS. Das entsprach Wettbewerbsfahrzeugen der Motorsportgruppe 2 und 3. Dabei wies er gerade mal knapp 40 PS pro Liter Hubraum auf. Ein Mercedes 200 hatte 47,5 PS pro Liter und war kein Ausbund an Temperament. Die Motorcharakteristik des 300 SEL 6.3 entsprach also, gelinde gesagt, derjenigen eines Drosselmotors. Da steckte enorm viel Potenzial drin!

Rennsportbegeisterte Daimler-Leute forcierten einen Sechs-Dreier im Trainingsanzug, und seine ersten Meriten erwarb ein ziemlich serienmäßiger Wagen, nur um die Stoßstangen abgespeckt, im November 1968 beim Sechs-Stunden-Rennen von Macao, am Steuer (das auf der rechten Seite war!) der motorsportbegeisterte Mercedes-Versuchsingenieur Erich Waxenberger. Das war der erste Werkseinsatz eines 300 SEL 6.3. Daimler-Benz hatte das Europa-Championat, also die Tourenwagen-Europameisterschaft in der großen Hubraumklasse, im Visier. 300 PS waren für den Vau-Acht kein Problem, und die Testwagen erzielten wunderbare Rundenzeiten auf dem Motodrom in Hockenheim. Unter Waxenbergers Leitung entlockten Daimler-Versuchsingenieure dem Motor gar 370 PS aus 6,8 Litern Hubraum.

Werks-Mercedes: Bis zu 370 PS aus 6,8 Litern Hubraum entlockten Daimler-Ingenieure dem Sechs-Dreier, der sich optisch nur durch die Räder und den Ölkühler unter der Stoßstange vom Serienpendant unterschied. *Foto: Archiv Daimler-Benz*

Etwas erleichtert: Werks-6.8 ohne Stoßstangen und äußerst dynamisch. Was dem Wagen fehlte, waren fette Schlappen, welche wiederum voluminöse Kotflügelverbreiterungen bedingten. Mit einem derartigen Wagen startete Waxenberger in Macao.

Foto: Archiv Daimler-Benz

Das erste Mal in Europa am Start waren gleich drei große Mercedes beim 24-Stunden-Tourenwagenrennen in Spa 1969, die Teams Aaltonen/Glemser, Ickx/Hermann und Waxenberger/Ahrens, nunmehr 400 PS aus 6,8 Litern Hubraum. Die Reifen waren mit dem Wagengewicht heillos überfordert und machten schon im Vorfeld schlapp, das Trio verzichtete auf den Start. Breitere Reifen taten Not, sie mussten homologiert werden, und die Schlappen hätten extrem breite Kotflügel und vergrößerte hintere Radausschnitte nötig gemacht. Aber das Motorsport-Engagement von Daimler-Benz war ja offiziell beendet, die Ambitionen der Sportbegeisterten wurden nur halbherzig geduldet, und nach dem Reifendebakel von Spa erfolgte das offizielle Aus. Das bedeutete allerdings noch lange nicht das endgültige Aus der Rennsportkarriere dieses Ausnahmefahrzeugs. In privater Hand, und auch in halb-privater, nämlich bei AMG, ging es durchaus weiter - auf Basis des bei Daimler-

Die »Rote Sau«. Dieser Wagen schrieb Rennsportgeschichte. Für viele ist er der spektakulärste Tourenwagen aller Zeiten: Mercedes 300 SEL 6.8 AMG. Nota bene: Dieses heute viel gezeigte und fotografierte Fahrzeug ist ein Nachbau. Davon gibt es mittlerweile einige in unterschiedlicher Machart, und richtig gut ist der erste, der von AMG selbst stammt. Das Original wurde, nachdem die Karosserie verlängert und er als Matra-Versuchswagen (Hochgeschwindigkeits-Testwagen für Flugzeugreifen) Frondienst leisten musste, Anfang der 90er-Jahre verschrottet

Foto: Daimler-Benz

Rote Säue können *auch silbern sein. Der Wagen von Klaus Behrmann aus Norderstedt beim Tourenwagenrennen 200 Meilen von Nürnberg auf dem Norisring im Juli 1971 in der Serien-Tourenwagen-Gruppe 1 und der Spezial-Tourenwagen-Gruppe 2, jeweils in der Klasse über 3000 cm³ unterwegs.*

Foto: Klaus Holl

Und nochmals einer: *Jörg Leininger von der Mercedes-Versuchsabteilung beim Jim-Clark-Gedächtnisrennen in Hockenheim 1971, auf Rang Neun gekommen.*

Foto: Archiv afs

Benz geschaffen 300 SEL 6.8. Die »Rote Sau« wurde geboren.

Trotzdem sich der Konzern nicht mehr offiziell im Motorsport engagierte, gab es genügend Ingenieure bei Daimler-Benz mit Benzin im Blut, beispielsweise Hans Werner Aufrecht und Erhard Melcher. Sie waren »beim Daimler« angestellt gewesen und hatten die Heckflosssen-300-SE turniermäßig aufgepeppt. Aufrecht und Melcher, die aus dem 300-SE-Motor 238 PS gekitzelt hatten, machten sich selbständig. 1967 gründeten sie in der Alten Mühle in Burgstall AMG und versorgten Privatfahrer mit wettbewerbsmäßig gerüsteten Mercedes-Motoren, bald folgten getunte Straßenfahrzeuge. Was heute in den Daimler-Konzern als offizieller Haustuner integriert ist und nach allen Regeln der Kunst Gewinn abwerfen muss, das Unternehmen AMG, war damals ein von Enthusiasmus geprägter Betrieb, bei dem es weniger um Gewinnorientierung, als viel mehr um Spaß an der Freude ging.

Für AMG lag auf der Hand, den 300 SEL 6.8 auf die Rennstrecke zu bringen. Ziemlich unabhängig von Daimler-Benz baute AMG einen Renn-6.8, 420 PS stark, sehr breit und nun mit den entsprechenden und auch homologierten Breitreifen auf speziell entwickelten AMG-Felgen versehen - Erich Waxenberger unterstützte die Ambitionen inoffiziell, er besorgte das Fünfgang-Getriebe. Hans Heyer und Clemens Schickentanz schafften mit diesem Monstrum, genannt »Rote Sau«, bei den 24 Stunden von Spa 1971 einen hervorragenden zweiten Platz vor einem Capri gegen eine wütende und grölende Armada hinter BMW- und Alfa-Werkswagen. Selbst die ARD-Tagesschau berichtete darüber. Von jetzt auf nachher war AMG berühmt geworden. Mit unterschiedlichen Sponsoren, vom Briefmarkenhändler aus dem württembergischen Lorch bis zum Bierbrauer Hannen Alt aus Mönchengladbach, und in unterschiedlichen Farben (rot und gelb) begeisterte der Luxus-Benz auf der Piste das Publikum in der Saison 1971. Beim Saisonfinale in Hockenheim 1971 war die Rote Sau eine Gelbe Sau. Und dann gab es auch noch eine Silberne Sau. Aber im Original gab es stets nur eine Sau. Sie wurde mehrmals umlackiert. Sie hauchte ihr Leben aus als Reifenversuchsfahrzeug bei Matra in Frankreich, sie wurde nach getaner Schuldigkeit verschrottet.

Für die Saison 1972 sollte der rote Wagen dank Turbolader gar 500 PS auf den Asphalt bringen. Aber eine Änderung im Reglement begrenzte den Hubraum auf 5 Liter, was das Aus für den Big Benz bedeutete (und auch für die erfolgreichen Chevrolet Camaro). AMG verkaufte die irrwitzig starke Limousine an den französischen Konzern Matra als Versuchsfahrzeug für Flugzeugreifen auf Landebahnen. Aus der Rennikone wurde ein verlängerter Sechstürer mit einer Gesamtlänge von 5,60 Metern. Bis Ende der 80er-Jahre versah der Wagen bei Matra treue Dienste, um 1991/92 wurde er verschrottet. Das heißt: Die echte »Rote Sau« ist tot. Heute gibt es diverse Kopien der »Roten Sau«, und eine davon ist im Daimler-Besitz. Aber die »echte Rote Sau« war nicht die einzige Sau. Es gab mehrere Säue, nicht nur Nachbauten, sondern auch zeitgenössische Säue in privater Hand. So startete Klaus Behrmann aus Norderstedt bei Tourenwagenrennen auf einem 300 SEL 6.8 AMG. Franz Pickel, Kfz-Meister in der elterlichen Mercedes-Vertretung in Erlangen, baute einen verunfallten 6.3 neu auf und verbreiterte ihn in AMG-Manier, Motortuning durch AMG auf 320 PS, Einsatz zwischen 1973 und 1976.

AMG bot auch ein straßentaugliches Tuning für den 300 SEL 6.3 an: zwei Leistungsstufen, 290 oder 320 PS. Letzterer beschleunigte in 6,7 Sekunden auf Tempo 100, Schluss mit lustig war bei atemberaubenden 235 km/h – und das bei 1.885 Kilo Kampfgewicht. Dieser Wagen beschleunigte alles in Grund und Boden, was sich auf der Straße tummelte, auch den Maserati Ghibli und den Ferrari 365 GT. 10.000 DM verlangte AMG für die Motor- und damit einher gehende Fahrwerkskur. Aus heutiger Sicht hört sich das nach Sonderangebot an. Aber dafür bekam man damals einen serienmäßigen Mercedes 200.

Jenseits der Großserie: Einzelstücke der Karosseriebaukunst

1969/70 baute Sergio Pininfarina ein Einzelstück auf Basis 300 SEL 6.3, ein 2+2sitziges, anthrazitmetallicfarben lackiertes und mit Weißwandreifen versehenes Coupé, das die Linienführung des 1975 erschienenen und ebenfalls von Pininfarina gezeichneten Rolls-Royce Camargue vorwegnahm. Präsentiert wurde das Unikat auf dem Pariser Salon 1970 und der London Motor Show 1970. Der Maestro spendierte dem kantigen Coupé einzelne Rundscheinwerfer mit darunter liegenden Öffnungen zur Bremsenkühlung sowie einen überdimensionierten SL-Kühlergrill, der auch einem Mercedes-Lastwagen gut zu Gesichte gestanden hätte. Innen gestaltete Pininfarina den Wagen völlig neu, mit Ausnahme des Armaturenbrettes. Der Kunde, welcher das Fahrzeug orderte, war ein niederländischer Konzernchef. Dessen Familie verkaufte den

Ein mysteriöses Fahrzeug, weil sowohl der Erst- als auch der Zweitbesitzer sehr diskrete Menschen waren. Vom 1970er 300 SEL 6.3 mit Pininfarina-Coupé-Karosserie (Design: Paolo Martin) hat selbst das Daimler-Benz-Archiv kein besseres Bild, denn das Werk distanzierte sich stets von dem Wagen. Nach über 50jährigem Leben in absoluter Zurückhaltung wurde der Wagen 2023 von einem niederländischen Händler auf den Markt gebracht. *Foto: Archiv Daimler-Benz*

300 SEL Landaulet von 1966 für den Vatikan, ein Werksumbau. Diesen Wagen nutzte zunächst Papst Paul VI. 1981 wurde der Wagen nachträglich gepanzert. *Foto: Archiv Daimler-Benz*

Wagen in den späten 70ern, und er befindet sich noch heute in Holland. So wenig der Erstbesitzer namentlich bekannt ist, so sehr versteckt sich der heutige Eigentümer. Und andere verstecken sich auch: Pininfarina steht nicht zu seinem 300 SEL 6.3 Coupé, wohl deshalb, weil das Design für den Rolls-Royce Camargue erneut verwendet wurde, und von Daimler-Benz erfährt man auch nahezu nichts darüber. Ein etwas mysteriöses Fahrzeug.

Für den Vatikan erstellte Daimler-Benz in den Jahren 1966 und 1967 diverse Spezialmodelle (Pullman-Limousinen und Landaulet). Dieses Fahrzeuggenre in dieser Fahrzeugklasse hatte aber nahezu keine Daseinsberechtigung. Mit viel Geld erwarb der Interessent Derartiges als Mercedes 600, und mit weniger viel Geld gab es Langversionen der Mittelklasse. Warum also einen W 109 verlängern?

Eine Pullman-Limousine auf Basis des 300 SEL von 1967, ebenfalls vom Werk für den Vatikan gebaut. Davon gab es zwei Exemplare, die hauptsächlich dafür einsetzt wurden, um hochrangige Gäste zu chauffieren. Foto 2002 in der Papstresidenz in Castel Gandolfo anlässlich einer Ausstellung. Foto: Daderot

Krankenwagen auf Basis des W 108 und W 109 sind dem Autor nicht bekannt. Bestattungswagen schon, aber spätestens 1968, nach Erscheinen des Strich-Achters, trat tatsächlich das ein, was Werner Oswald so treffend beschrieb: Die Ähnlichkeit zwischen beiden Baureihen entwertete den großen Mercedes. Ein Bestattungsunternehmer hatte wenig Grund, sich einen Wagen auf W-108-Basis umbauen zu lassen, ein Strich-Achter als Bestattungswagen sah auf den ersten Blick genauso aus.

Der Karosseriebauer Crayford aus Westerham in Kent, einer der profiliertesten britischen Aufbauhersteller der 60er- und 70er-Jahre, nahm sich gerne deutscher Fahrzeuge an und fertigte Kombis auf Basis des W 108, des Strich-Achters und später des W 116.

Ab 1968 bot der englische Karosseriebauer Crayford Mercedes Kombis an, sowohl auf Basis des Strich-Achter als auch diesen 280 SE. Die Dächer schmückte Crayford stets mit einem Vinylbezug. Das sah nicht nur gut aus und entsprach sehr dem britischen Geschmack. Es kaschierte auch die Blecharbeiten. Quelle: Archiv afs

Kapitel 6:

Der W 116:

Ein neuer Stern am Autohimmel

Foto: Lorinser

In den 70er-Jahren war die Welt noch in Ordnung. Die automobile Welt zumindest. Da gab es das beste Auto der Welt, den Rolls-Royce, erreichbar nur den Wenigsten im Orbit. Und dann gab es die Mercedes S-Klasse. Unter den erschwinglichen Autos war der große Mercedes das beste Auto. Später dann ist die Welt aus den Fugen geraten. Die S-Klasse musste sich mit einem empor gekommenen BMW 7er und Ingolstädter Trivialitäten messen lassen. Die respektlosesten unter den Autotestern und -käufern sahen später gar japanisches Importgut à la Lexus als Alternative zur S-Klasse. Sollen sie. Sollen sie doch anhand vermeintlich pragmatischer (objektiver?) Kriterien die S-Klasse in die Arena schicken. Vielleicht gibt es wirklich Alternativen.

Damals in den 70ern, als, wir erwähnten es bereits, die Welt noch in Ordnung war, bedeutete die S-Klasse die Spitze der automobilen Evolution. Mitbewerber kamen ihr partiell nahe. Ein Franzose konnte besser federn, ein Brite sah ungleich eleganter aus, ein Maserati versprühte italienischen Charme und reizte mit seinen Unzulänglichkeiten, und als sich der Lebenszyklus des Mercedes W 116 neigte, mag ein bayrischer Parvenü einen Touch sportlicher gewesen sein. Das war eine Zeit mit einem festen automobilen Gefüge, in welcher ein Fixpunkt am Himmel Bestand hatte. Die S-Klasse war die S-Klasse. Punktum.

Genesis: Der erste Computer-Mercedes

Die S-Klasse W 108 war gerade ein Jahr am Markt und die Entwicklung der Mittelklasse-Modelle der »Neuen Generation« (W 114/W 115) lief auf Hochtouren. Damals, im Herbst 1966,

Breiter und niedriger: *Der Kühlergrill ändert seine Dimensionen und macht einen großen Lufteinlass unterhalb der Stoßstange nötig, der wiederum, zusammen mit den Breitbandscheinwerfern, für Familienähnlichkeit zum ein Jahr zuvor erschienenen SL sorgte.* *Foto: Archiv Daimler-Benz*

begannen die ersten Arbeiten an der neuen S-Klasse. Das Anforderungsprofil stand auf hohem Niveau fest. Der künftige W 116 müsste all die Qualitäten des aktuellen Typs mindestens beibehalten. Das Fahrwerk hingegen sollte völlig neu konstruiert werden, die Sicherheitseinrichtungen müssten auf neuestem Stand sein und im Styling sollte der große Mercedes neue Wege einschlagen.

Der W 116 ist der erste Mercedes, bei dem sich die Ingenieure der elektronischen Datenverarbeitung bedienten. Notabene: Wir befinden uns in der zweiten Hälfte der 60er-Jahre. Im Hause selbst wurde das System ESEM entwickelt. Es half hauptsächlich bei der Berechnung der Sicherheitszelle, aber auch die Designer profitierten. Aus Holz geschnitzte Urmodelle konnte der Computer abtasten und auf Lochstreifen speichern. Diese Daten nahm eine elektronische Zeichenmaschine zur Grundlage für Darstellungen des kompletten Körpers oder Ausschnitte davon in beliebigen Maßstäben und Perspektiven. EDV-gesteuert konnten wunschgemäß viele Holzmodelle gebaut werden, beispielsweise für Tests im Windkanal, aber auch als Grundlage für weitere Arbeitsschritte. Auch die Steifigkeit der Fahrgastzelle wurde mittels Computer berechnet, also ihre Fähigkeit, sich bei Unfällen zu verformen respektive ihre Widerstandsfähigkeit bei Aufprällen.

In die Entwicklungszeit des W 116 fallen die ersten Sicherheitsautos. Diese »Experimental Safety Vehicles«, wie sie genannt und mit dem Kürzel ESV versehen wurden, hatten ihre Hochphase erst nach Erscheinen des W 116. Jährlich knapp 20.000 Verkehrstote in Westdeutschland forderten die Entwicklungsingenieure zur Konstruktion sichererer Autos auf. Das ESV-Programm war weltweit angelegt, 15 verschiedene Autohersteller beteiligten sich mit eigenen Beiträgen. Angeregt wurde die Diskussion durch die in den USA vorangetriebenen und staatlich reglementierten Sicherheitsnormen. Der erste Beitrag von Daimler-Benz zur Sicherheitsdiskussion in den frühen 70er-Jahren, der ESF 03 (ESF = Experimentier-Sicherheits-Fahrzeug) vom Mai 1971 basierte wie sein Nachfolger ESF 05 vom Oktober 1971 auf einem »Strich-Achter«. Modifiziert waren sie mit voluminösen Stoßfängern, die selbst die US-Monstren in den Schatten stellten, und mit nachgiebigen Kunststoff-Applikationen an der Front, geschmückt mit SL-Grill. Auch das legendäre Wankel-Coupé C 111 diente als Versuchsträger für den W 116. Er profitierte beispielsweise von dessen Vorderradaufhängung.

Mit dem Jahrzehntwechsel waren die prinzipiellen Entwicklungsarbeiten abgeschlossen, erste handgefertigte Pro-

Arbeiten mit einem Holzmodell: Das beeindruckende Maschinenarsenal nimmt die dreidimensionale Form der Skulptur ab.

Foto: Archiv Daimler-Benz

Hier wird das Modell im Maßstab 1:5 dreidimensional abgetastet, die Daten werden auf digitale Träger übertragen, welche wiederum die vollautomatische Zeichenmaschine steuern. Das Modell trägt noch eine Lamellenblende à la SLC hinter den hinteren Seitenscheiben.

Foto: Archiv Daimler-Benz

totypen drehten im Frühjahr 1970 ihre Runden. Das Publikum durfte den Mercedes W 116 das erste Mal auf der IAA im September 1972 sehen, gleichzeitig startete die Serienproduktion im Werk Sindelfingen. Der internationalen Presse war er schon vorher an der Costa Brava präsentiert worden.

Unterm Blech: Revolutionäres Fahrwerk, moderat modifizierter Antrieb

In drei Leistungsstufen und ausschließlich mit dem Normalradstand war die S-Klasse ab Oktober 1972 zu haben. Die bisherigen Sechszylinder-Typen 280 S und 280 SE wurden durch die neuen Fahrzeuge mit gleicher Typenbezeichnung ersetzt, alle Achtzylinder zunächst durch den 350 SE. Auf dem Genfer Salon im März 1973 folgte der 450er mit normalem und um zehn Zentimeter verlängertem Radstand. Die Motoren, der 2,8-Liter-Reihensechszylinder mit Vergaser oder Einspritzanlage sowie die 3,5- und 4,5-Liter-V8, wurden nahezu unverändert aus dem Vorgänger übernommen.

In Sachen Schaltgetriebe war der damalige Stand der Technik das Viergang-Getriebe mit Schalthebel zwischen den Vordersitzen. Immerhin gab es die beiden 280er optional mit einer Fünfgang-Schaltung, der oberste als Schongang ausgelegt. Neu auf dem europäischen Markt war die gegen Aufpreis erhältliche Automatik, bekannt aus der 4,5-Liter-US-Version des Vorgängers. Sechs- und Achtzylinder bedienten sich unterschiedlicher Automaten: Die Sechszylinder erfreuten sich einer Viergang-Wandlerautomatik, 350 und 450 SE bekamen ein Dreigang-Planetengetriebe mit Wandler, beim 4,5 Liter serienmäßig. Die Achtzylinder konnten optional mit einem Sperrdifferenzial ausgerüstet werden. Es verhindert auf einseitig rutschigem Untergrund das Durchdrehen eines Antriebsrades, das im widrigsten Falle zum Stillstand des Fahrzeugs trotz Kraftfluss führt.

Während Motor und Getriebe lediglich einer Evolution unterzogen waren, zeigte sich das Fahrwerk revolutionär (für Mercedes-Verhältnisse!). Analog zum Ende 1967 präsentierten Strich-Achter bekam die S-Klasse nun ein wirklich gutes Fahrwerk. Die Eingelenk-Pendelachse und die altbekannte Vorderachse am Fahrschemel, beide bis zum Äußersten verfeinert, aber ohne weiteres Entwicklungspotenzial, hatten ausgedient. Daimler-Benz konstruierte ein komplett neues Fahrwerk, welches nicht nur den momentanen Anforderungen der S-Klasse entsprach, sondern diesen weit überlegen war. So hatte der Unterleib des W 116 das Potenzial, eine weit höhere Motorleistung zu verkraften. Und sie sollte mit dem 450 SE und 450 SEL 6.9 auch kommen.

Die elaborierte Vorderachskonstruktion bestand aus Doppel-Querlenkern mit Schraubenfedern und Bilstein-Gasdruck-Stoßdämpfern, Gummi-Zusatzfedern und einem Drehstab-Stabilisator. Durch eine ausgefeilte Fahrwerksgeometrie gewährleistete die neue Achse spurneutralen Geradeauslauf, hielt Lenkungseinflüsse fern und garantierte, dass die Fahrzeugfront beim starken Bremsen nicht in die Knie ging. Obendrein konnten die Ingenieure den Wendekreis trotz längeren Radstandes um 30 Zentimeter verringern. Die Hinterachse stammte, wenn auch modifiziert (verstärkt, mehr Spurbreite), aus der Mittelklasse respektive dem SL. Daimler-Benz sprach von einer »Diagonal-Pendelachse« und meinte damit eine Schräglenkerachse. Ihr eigen waren ebenfalls Schraubenfedern mit Bilstein-Gasdruckstoßdämpfern, Gummi-Zusatzfedern und ein Drehstab-Stabilisator, optional bot Daimler-Benz eine Niveauregulierung an. Beim 450er musste die Hinterachse dem gestiegenen Anfahrdrehmoment angepasst werden. Außerdem waren Schräglenker, Radträger und Drehstab-Stabilisator so angeordnet, dass das Heck beim Beschleunigen

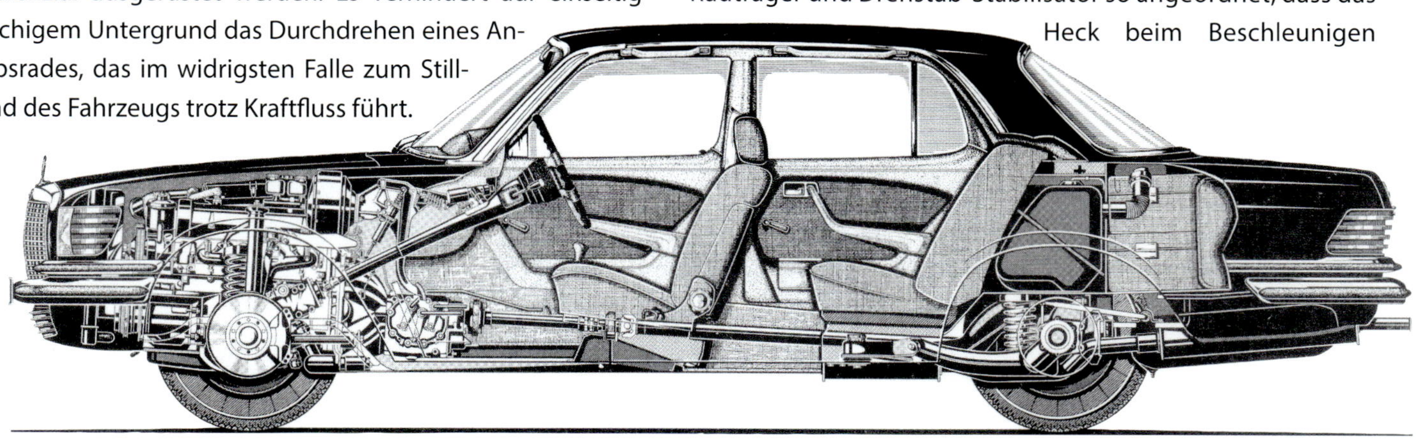

Kernspintomographie: Längsschnitt durch den W 116. *Foto: Archiv Daimler-Benz*

Detaillösung: Scheinwerfer-Wisch/Waschanlage auf Sonderwunsch. Sie arbeitet stets, wenn die Windschutzscheibenwischer in Betrieb sind. Foto: Archiv Daimler-Benz

Sicherheitsaspekt: Das an der Innenseite des Kofferraumdeckels befestigte Warndreieck dient als reflektierender Schutz, sobald die Haube offen ist. Diese Lösung ist einfach, aber effektiv. Warum ist niemand in den Jahrzehnten zuvor darauf gekommen?

Foto: Archiv Daimler-Benz

nicht eintauchte und beim Bremsen automatisch etwas heruntergezogen wurde.

Scheibenbremsen rundum brachten die mindestens 1660 Kilo schwere Limousine (Leergewicht 280 S) sicher zum Stehen. Die vom W 114 / W 115 bekannte, mit dem Fuß zu bedienende Handbremse hielt auch im W 116 Einzug. Sie wird durch ein im Fußraum befindliches Pedal getreten und mittels eines Zugknopfes händisch gelöst. Anfahren am Berg mit einem Schaltwagen musste hierdurch neu erlernt werden. An diesem nicht immer gelobten Prinzip hielt Daimler-Benz fest, bis die klassische, manuelle Handbremse durch eine elektrische Feststellbremse ersetzt wurde, die durch einen Schalter betätigt wird, also bis in die frühen 2000er-Jahre hinein. Die Kugelumlauflenkung mit Servounterstützung arbeitete präzise und gleichförmig, die Lenksäule schob sich bei einem Frontalaufprall wie ein Teleskop zusammen.

Mit diesem Fahrwerk gerierte sich der Mercedes W 116 vorbildlich auf der Straße. Der Federkomfort ist bei schneller wie langsamer Fahrt hervorragend, der Wagen läuft wie auf Schienen geradeaus, hohe Kurvengeschwindigkeiten sind möglich. Die S-Klasse hat ein nahezu neutrales Fahrverhalten, sie ist jederzeit kontrollierbar und beherrschbar. Die Bremsen sind prima, sie neigen nicht einmal zum Fading, die Lenkung vermittelt den richtigen Fahrbahnkontakt.

So sicher wie kein Mercedes zuvor war die S-Klasse dank innovativer und ingeniöser Meisterleistungen auf dem Gebiet der aktiven und passiver Sicherheit. Die Schale des W 116 zeichnete sich durch ungewöhnliche Steifigkeit und gleichzeitig Nachgiebigkeit aus. Das widerspricht sich nur auf den ersten Blick. Hart musste sie dort sein, wo im Falle eines Crashs Stabilität erwartet wurde (Dachpfosten, Schweller, Türsäulen), weich dort, wo im selben Falle Aufprallenergie abgefangen werden musste (Vorbau und Heckbereich). Die Türschlösser gewährleisteten Schutz gegen Aufspringen der Türen, delikate Stellen im Innenraum waren umschäumt oder gepolstert, das Lenkrad wies eine große Prallplatte auf, die Lenksäule schob sich beim Frontaufprall zusammen und bohrte sich nicht mehr in die Brust des Fahrers. Nicht dazu wollte passen, dass Automatikgurte und Kopfstützen zunächst aufpreispflichtig waren (außer beim 450er).

Funktionale Schönheit als Resultat von Harmonie und Eleganz

Ob der W 116, die letzte Schöpfung Friedrich Geigers vor dessen Stabübergabe an Bruno Sacco, nun ein schönes Auto ist, lässt sich nicht eindeutig sagen. Denn zuvorderst ist die sinnliche Wahrnehmung einer Autoform Geschmackssache. Aber Schönheit (wie auch Hässlichkeit) ist sehr wohl definiert, Ästhetik ein universitäres Lehrfach (nicht nur im Rahmen der Kunstgeschichte), und das Resultat der Designkunst ist mitnichten eine Frage des individuellen Geschmacks. Ohne philosophisch oder kunstkritisch zu werden, kann dem W 116 bescheinigt werden, dass die Vielzahl der Einzeleindrücke in seinem Design eine harmonische Einheit darstellen. Die S-Klasse entspricht der landläufigen Vorstellung einer klassischen Limousine; das Verhältnis zwischen Wagenkörper, Vorbau und Heck ist geschmackvoll und elegant, die Verwendung von Chromzierrat unterstreicht die Linienführung, ohne sie zu überfrachten (wobei dieser Punkt subjektiv sein mag), Detaillösungen sind ästhetisch ausgefeilt. Die Linie fügt sich in das sinnlich vorhandene Wahrnehmungsbild einer Mercedes-Limousine, verkörpert also eine Evolution statt einer Revolution, und die graduelle stilistische Entwicklung der Mercedes-Wagen ist geradlinig seit der Einführung des heute gültigen Ideals, nämlich der Pontonform, bis zur Gegenwart - Ausnahmen wie der W 140 bestätigen die Regel.

Eine S-Klasse besticht schon mit Normalradstand durch die beeindruckenden Maße von 469 Zentimetern Länge (SEL: 506 cm), 187 cm Breite und 142,5 cm Höhe. Das lässt den Stilisten viel mehr Freiheit für eine harmonische Linienführung als ein Fahrzeugkörper, bei dem mit Millimetern gegeizt werden muss. Der im Vergleich zum Vorgänger gewachsene Radstand

1972 mussten Repräsentationsfahrzeuge wie dieser 280 SE nicht zwanghaft einen Metallicton tragen. Am Ende seiner Karriere, 1979, hingegen schon.

Foto: Archiv afs

Zeitgeschmack Kanariengelb: Die bunte Mode der 70er-Jahre ging auch an Kalibern wie einer S-Klasse nicht vorüber. Und die geriffelten Heckleuchten strahlten auch bei starker Verschmutzung ihr Rouge nach hinten. Foto: Archiv afs

(186,5 cm, Langversion 196,5 cm) gab mehr Platz frei für den Fahrzeugkörper, Hecküberhang und Kofferraumlänge schmolzen, der Vorbau strahlt durch seine schiere Länge Kraft aus. Der Frontüberhang ist rund ein Drittel länger als der Hecküberhang, was quasi den »goldenen Schnitt« in der Fahrzeugdesignschule darstellt.

Zur Daimler-Benz-Gestaltungslehre gehört nicht nur, dass gewisse Merkmale unveränderlich sind, sondern auch, dass Designelemente von einer Fahrzeuggeneration in die nächste vererbt werden, um dadurch eine behutsame Entwicklung zu manifestieren. Vom zwei Jahre zuvor präsentierten SL und SLC erbte die S-Klasse die dynamische Form der vorderen Blinker, die Breitbandscheinwerfer, die komplette Heckgestaltung sowie die Flankenzierleisten. Hier leisteten die Designer überhaupt ganze Arbeit: Einerseits wurde das Prinzip der doppelten Stoßstangen als S-Klasse-Erkennungsmerkmal vom W 111 über den W 108 auf den W 116 vererbt, andererseits befinden sich die oberen Stoßstangen auf einer Ebene mit den Seitenschutzleisten und setzen diese um die Fahrzeugseite herum fort. Ebenfalls ein Merkmal des SL war der große Lufteinlass unterhalb der vorderen Stoßstange. Er war nicht nur ein Stylingelement, sondern deshalb nötig geworden, weil der Grill gegenüber dem W 108 zwar deutlich breiter, aber auch viel niedriger geworden war und somit weniger Luftdurchlass gewährleistete. Der Blick von vorne offenbarte auch die nicht mehr symmetrischen, gegenläufigen Scheibenwischer. Stattdessen setzten die Ingenieure auf parallellaufende Wischerarme, deren Angelpunkte sehr eng beieinander lagen. Weiterhin neu, aber vom SLC bekannt, waren die schmutzabweisenden Verkleidungen der A-Säule. Ein ebenfalls signifikantes Designmerkmal stellte die im Profil von außen gut sichtbare Gestaltung der hinteren Türinnenverkleidung (nur in der »gehobenen Ausstattung«) dar, welche die hintere Ecke des Dreiecksfensters von innen verdeckte. Das kürzer gestaltete Heck bedingte einen zwar höheren aber weniger tiefen Kofferraum. Trotz nunmehr liegendem Reserverad fasste er mit 579 Liter fünf Prozent weniger als sein Vorgänger.

Das Interieur: Eine Reiselimousine comme il faut

Das Innenraumangebot blieb auf S-Klasse-Niveau: Vier Personen fanden in jeder Hinsicht genügend Platz vor, auch zu fünft ließ es sich bequem reisen. In einem Mercedes der 70er-Jahre konnten sich die Passagiere zwar entfalten, aber sie konnten nicht schwelgen. Plüschig, splendid, so richtig heimelig ist damals kein Mercedes gewesen. Die Stuttgarter Definition der Gemütlichkeit hatte stets etwas Pragmatisches, Nüchternes, fast schon Kaltes und Schwäbisch-Pietistisches an sich. Nicht umsonst ärgerten Neider die stolzen Fahrer einer S-Klasse damit, ihr Auto versprühe den Charme eines Taxis. Ansatzweise hat das gestimmt. Aber die Kehrseite der Medaille ist eben, dass ein Mercedes-Innenraum nach 400.000 Kilometern immer noch ansehnlich war. Freilich: Die Teppichware schmeichelte nicht den nackten Füßen, sondern kratzte sie eher. Aber nach 20 Jahren und ebenso vielen feuchten Wintern und nach unzähligem Fahren mit humusreichen Wanderschuhen war der Teppich immer noch so gut wie neu. Das gehörte einfach zum Selbstverständnis eines Mercedes: Er roch nach teutonischer Perfektion, er roch nicht nach britischem Leder und Holz wie der Jaguar, und schon gar nicht nach sanftweichem Plüsch wie der Citroën, er roch nicht so feurig wie der Maserati Quattroporte und er roch schon gar nicht nach Ruhrpott und Hannen Alt wie der Opel Diplomat V8. Man mag das mögen oder nicht. Das

Funktionell, nüchtern und perfekt: Ein Kommandostand, an dem es nichts zu kritisieren gibt. *Foto: Archiv Daimler-Benz*

Genügend Platz für lange Beine: Heckabteil des 450 SEL, ausgestattet mit Velourspolstern und Gepäcknetzen an den Rücklehnen der Vordersitze. *Foto: Archiv Daimler-Benz*

Resultat spricht für sich: Es sind heute noch genügend W 116er auf der Straße, die nicht ein Leben lang mit Samthandschuhen behandelt worden sind, und genügend davon haben nie eine Restaurierung über sich ergehen lassen, höchstens Reparaturen - und diese am allerwenigsten im Innenraum.

Es ist keine Ironie im Spiel, wenn hier erwähnt wird, dass die S-Klasse serienmäßig über einen durchgehenden Teppichboden verfügte, denn beim parallel gebauten Vierzylinder-W-115 ist dies nicht immer der Fall gewesen. Die Türinnenverkleidungen waren, und das ist wieder Mercedes-typisch, stoßmindernd und damit unfallsicher ausgeführt, das Material war hochwertig, aber alles andere als gemütlich anzufassen.

Daimler-Benz differenzierte zwischen der Normal- und der gehobenen Ausstattung, und den Unterschied sah man von außen beim Betrachten der hinteren Tür. Der Oberteil der hinteren Türverkleidung hatte in der gehobenen Innenausstattung eine prägnante, nach hinten oben gezogene Form, was von außen sichtbar ist. Die Verkleidungen waren gepolstert, die Fensterumrahmungen geschäumt. Die gehobene Ausstattung ist kombiniert mit Velours- oder mit Ledersitzen, diese mit sechs Polsterpfeilen, serienmäßig in sämtlichen W 116 mit Achtzylindermotoren sowie im langen Sechszylinder 280 SEL. Ein 280 S oder 280 SE mit serienmäßiger Karostoff- oder aufpreispflichtiger MB-Tex-Ausstattung war Normalausstattungsträger, und bei ihm verlief die Oberkante der hinteren Türverkleidung parallel zur Fensterunterkante. Gegen Aufpreis gab es allerdings auch für diese Modelle die gehobene Ausstattung. Trotz »gehobener Innenausstattung«: Daimler-Benz ließ sich Fußmatten oder eine Heckscheibenheizung als Extra bezahlen. Die einzige nicht mit einem Mehrpreis verbundene Option war die Entscheidung, ob das Auto mit oder ohne Heckschriftzug ausgeliefert werden sollte. Letzteres setzte sich zunehmend durch, vor allem in Württemberg, wo Wohlstand weniger zur Schau gestellt, als vielmehr diskret ausgelebt wird.

Mit dem W 116 festigte Daimler-Benz sein mit dem W 108 begonnenes und beim W 114/W 115 fortgesetztes, zweifelhaftes Image, schlecht ausgestattete Fahrzeuge zu verkaufen. Eine Trendwende brachten die 80er-Jahre. Doch rund 15 Jahre lang spöttelten böse Zungen, Daimler-Benz ließe sich sogar den Blinkerhebel extra bezahlen (denn Mercedes-Fahrer hätten es ohnehin nicht nötig, zu blinken...). Es stimmt, dass Mercedes-Wagen weit puritanischer ausgestattet waren als die Konkurrenz. Aber zur Ehrenrettung der Stuttgarter muss man die Ausstattungspolitik aller deutschen Fabrikate der damaligen Zeit betrachten. Die rein deutschen Hersteller verdienten gutes Geld mit aufpreispflichtigen Extras, die für jeden Kunden eigentlich verbindlich waren und sogar zur Sicherheitsausrüstung hätten zählen sollen. Eine vernünftige Grundausstattung boten eigentlich nur die beiden in US-Besitz befindlichen deutschen Marken Ford und Opel. Aber ein Mercedes, BMW, Volkswagen oder Audi war in seiner Grundausstattung ein derart nacktes Fahrzeug, dass wohl kein Privatkunde einen Wagen ohne jegliches Extra bestellte. Diese Aufpreispolitik wandelte sich, nachdem zunehmend Importwagen aus Frankreich und später aus Japan in Deutschland verkauft wurden. Sie bestachen durch eine vernünftige, ja komfortable Ausstattung. Zwar konnten die Stuttgarter alles liefern, was das Herz des Kunden begehrte, auch Dinge, welche andere Hersteller weder für Geld noch gute Worte anboten. Aber selbst Elementarstes wie Drehzahlmesser, Automatikgurte, Kopfstützen kosteten lange Jahre einen Aufpreis. Aber dafür gab es auch Telefon im Auto, Klimaanlage, Sitzheizung, Koffersätze oder orthopädische Vordersitzlehnen. Kopfstützen waren damals gesetzlich noch nicht vorgeschrieben und zählten deshalb nicht zur Standardausrüstung. Vorne gehörten sie ab 1975 zum Serienumfang, hintere blieben beim W 116 stets ein Extra.

Wem der Platz in einem W116 mit normalem Radstand nicht ausreichte, orderte die um zehn Zentimeter verlängerte Version, die S-Klasse wurde zur Chauffeurlimousine, und auf Wunsch konnte eine Trennscheibe eingebaut werden. Zunächst erschien, parallel zum 450er, dessen Langversion. Der 450 SEL verfügte serienmäßig über eine Reihe an Ausstattungsdetails, die im kurzen 450 SE aufpreispflichtig waren, so Zentralverriegelung, Dimmer für die vordere Innenraumbeleuchtung, Kontaktschalter an den Fondtüren für die hintere Deckenleuchte, vier elektrische Fensterheber, Gepäcknetze an den vorderen Sitzlehnen und eine heizbare Heckscheibe. Im November 1973 folgte der 350 SEL mit gleicher Ausstattung wie der Normaltyp, im April 1974 der 280 SEL mit serienmäßig gehobener Innenausstattung.

Was der Fahrer zu Gesicht bekam, kannte die Fachwelt bereits aus SL und SLC. Das Armaturenbrett, unabhängig von der Innenraumfarbe stets schwarz, war ebenso funktional wie ausgeklügelt. Jeder Griff saß, einen W116 konnte ein erfahrener Chauffeur ad hoc bedienen. Einzige Besonderheiten waren die bereits erwähnte Handbremse, die mit dem Fuß bedient wurde (und deshalb offiziell »Feststellbremse« und nicht »Handbremse« heißt), und die Mercedes-Besonderheit, das Licht einzuschalten. Der Mercedes-Chauffeur zündete es traditionell mit einem Drehknopf am Armaturenbrett an. Drei Armaturen lagen im besten Blickfeld des Fahrers, die rechte war eine Zeituhr. Statt ihrer konnte der engagierte Pilot einen Drehzahlmesser ordern, in welchen dann eine kleine Quarzuhr integriert war. Das Armaturenbrett zeigte, entgegen der 70er-Jahre-Mode in vielen Haushalten, keine Schrankwand-Allüren. Nur ein schmaler Holzstreifen, sogar nur ein Furnier, zierte die Instrumententafel. Daimler-Benz begründetet die Abholzung mit Sicherheitsaspekten: Eine PVC-Umschäumung beherbergt bei Unfällen weniger Gefahren als Holzsplitter.

Heizung und Belüftung ließen sich getrennt für die linke und rechte Innenraumhälfte bedienen. Klimaanlage und Klimaautomatik waren als Extras lieferbar, ebenso wie Zentralverriegelung. Der nur links in Serie montierte Außenspiegel war von innen manuell zu bedienen, sein rechtes Pendant stand auf der Liste der Extras.

Jenseits des Atlantiks: Der wichtigste Exportmarkt

Vier Monate länger als die Europäer mussten die Amerikaner auf den W116 warten. Für sie wurde bis November 1972 der 280 SE/SEL 4.5 gebaut, erst im Dezember trafen die ersten W116 in den USA ein. Dafür kamen sie sofort in den Genuss des 450 SE. Sein Motor war, wie derjenige des Vorgängers, den rigiden Abgasbestimmungen angepasst und leistete 195 PS, in Kalifornien nur 180. Dafür konnte er mit unverbleitem Kraftstoff betrieben werden. Erst 1975, als die Ölkrise das weltweite Bewusstsein für Energieersparnis auch in den USA hinterlassen hatte, hielt Daimler-Benz den 280er für amerikareif. Gerade mal 120 PS Output hatte der Vergasermotor, etwas später durch den 280 SE mit K-Jetronic ersetzt.

Sie waren nicht zu beneiden, die europäischen und japanischen Autohersteller, die auf dem US-Markt Anfang der 70er-Jahre ihr Glück suchten. Sie hatten ihre Bestandsmodelle, und

Während die Doppelscheinwerfer-Mode beim W108 durch den 300 SEL 6.3 auf Europa überschwappte, wertete kaum jemand seinen W116 mit den US-Doppelscheinwerfern auf. Foto: Archiv Daimler-Benz

In den USA und Kanada war die S-Klasse der typische Wagen für intellektuelle Freiberufler wie Architekten und Ärzte. Der typische, wohlhabende Amerikaner hingegen setzte auf Statussymbole wie Cadillac und Lincoln und hätte nie einen Importwagen gefahren. Der 280 SE im Bild wurde aus Gründen des gesetzlichen Flottenverbrauchs »nachgeschoben«, nachdem die S-Klasse in den USA zuvor eine reine Achtzylinderangelegenheit gewesen war.
Foto: Archiv Daimler-Benz

der »Bestand« war in Europa statischer als in den USA, wo die Hersteller ihre Autos ohnehin jedes Jahr einem Facelift unterzogen. Aber Fahrzeuge wie die Mercedes-Typen Strich-Acht, Roadster R 107 oder S-Klasse W 116 und viele andere Europäer waren eben bereits in Produktion und sollten auch weiterhin in die USA exportiert werden. Weiterhin - das bedeutete nach dem 1972 in Kraft getretenen »Motor Vehicle and Cost Saving Act«. Der besagte, dass neu zugelassene Personenwagen ab Modelljahr 1973 Stoßstangen haben mussten, die eine Karambolage bis etwa acht km/h schadlos abfangen können. Die Importeure mussten reagieren und ihre Fahrzeuge mit neuen Stoßstangen ausstatten, um sie weiterhin verkaufen zu können. Heraus kamen grausame und grässliche Gummi-Stahl-Machwerke, welche die Linienführung völlig ruinierten. Die »Bumpers« fingen die Kollisionskraft teilweise ab und leiteten die verbliebenen Crash-Energien über Metallträger und Stahlfedern in steifere Karosseriestrukturen ab. Obendrein mussten die Stoßfänger auf einheitlicher Höhe sein.

Bei Neukonstruktionen konnten die Hersteller diese US-Eigenheit am Reisbrett berücksichtigen, und die nächste Generation an Fahrzeugen für den US-Export sah somit trotz Bumpers halbwegs harmonisch aus (zum Beispiel der Mercedes W123 und W126). Aber der W116 nicht. Dessen Ästhetik litt nicht nur, die ging radikal den Bach runter. Schön war das nicht, aber typisch amerikanisch und es blieb in Erinnerung. In Westdeutschland fuhren etliche Fahrzeuge mit US-Spezifikationen herum, Eigentümer waren Angehörige der US-Army, die hier stationiert waren. Aber noch viel mehr blieben diese Fahrzeuge in Erinnerung, weil sie in US-Filmen zu sehen waren, und Hollywood-Streifen waren in den 70er-Jahren in Westdeutschland in manchen Kreisen das Hauptunterhaltungsmedium. Ein normallanger W 116 in »US Specs« (wie man landläufig »US Specifications« verkürzt), war kurioserweise 20 Zentimeter länger als ein langer W 116 in Europaspezifikationen. Weitere optische Hauptunterscheidungsmerkmale sind die Sealed-Beam-Doppelrundscheinwerfer und die Rücklichter sind komplett rot gefärbt ohne orangefarbene Blinker-Sektion. Während die Doppelscheinwerfer-Mode beim W 108 durch den 300 SEL 6.3 auf Europa überschwappte, wertete kaum jemand seinen W 116 mit den US-Doppelscheinwerfern auf.

Von Barock-Alus und TRX-Reifen

»Barockräder« oder »Barockalus« werden sie heute genannt, die typischen Mercedes-Leichtmetallfelgen der 70er-Jahre. Ob diese Bezeichnung nun wohlwollend oder despektierlich ist, mag jeder für sich entscheiden. Jedenfalls prägten die ge-

Klassizismus pur: Zwei Monumente treffen aufeinander. Die landläufige Bezeichnung für die Fuchs-Alufelgen orientiert sich ebenfalls an einer Kunstepoche. Gefühlt trug jeder W 116 die Barock-Alus. Tatsächlich trug sie keiner serienmäßig. Foto: Archiv Daimler-Benz

schmiedeten Fuchs-Felgen mehrere Generationen von Mercedes-Typen. Der Vorgänger des W 116 trug sie ab 1969, der 116er sein ganzes Leben lang, und die Nachfolgegeneration, der W 126, bekam sie in der ersten Hälfte seines Lebenszyklus' auch. SL und SLC wurden mit Barockfelgen geschmückt. Bei den Mittelklasse-Limousinen zu W-114/W-115-Zeiten waren Aluräder noch nicht so sehr en vogue, aber immerhin gönnte so mancher W-114-Coupé-Eigner seinem Auto das teure Extra. Dem W 123 standen sie ausgezeichnet, und hier waren sie auch populär, nicht nur bei den Coupés, sondern auch bei Limousinen, vor allem bei Benzinern mit großem Motor.

Nur der 450 SLC 5.0 hatte die Leichtmetallfelgen serienmäßig, sogar beim Topmodell 450 SEL 6.9 waren sie aufpreispflichtig. Mercedes hatte sie in verschiedenen Einpresstiefen im Programm, das Design war immer gleich. In Zeiten, als Leichtmetallfelgen noch etwas Besonderes darstellten und eher auf die Rennpiste als in den Straßenverkehr gehörten, waren diese Felgen mindestens so populär wie die Aluräder vom Porsche 911, ebenfalls aus dem Hause Fuchs. Die »Barockräder« sahen hervorragend aus. Sie zu putzen war wegen ihrer zerklüfteten Form eine undankbare Aufgabe, und wer den Job ernst nahm, bezahlte dies allsamstäglich mit schmerzenden Fingern. So mancher Hochdruckreiniger wurde extra wegen dieser Felgen angeschafft.

Findige Aftermarket-Radkappen-Hersteller imitierten sie aus silbern lackiertem Plastik. Oft werteten sie einen Mercedes mit Winterreifen auf Stahlfelgen in den Augen seines Eigners auf, meist zierten sie die Füße von Allerweltsautos oder Mercedes-Diesel-Taxis. Noch weiter ging Nissan: Deren ohnehin etwas barock gezeichnete große Limousine trug in ihrer Version 240 L diese Art Radkappen eine Zeitlang sogar serienmäßig auf den Stahlfelgen. Niemand hat sich je darüber beklagt, aber so manchen Betrachter animierte diese Hybris zu einem Lächeln.

Und dann gab es noch die sehr spezielle Kombination von Barock-Alus mit TRX-Reifen. Gemeinhin scheinen sich Michelin-TRX-Reifen und der Mercedes W116 gegenseitig auszuschließen. Tun sie aber nicht. Das TRX-System war Mitte der 70er- und in den 80er-Jahren ein Credo, an dem sich die Geister schieden. Auch für den W116 gab es Michelin-TRX-Reifen (190/65 HR 390 und 220/50 VR 390) auf den Barock-Alus, diese hergestellt von Seral in Frankreich.

Obgleich das Konzept schon vor vielen Jahren gescheitert ist, wird über Michelin-TRX-Reifen noch heute kontrovers diskutiert - aktuell eben in der Klassiker-Szene. Die Anhänger erin-

Die Accessoireabteilung in der Daimler-Benz-Niederlassung. Hübsch drapierte Sächlein aus trendigen Werkstoffen wie Leder, Aluminium, Nirosta, Gummi... Foto: Archiv Daimler-Benz

nern sich noch heute daran, was für ein angenehmer und komfortabler Reifen der TRX war. Natürlich schwingt dabei auch ein wenig historische Wehmut mit. Einem Reifen sieht man seinen Hersteller auf den ersten Blick oder im Vorbeifahren nicht an. Aber TRX-Reifen waren eben insofern etwas besonderes, als sie stets mit speziellen Alufelgen, eben den TRX-Alus, kombiniert waren. Und die Alus sieht man einem Auto nun mal auf den ersten Blick an.

Der Sinn lag darin, ein System zu schaffen, das Radialreifen und Felge perfekt miteinander harmonieren lässt. Um die Spannung des Reifens auf die Karkasse gleichmäßig zu verteilen, wurden Spezialfelgen mit besonders niedrigen Felgenhörnern entwickelt. Weil der Reifen unter Druck auf einer Felge

Es gibt Dinge, die passen chronologisch nicht. Und es gibt Dinge, die passen stilistisch nicht. Auf den Strich-Achter passen »die Füchse« zumindest zeitlich, das Coupé wurde gegen Aufpreis damit ausgestattet. Aber Barock-Alus auf einer »Flosse«, das ist stilistisch und geschmacklich schon sehr grenzwertig und obendrein anachronistisch. *Foto: afs*

mit niedrigem Felgenhorn einen relativ geringen Halt hat und nach außen wegrutschen könnte (bei Belastung, beispielsweise schneller Kurvenfahrt), hatten die TRX-Reifen einen umlaufenden Wulst auf der Innenseite des Felgensitzes.

TRX-Reifen hatten immer andere Größen als alle anderen Reifen und passten somit nicht auf Standard-Felgen - und umgekehrt passten Standard-Reifen nicht auf TRX-Felgen. Damit es keine Verwechslungen geben konnte, votierte Michelin bei den TRX-Felgen und -Reifen für Sonderformate, sodass es keine Verwechslungen mit konventionellen Reifen/Felgen geben konnte (außerdem wurde nicht in Zoll, sondern metrisch gemessen). So hatte ein TRX-Reifen beispielsweise eine Breite von 190 oder 200 mm, während ein konventioneller Pneu 185 oder 205 mm breit ist. Im Nachhinein sprechen einige Fachleute davon, die TRX-Reifen seien ein Flop gewesen. Wirtschaftlich waren sie das wohl auch. Konstruktiv mögen sie genial gewesen sein. Michelin hatte viel Entwicklungszeit, man spricht von 15 Jahren, in den TRX-Reifen investiert, bevor er 1975 auf den Markt kam. Die Montage von TRX-Reifen war viel aufwendiger als jene normaler Reifen, was den Reifenhandel, ja generell den Verbrauchermarkt, belastete. Reifenhändler, die kein Spezialwerkzeug hatten, taten sich schwer, einen TRX von der Felge zu bekommen, denn er saß viel strammer als ein konventioneller Reifen. Die Hochphase des Michelin-TRX-Systems dauerte etwa 15 Jahre, von Mitte der 70er- bis Ende der 80er-Jahre.

Das Design einiger TRX-Felgen ist schlichtweg untrennbar mit so manchem Fahrzeugtyp oder einer speziellen, besonders erstrebenswerten Version verbunden. Wer diese Felgen auf seinem Klassiker behalten möchte, ist auf Michelin-TRX-Reifen angewiesen. Sie werden von Michelin noch produziert, als »Oldtimer-Reifen«, aber nicht ständig, sondern in ein paar wenigen Chargen pro Jahr. Und sie sind sündhaft teuer.

Damals waren 220er-TRX-Reifen breiter als die breitesten Standardreifen, und so griffen die Käufer begeistert zu in Zeiten, als Breitreifen das Maß jeglichen Optiktunings war. Nicht nur Fahrzeughersteller statteten einige Versionen ihrer Fahrzeuge ab Werk mit dem TRX-System aus. Auch Zubehörhersteller produzierten Felgen nach dem TRX-System, beispielsweise BBS und Treser in Deutschland. In Frankreich, der TRX-Heimat, war das System noch arrivierter. Gerade französische Hersteller votierten dafür als Erstausrüster, und französische Felgenhersteller adaptierten bekannte Felgendesigns auf das TRX-System. So der Alufelgenhersteller Seral. Er stellte die Felge mit der KBA-Nummer 40499 her, eine TRX-Felge im Design der Barock-Alus und zugelassen für alle Mercedes, die werksseitig über eine Zulassung für Barock-Alus verfügten - also auch den W116. Für den W116 offerierte Seral die Felgen FR 01 für 190er-Sohlen (190/65 HR 390 TRX) und für den Sechs-Neuner die FR 02 für 220er-Schlappen (220/60 VR 390 TRX). Die Felgen sahen den Fuchs-Originalen täuschend ähnlich, das Felgenhorn war eben etwas niedriger und die Nabenkappe war nicht nur neutral gehalten, also ohne Stern, sondern auch schwarz. Seral wurde Anfang der 80er-Jahre von BBS übernommen, die Seral-Felgen wurden ins BBS-Programm integriert, später wurde der Name Seral fallen gelassen.

Sechs Töpfe in der S-Klasse: Mit Vergaser oder Einspritzung

Der 2,8-Liter-Sechszylinder, die Volumenmotorisierung im W 116, erlebte sein Debüt in der Vorgänger-S-Klasse W 108 und sollte noch im W 126 treue Dienste leisten. Außerdem beflügelte er die Topmodelle der jeweiligen Mercedes-Mittelklasse, also der Typen W 114 und W 123. Er war ebenso die Basismotorisierung im SL und SLC, und sogar das G-Modell kam anfangs in seinen Genuss. Dennoch muss man differenzieren: Im W 108 und dem frühen W 115 werkelte ein 2,8-Liter-Reihensechszylinder mit einer oben liegenden Nockenwelle, also ein OHC-Aggregat. Der W 116 wurde von einem rundum modifizierten 2,8-Liter-Reihensechszylinder mit zwei oben liegenden Nockenwellen, also einem DOHC, beflügelt. Er erlebte sein Debüt im W 114 im Mai 1972, ab September 1972 trieb er die Typen 280 S und 280 SE an.

Im Wesentlichen basierten die DOHC-Aggregate auf dem altbekannten 2,8-Liter-Block mit einer Nockenwelle, erfuhren

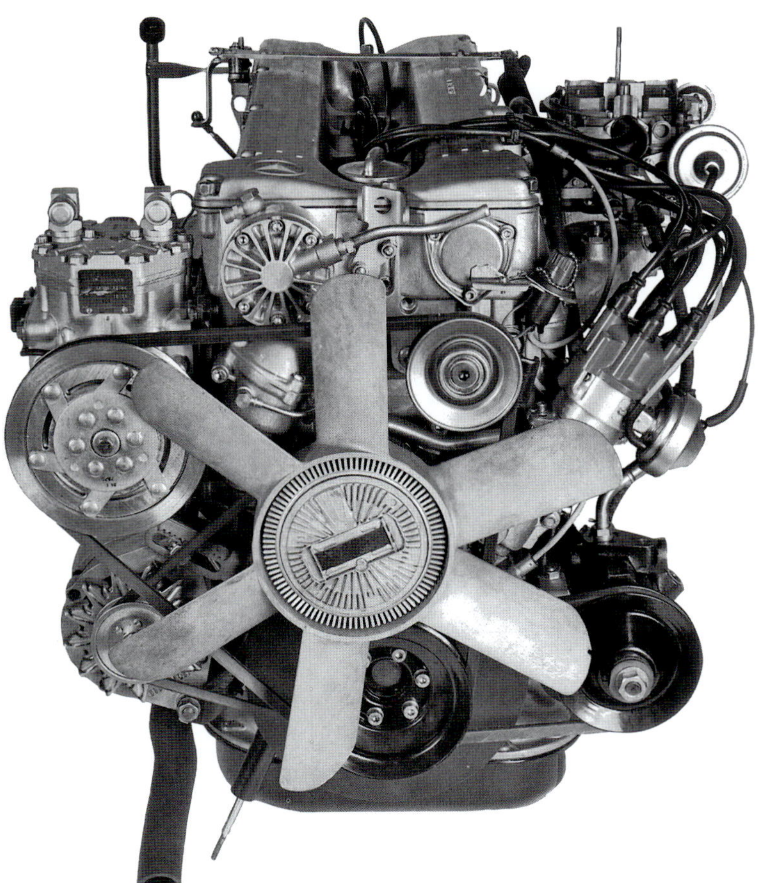

Optisch zwei Welten. *Im Fahrgefühl auch. Links der Sechszylinder-Vergasermotor, rechts der V8.* *Foto: Archiv Daimler-Benz*

aber so weitgehende Modifikationen, dass man fast von einer Neukonstruktion sprechen konnte. Nicht nur die beiden Nockenwellen unterschieden den Motor mit dem internen Code M 110 vom Vorgänger, auch viele weitere konstruktive Details: halbkugelförmig ausgebildete Brennräume, steifer Ventiltrieb, siebenfach gelagerte Kurbelwelle mit zwölf Gegengewichten, Maßnahmen, die zur Vibrationsarmut beitrugen, kürzere Kaltlaufphase, größere Servicefreundlichkeit. Auch die Motoranbauteile wurden erneuert respektive überarbeitet. Aus dem alten Block war ein richtig sportliches Hochleistungstriebwerk geworden, kraftvoll, drehfreudig, fahraktiv, dabei sanft und kultiviert. Mit einem Doppelregistervergaser von Solex gab der Motor 160 PS ab, mit Benzineinspritzung (Bosch D-Jetronic) 185 PS. In der Nachfolge-S-Klasse der Baureihe W 126 tat der Motor weiterhin Dienst, im Herbst 1985 wurde er in Rente geschickt.

Der M 116: 3,5-Liter-V8 aus dem 350 SE. Er ist auf Achtzylinderniveau der Volumenmotor im W 116. Foto: Archiv Daimler-Benz

Die Achtzylinder-S-Klasse: 3,5 oder 4,5 Liter

War die Vorgänger-S-Klasse noch von Sechszylinder-Aggregaten geprägt und die V8-Maschinen bildeten die Ausnahme gegen Ende ihres Lebens, so wurde der W 116 sein ganzes Dasein lang von acht Töpfen begleitet. Ein Achtzylinder ist gesellschaftlich ein Statussymbol, konstruktiv eine Meisterleistung und im Fahrbetrieb verspricht er Vibrationsarmut und Geschmeidigkeit. Je nach Auslegung des Fahrzeugs kann ein Achtzylinder sein Dasein ohne jegliches Geräusch verrichten, er kann kraftvoll brabbeln, er kann aber auch kernig tönen. Jeder Laut, den er von sich gibt, selbst derjenige Laut, den er verschweigt, versetzt seinen Eigentümer ins Schwelgen.

Der 200 PS starke 3,5-Liter-V8 war aus dem Vorgänger, die elektronische Benzineinspritzung von Bosch (D-Jetronic) aus dem 250 CE Coupé der Baureihe W 114 bekannt. Außerdem bestach der Motor durch Transistorzündung. Er drehte willig hoch

Der M 117: 4,5-Liter-V8 aus dem 450 SE, hier mit Luftfilter versehen. Das höchste aller Gefühle, bis der Sechs-Neuner kam. Foto: Archiv Daimler-Benz

und benötigte zur vollen Kraftentfaltung durchaus seine Drehzahlen, lief aber auch im unteren Drehzahlbereich angenehm und sprach auf einen Druck aufs Gaspedal ohne Verzögerung an. Dieser Motor war schlichtweg eine Freude zu fahren, er war sportlich und agil, spontan, nie überfordert, langlebig und wartungsarm. Mit einer stärker gekröpften Kurbelwelle auf dem 3,5-Liter-Block und dadurch größerem Kolbenhub entstand die 4,5-Liter-Version (intern: M 117), ebenfalls bereits im Vorgänger erhältlich, aber nur in den USA. Die Amerikaner durften ab Dezember 1972 exklusiv 450 SE W 116 fahren. Wie bisher leistete er in seiner niedrig verdichteten Ausführung magere 195 PS. Sein Europa-Debüt erlebte der 450er im März 1973 in den Baureihe W 116 und W 107 (450 SE, 450 SL und 450 SLC), nunmehr mit satten 225 PS bei moderaten 5000 Touren und in einem Verhältnis von 8,8:1 verdichtet; auch das Drehmoment wuchs gegenüber dem 350er von 292 auf 385 Nm. Dieser Motor war die Nonchalance an und in sich. Er hatte eine Leistung von nur 49,8 Pferdestärken pro Liter Hubraum. Ein Motor, der einem so geringen Stress ausgesetzt ist, kann ewig leben.

Nur für Amerika: Ein Diesel in der S-Klasse

Nur ganz wenige Exemplare sind in Deutschland verblieben, und dennoch stellt der ausschließlich in den USA angebotene 300 SD etwas Faszinierendes dar: Der erste Diesel in der S-Klasse, heute selbstverständlich, Ende der 70er-Jahre eine Sensation. Wegen seiner technischen Besonderheit und wegen der Aura des hierzulande nicht Erhältlichen schlug dem 300 SD im Heimatland eine gehörige Portion Interesse entgegen. Im amerikanisch besetzten Teil Westdeutschlands waren einzelne Exemplare zu sehen. Angehörige der US-Streitkräfte hatten sich einen Wagen gekauft, ihn in Deutschland gefahren und anschließend in die Heimat mitgenommen.

Unter der S-Klasse-Haube nagelte ein ordinärer Vorkammer-Diesel. Standesgemäß war das nicht. Aber der Diesel war ein Besonderer. Und die Umstände, die zum 300 SD führten, waren auch Besondere. Die Geburt dieses 3-Liter-Diesels lag weit zurück. Den ersten fünfzylindrigen Diesel-Pkw weltweit lancierte Daimler-Benz im Juli 1974, den 240 D 3.0. Der Motor

Der Schriftzug war das einzige optische Erkennungsmerkmal, und auf ihn konnte der Kunde auf Wunsch verzichten. Immerhin gestaltete ihn Daimler-Benz ganz anders als üblich. *Foto: Archiv Daimler-Benz*

Selbstzünder: Fünfzylindriger OM-617-Diesel *mit Garrett-Turbolader aus dem 300 SD. Die silberne Rekordflunder C 111-III wurde vom gleichen Motor angetrieben wie der 300 SD, war mit 230 PS aber genau doppelt so stark wie in der S-Klasse.* *Foto: Archiv Daimler-Benz*

mit dieser Zylinderzahl erregte beachtliches Aufsehen, mussten die Untertürkheimer doch den Gegenbeweis zur landläufigen Meinung antreten, ein Fünfzylinder könne wegen des problematischen Massenausgleichs nicht rund laufen. Er tat es doch und war der spurtstärkste und schnellste Diesel-Pkw der Welt. Der 3-Liter-Diesel entstand aus dem OM 616, also dem 240 D, durch Anhängen einer Zylindereinheit, und das erklärt auch die an sich unlogisch erscheinende Typbezeichnung 240 D 3.0. Dieser Mercedes Diesel war ein autobahntauglicher Reisewagen mit immerhin 80 PS. Noch eine Besonderheit des 240 D 3.0: Weil statt der mechanischen Abstellvorrichtung eine pneumatische Einrichtung verwendet wurde, konnte der Motor nicht, wie bisher, durch Ziehen eines Hebels, sondern mit dem Zündschlüssel angelassen und ausgeschaltet werden. Zum Anlassen drehte der Fahrer den Schlüssel und leitete damit den Vorglühvorgang ein, gekennzeichnet durch ein Kontrolllämpchen. Erlosch es, ließ er den Motor normal an. Heute eine Selbstverständlichkeit, wurde dies 1974 als exorbitante Bedienungserleichterung geschätzt.

Im Mai 1978 erblickte der 300 SD, ausgerüstet mit eben diesem fünfzylindrigen 3-Liter-Diesel, das Licht der Welt. Damals war er in der W-123-Mittelklasse als Typ 300 D weit verbreitet, allerdings als reiner Saugmotor. Für die S-Klasse erfuhr er eine Aufladung dank Turbolader, der die Leistung um 43 Prozent in die Höhe schnellen ließ. Mit 115 PS war die nagelnde S-Klasse ebenso spritzig wie wirtschaftlich. Im Schnitt 14 Liter Diesel konsumierte der 1815 Kilo schwere Luxusliner, schaffte den Spurt auf Tempo 100 in 17 Sekunden und war 165 km/h schnell. Und das mit einer Viergang-Wandlerautomatik, als Schaltwagen war der ausschließlich in USA-Spezifikationen gebaute 300 SD nie zu haben. Zu Beginn der 80er-Jahre, parallel zur Diesel-Manie in den USA infolge der zweiten Ölkrise 1979/80, war ein Selbstzünder sogar in Luxusautomobilen etwas ganz Selbstverständliches. Diese Dieseleuphorie in den USA hatte nicht nur rein wirtschaftliche Gründe seitens der Kundschaft. Es steckte auch Politik dahinter. Unter dem Präsidenten Jimmy Carter wurde das Gesetz des »Flottenverbrauchs« umgesetzt. Es bedeutete, dass jede Marke auf seine komplette Angebotspalette gerechnet einen bestimmten Durchschnittsverbrauch nicht überschreiten durfte, um Strafen zu entgehen. Die Grenzwerte wurden von Jahr zu Jahr niedriger geschraubt. Das war kein Problem für Importmarken, sehr wohl aber für die US-Giganten GM, Ford und Chrysler - und eben auch für Daimler-Benz.

Anlässlich der IAA 1979 druckte Daimler-Benz einen deutschsprachigen Prospekt. Darin wurde der 300 SD eher als Forschungsergebnis denn als nicht erhältliches Serienfahrzeug propagiert.

Quelle: Archiv afs

Die Krönung: Der 450 SEL 6.9

Das Spitzenmodell hätte sehr rasch nach dem Debüt des W 116 kommen sollen, aber die Zeitumstände waren zunächst gegen ihn. Ölkrise, Autoverteufelung, das Streben nach verbrauchsarmen Fahrzeugen und der allgemeine Sinneswandel, der zunehmend im Automobil ein pragmatisches Fortbewegungsmittel statt eines Lustobjektes sah, verzögerten die Einführung des 450 SEL 6.9. Dabei hatte der Vorgänger 300 SEL 6.3 eine schmerzliche Lücke hinterlassen, als er zusammen mit seinen weniger potenten Brüdern Ende 1971 entschlafen war. Für einen Superlativ war die Zeit nicht reif. Das erkannte Daimler-Benz völlig zurecht. Erst im September 1975 startete die Produktion.

Mag der 450er der Oberst im Mercedes-Programm gewesen sein, so kam dem Sechs-Neuner der Dienstgrad des Generals zu - der immerhin noch Platz ließ für den majestätischen 600er, den Drei-Sterne-General. Das kaufkräftige Publikum hungerte nach dem Wagen, die Zahl der finanziell Privilegierten war auch damals gar nicht so klein. Als das Aushängeschild des Mercedes-Programms ohne großes Tamtam im Mai 1975 präsentiert wurde, spalteten sich die Rezipienten in zwei Lager. Menschen mit gewachsenem Wohlstand, den zur Schau zu stellen sie nicht nötig haben, schätzten es, dass der 450 SEL 6.9 genau gleich aussah wie ein 280 SEL, bestellten den Wagen ohnehin ohne Heckschriftzug, und dankten Daimler-Benz für das gelungene Understatement (lediglich der kleine Frontspoiler und die Reifengröße waren verräterisch). Die andere Kategorie der Angehörigen des Geldadels, stolz auf das selbst Er- und Geschaffene, hätte es lieber gehabt, wenn Daimler-Benz den Sechs-Neuner optisch ein wenig von der S-Klasse abgehoben hätte. Die Fachjournalisten schlugen sich auf ihre Seite. Nachdem sie am Auto selbst nichts zu kritisieren hatten, gleichsam aber wussten, dass ihnen zu großes Lob seitens der Leserschaft sicher als Einseitigkeit oder gar Befangenheit ausgelegt worden wäre, kritisierten sie eben, dass der Sechs-Neuner aussah wie er aussah und hieß wie er hieß. So beispielsweise im »Auto Katalog 1976«, man hätte erwartet, »daß er von der S-Klasse in Stil und Bezeichnung abgesetzt würde. Hier hätte vielleicht der historische Name Maybach wiederbelebt werden können.«

Die Werte des 450 SEL 6.9 waren unter seinem dezenten Blechkleid verborgen, dessen Äußeres und Inneres eben den Luxusstil nach Art des Hauses mit seiner nüchternen Ausstrahlung verkörperte. Der aus dem Mercedes 600 bekannte und

Hightech trifft Ambiente: Mercedes 450 SEL 6.9 als State-of-the-Art-Limousine. Nur ein Kenner konnte einen (schriftzuglosen) Sechs-Neuner von außen erkennen, beispielsweise an der Breite der Reifen. Das nennt man Diskretion. Manchem Kunden war das zu viel der Diskretion und er hätte sich schon solch eine Kleinigkeit wie die Doppelrundscheinwerfer der USA-Version wie beim Vorgänger gewünscht. *Foto: Archiv Daimler-Benz*

im 300 SEL 6.3 zur Legende gewordene 6,3-Liter-V8 saß mit nunmehr fast sieben Litern Hubraum unter der Haube - oder besser: Er war unter die Haube gezwängt worden. Bis heute stellt er einen Superlativ dar. Denn in der Nachkriegszeit gibt es kein hubraumgrößeres, deutsches Personenwagen-Triebwerk als diesen Mercedes-Motor mit dem Code M 100. Die Hubraumvergrößerung diente in erster Linie dazu, den Leistungsbedarf der vielen Nebenaggregate zu kompensieren, auch um Emissionsgrenzwerte einzuhalten. Neben dem Plus an Hubraum spendierten die Ingenieure dem Triebwerk eine Trockensumpfschmierung. Rennwagenmotoren weisen diese Besonderheit auf, um in schnell gefahrenen Kurven stets mit genügend Schmiermittel versorgt zu sein, was bei einer Ölwanne wegen der Fluktuation nicht immer gewährleistet ist. Beim Sechs-Neuner hatte die Trockensumpfschmierung aber den Grund, dass der Motor wegen seiner Bauhöhe nur ohne Ölwanne im flachen S-Klasse-Vorbau unterzubringen war. Der Ölbehälter fand stattdessen im rechten Vorderkotflügel seinen Platz.

Der Motor brachte in seiner Europa-Version 286 PS, die USA-Fahrzeuge ab Frühjahr 1977 kamen wegen geringerer Verdichtung auf 250 PS. 560 Nm Drehmoment waren ein damals unerreichter Wert und sind selbst heute für einen Benziner exorbitant. Die Leistungsentfaltung entspricht der Charakteristik eines Schiffsdiesels. Der Motor entwickelte kein Grollen, kein aggressives Ansauggeräusch, vielmehr einen vergleichsweise

Einfach nur schön: *Der 6,9-Liter-V8 im Showroom-Zustand. Wer einen Sechs-Neuner fuhr, atmete ein wenig vom Flair des Mercedes 600 ein.*
Foto: Archiv Daimler-Benz

dezenten und kultivierten Klang, der nicht auf ein Volumen von fast sieben Litern Hubraum schließen lässt. Ein furioser Abzug beim vollen Beschleunigen, ein eindrucksvoller Schub, der die Passagiere in jedem Drehzahlbereich in die Sitze presst, aber um genau jenes Quantum vom Brutalen entfernt, um ein echter Mercedes zu sein. Seine Drehfreudigkeit kostet der Fahrer aber nur selten aus, weil der V8 vielmehr zum niedertourigen Dahingleiten animiert. Es steht immer mehr Leistung zur Verfügung, als benötigt wird. Deshalb ist Leistung beim Sechs-Neuner kein Thema. Straßenlage auch nicht. Handling und Fahrverhalten sind perfekt. Wenn er muss, rennt er mit Tempo 235 über die Autobahn. Das war Mitte der 70er-Jahre eine reinrassigen Sportwagen angemessene Spitzengeschwindigkeit. Der Wagen ist einfach souverän.

Diese Souveränität verdankt er ganz wesentlich dem Fahrwerk. Die Luftfederung seines Vorgängers war wartungsintensiv und anfällig. Daimler-Benz entschied sich für die hydropneumatische Federung, von Citroën für die Serie erfunden, von Rolls-Royce im Silver Shadow als Maß der Dinge im Luxuswagenbau apostrophiert. Statt Stahlfedern wiegte eine Öl-Gas-Federung den 450 SEL 6.9 über die Straßen, sorgte unabhängig von der Belastung stets für dasselbe Niveau der Karosserie und ermöglichte sogar das Anheben des Fahrzeugs um vier Zentimeter. Wie beim großen Citroën besteht die Hydropneumatik auf damaligem Konstruktionsstand aus vier Federelementen. Jedes verbindet einen Gasfederspeicher mit einem Federbein. Diese vier Federkugeln sind mit einem komplizierten Leitungssystem miteinander verbunden, durch das Öl in hohem Druck läuft. Serienmäßig verfügte der Sechs-Neuner über ein selbstsperrendes Hinterachsdifferenzial.

Die äußeren Unterschiede zu jeder anderen langen S-Klasse waren marginal, und mit jedem dieser Details hätte sich auch ein 280 SEL werksseitig aufwerten lassen: Scheinwerfer-Wisch/Waschanlage, Halogenscheinwerfer, 215/70-VR-14-Reifen, dezenter Frontspoiler. Auch innen war der Wagen mit allem, was die S-Klasse schön und teuer macht, serienmäßig ausgestattet, aber das einzige Indiz auf den 6.9 war die bis 260 km/h reichende Tachoskala. Die einzigen aufpreispflichtigen Goodies waren Lederpolster, Leichtmetallfelgen und ein Schiebedach mit Windabweiser. Alle anderen S-Klasse-Extras hatte der 6.9 serienmäßig an Bord.

Der Sechs-Neuner war ein Super-Auto, ganz ohne Zweifel, und ein würdiger Nachfolger des 300 SEL 6.3. Aber er konnte nicht alles besser und hatte einen ganz anders gearteten Charakter. Der 6.3 absolvierte den Spurt auf Tempo 100 in etwas kürzerer Zeit, aber das ist rein akademisch. Der Hauptunterschied lag im Wesen. Der 6.3 hatte etwas Brachiales an sich, er stand zu seiner schieren Kraft, sein Motor grollte, und wer mit Vehemenz aufs Gaspedal trat, verursachte lange schwarze Streifen auf dem Asphalt. Das war ein Wagen, dem man in jeder Hinsicht anmerkte, dass bei seinem Entstehen Geräuschwerte, Abgasausscheidungen und der Umweltschutz noch keine so große Rolle gespielt haben, dass noch die Lust am Fahren zähl-

Röntgenblick auf die Technik des 6.9. Rot gezeichnet sind die hydropneumatischen Federelemente.
Foto: Archiv Daimler-Benz

In einem 6.9 saßen zumeist besondere Menschen. Manchmal auch VIPs. In diesem sitzt Emerson Fittipaldi, wahrlich nicht gut gelaunt: Er verließ das Fahrerlager am Nürburgring am 1. August 1976 missmutig, weil er wider Erwarten in seinem Copersucar-Ford nur auf Rang 13 landete. Aber damals sprach ohnehin jeder nur über Niki Laudas Flammenunfall. Foto: Archiv Daimler-Benz

te. Der 6.9 war wesentlich kultivierter, leiser, sauberer, gar professioneller - aber eben auch nüchterner und langweiliger. Er war ein für damalige Wertmaßstäbe in jeder Hinsicht perfektes Automobil, unübertroffen im Fahrverhalten, der Leistungsentfaltung, den Kraftreserven und im Komfort. Aber eben dieser Perfektion, die keinen Platz für Enthusiasmus lässt, fehlt eben auch die Herausforderung, und das degradiert die Perfektion zur Langeweile.

Fünf Jahre, von Mai 1975 bis Juni 1980, lief der 450 SEL 6.9 vom Sindelfinger Band, beachtliche 7380 Fahrzeuge entstanden. Wie der 300 SEL 6.3 hinterließ er zunächst ein Vakuum. Das Spitzenmodell der Nachfolge-S-Klasse W 126 war anfänglich der 500 SE, mit 240 PS deutlich schwächer und technisch weit simpler. Und auch der 560 SEL ab 1985 mit seinen 300 PS hob sich von der Einsteiger-S-Klasse nur durch seinen Motor ab, nicht durch sein Fahrwerk. Letztlich fand der 450 SEL 6.9 eigentlich bis heute keinen würdigen Nachfolger, selbst eine S-Klasse mit prestigeträchtigem Zwölfzylinder ist konstruktiv nichts anderes als eine ebensolche mit Dieselmotor. Und der Maybach, ja der Maybach, der spielt eben in der Riege des einstigen 600ers.

Chronologie: Sieben Jahre Modellpflege

Der W116 wurde während seiner siebenjährigen Bauzeit nie »gemopft«. Das heißt nicht, dass die S-Klasse keinerlei Modifikationen unterzogen wurde. Aber ein Facelift oder der Einzug einer neuen Motorengeneration blieb ihr versagt. Die Begründung ist einfach: Nur Unvollkommenes muss verbessert werden.

Die augenfälligsten Überarbeitungen erfuhren die Motoren. Sie veränderten mehrmals die Leistung. Der Sechszylinder wurde Ende 1975 geringer verdichtet, 8,7:1 statt 9,0:1. Das ergab weniger Pferde: 156 PS in der Vergaserversion, 177 beim Einspritzer. Der August 1976 brachte ein neues Einspritzsystem beim 280 SE, die mechanische K-Jetronic ersetzte die elektronische D-Jetronic. Zwei Jahre später wurde die Verdichtung des Einspritzers wieder auf das alte Level angehoben, wie ursprünglich leistete er nunmehr 185 PS. Die K-Jetronic hielt auch beim 3,5 Liter Einzug, schon im Januar 1976. Fortan 195 PS Leistung, also 5 PS weniger. Eine kleine Kraftspritze erhielt die Maschine zum Modelljahr 1979. Zwar senkte Daimler-Benz die Verdichtung auf 9,0:1 ab, aber ein Feintuning an der Auspuffanlage ließ die Leistung auf 205 PS anwachsen. Der 4,5 Liter profitierte von der K-Jetronic im August 1975. Das bedeutete einen Leistungsrückgang um 8 auf 217 PS. Drei Jahre später schaffte es Daimler-Benz allerdings, durch Detailarbeiten an der Auspuffanlage, wieder die ursprünglichen 225 Pferde zu mobilisieren.

Daimler-Benz gehörte zu den Pionieren bei der Erforschung eines Anti-Blockier-Systems; im Dezember 1970 wurde das gemeinsam mit Teldix entwickelte ABS der ersten Generation vorgestellt. Zum Zeitpunkt der W-116-Präsentation waren die Entwicklungsarbeiten bereits weit gediehen, aber von einer Serienfertigung waren die Stuttgarter weit entfernt. Das ABS der zweiten Generation entwickelte Daimler-Benz zusammen mit Bosch. Als Weltneuheit war es ab Dezember 1978 zunächst ausschließlich im W 116 gegen Aufpreis erhältlich. Zuvor schon, ab Dezember 1975, konnten alle Automatik-S-Klassen auf Wunsch mit einem Tempomat geordert werden. Im Innenraum gab es nahezu keine Veränderungen. Automatikgurte waren ab 1973, vordere Kopfstützen ab 1975 Serie. Die Lautsprecher, bislang unter dem Armaturenbrett angebracht, erhielten im Herbst 1977 Schallöffnungen auf dessen Oberseite.

Im September 1979 drehte sich die neue S-Klasse im Ram-

Ideales Auto für den Geschäftsmann: 280 SE am damaligen Münchner Flughafen in Riem. Man sieht der S-Klasse ihr Alter nicht an. Ein 1979er Modell weist keinen Unterschied zum 1972er auf. Diese Konstanz schätzt man in jenen Kreisen, die S-Klasse fährt. Man muss dem Nachbarn nicht beweisen, dass man jährlich ein neues Modell fährt.
Foto: Archiv afs

Das bedeutet, dass sich auch die Werbung nicht großartig ändert. Annonce für die neue S-Klasse 1972: »Autofahren in einer neuen Dimension.«

Quelle: Archiv afs

Daimler-Benz kokettierte gegen Ende des Lebenszyklus sogar mit dem Alter des Wagens. Denn seinen Erfolg schmälerten die grauen Haare nicht. Werbung für die bewährte S-Klasse anno 1977: Wie stolz muss ein Konstrukteur sein, wenn seine Schöpfung noch im Alter Lob erhält!

Quelle: Archiv afs

Der eine schleudert, der andere nicht: Im letzten W-116-Modelljahr ab Dezember 1978 war das ABS der zweiten Generation, nunmehr zusammen mit Bosch entwickelt, gegen den hohen Aufpreis von 2217 D-Mark erhältlich. Der W 116 war das erste Serienfahrzeug mit ABS.

Foto: Archiv Daimler-Benz

Modernisierungsschub: Wer nach Einführung des so ganz anderen W 126 sein Schicksal bejammerte, eine alte S-Klasse zu fahren, wertete sie mit den Kunststoffradkappen des Nachfolgers auf. Wer stolzer Traditionalist war, polierte hingegen die Nirostaradkappen mit dem Innenteil in Wagenfarbe mit noch mehr Inbrunst als zuvor.

Foto: Wolfgang Diem

penlicht der IAA. Das bedeutete für den W 116 aber noch lange nicht das Aus. Seine Rente trat er erst ein Jahr später an, weil Daimler-Benz schlichtweg noch einen großen Auftragsbestand abzuarbeiten hatte. Als letztes Überbleibsel der bisherigen Baureihe wurden der 350 SE und der 300 SD bis September 1980 gebaut. Der 450 SE lief als erster im April 1980 aus, im Mai und Juni folgten die Typen 280 SEL, 350 SEL, 450 SEL und 450 SEL 6.9. Im Juli schlug dem 280 S und 280 SE die letzte Stunde.

Insgesamt wurden 473.035 Fahrzeuge der S-Klasse W 116 gebaut. Der Populärste war mit 150.593 Exemplaren der 280 SE, der Seltenste der 350 SEL mit 4266 Stück. Der ausschließlich in den USA und Kanada lieferbare 300 SD brachte es auf beachtliche 28.634 Einheiten. Vom 280 S produzierte Daimler-Benz 122.848 Stück, ihm folgten in der Beliebtheitsskala der vor allem in den USA sehr begehrte 450 SEL mit 59.578 Exemplaren, dann der 350 SE (51.100 Fahrzeuge), 41.604-mal lief der 450 SE vom Band. Ein 280 SEL ist mit 7.032 gebauten Fahrzeugen seltener als ein 450 SEL 6.9, den sich 7.380 glückliche Menschen kaufen konnten. Alle W 116 wurden in Sindelfingen gebaut. Hier produzierte CKD-Bausätze zur lokalen Montage wurden zu Daimler-Benz-Südafrika und nach Venezuela (nur 280er und 350er) verschifft.

In der Frühphase des Tunings: geschmacksabhängige Verspoilerung

Der wohl bekannteste Mercedes-Tuner ist AMG, 1967 von Hans Werner Aufrecht und Erhard Melcher in Burgstall gegründet, ab 1976 in Affalterbach beheimatet und seit 2005 komplett in der Hand von Daimler-Benz. Die Firmengründer hatten als Daimler-Benz-Mitarbeiter Rennmotoren aufgebaut, und das taten die beiden als Selbstständige weiterhin. Erste große Bekanntheit errang AMG mit der »Roten Sau«. Zu W-116-Zeiten beschränkte sich das Aufmotzen der Karosserie noch auf Kleinigkeiten: Frontspoiler, Leichtmetallräder, eventuell ein paar Dekorstreifen, innen gerade mal ein Sportlenkrad mit kleinerem Durchmesser und Schalensitze. Beliebt war in den 70er-Jahren das, was BMW später mit der netten Bezeichnung »Shadow Line« populär machte: weg mit dem Chrom, stattdessen schwarze Oberflächengestaltung der Blankteile. Das ist aufwendig, will man nicht den zum baldigen Abblättern verurteilten Weg gehen, die Chromteile einfach mattschwarz zu lackieren. Nein, die Teile müssen galvanisch entchromt, danach

Aus der Frühphase des Optiktunings: Wenn man die Auswüchse des 80er-Jahre-Tunings vor Augen hat, ist es fast schon rührend, dass einem W 116 ein Frontspoiler und ein Satz BBS-Felgen reichten, um den Wagen zu individualisieren. Foto: Archiv Lorinser

neu geschliffen und anschließend schwarzverchromt werden. AMG war keine Tüftlerwerkstatt, sondern betrieb professionelles Tuning, einen Techniktransfer von der Rennstrecke auf Straßenfahrzeuge. Ausreißer ins Geschmacklose gab es freilich auch, wenngleich eher der Kundenwunsch und dessen Geldbeutel dafür Pate gestanden hatte. Wem die 286 PS im Sechs-Neuner nicht reichten, bekam von AMG deren 60 weitere verabreicht. Auf eine längere Tradition als AMG blickt die 1930 von Erwin Lorinser in Waiblingen gegründete Firma zurück, im Mercedes-Tuning-Geschäft als »Lorinser-Sportservice« im Zweigbetrieb Winnenden seit 1976. Der W 116 fällt also in die absolute Frühphase der Lorinser-Tuning- und Veredelungsaktivitäten. Immerhin hatten die Winnender den Mut, das absolute Mercedes-Sakrileg zu verfremden und spendierten der S-Klasse einen Mercedes-untypischen Kühlergrill, ansonsten das übliche Programm: Spoiler, Alufelgen, Tieferlegung, ein paar PS mehr je nach Kundenwunsch. Generell erlebte der W 116 nicht das Brachialtuning der 80er-Jahre, sondern nur dessen Vorboten.

Viel Platz: Kombis und Stretch-Limousinen

Der schwäbische Fabrikant und passionierte Jäger hatte es satt: Ständig hatten seine Jagdhunde den Drang, ihrem Herrn und Meister das Genick mit der Zunge anzufeuchten. Keine Überlegung war ergo naheliegender, als sich einen standesge-

Hier geht es schon mehr zur Sache: Frontspoiler, Heckschürze, Schwellerverkleidungen, ein GfK-Heckdeckel mit integrierter Abrisskante, und wie die Front aussieht, können wir nur erahnen. Das ist ganz Große Hafenrundfahrt, aber es ist bereits die Mode der 80er und wurde für den W 116 als Gebrauchtwagen geschaffen. *Foto: Archiv Lorinser*

Platz für den Hund. Oder für sonst etwas, das mit muss und in einer Limousine keinen Platz findet. Pollmann in Bremen konnte nicht nur Limousinen in Bestattungswagen konvertieren. Pollmann konnte auch wunderschöne Kombis bauen. Es gab Kunden, für die war ein Mercedes Kombi bereits denkbar, bevor es das W 123 T-Modell gab. *Foto: Archiv Pollmann*

mäßen Kombi zu kaufen, in dessen abgetrenntem Fondabteil die stets mitgeführten Vierbeiner bequem mitfahren konnten. Nur leider gab es so etwas damals nicht von der Stange. Für den Unternehmer war klar: Ein 450 SEL 6.9 ist das einzig wahre Auto, und dass »der Daimler« den nicht als Kombi baute, hat ihn schwer gefuchst. Ihm blieb nur der Weg zum Karosserieschneider. Bei Pollmann in Bremen, spezialisiert auf große Kombis, wenngleich meist schwarz lackiert und mit Palmwedeln an den Milchglasfenstern versehen, wurde er fündig. Der Fabrikant orderte einen 450 SEL 6.9 Kombi, ein wahres Prachtstück, damals wohl der schnellste seiner Art weltweit, und mit Telefon sowie adäquater Stereoanlage im Jahre 1977 immerhin 110.000 D-Mark teuer. So individuell der Wagen war, so schwäbisch gerierte sich sein Eigentümer bei einem kleinen Detail. Es muss ja nicht jeder wissen, wie prall der Geldbeutel eines Metallwarenfabrikanten ist. So zierte den Mercedes kein 6.9-Schriftzug, sondern ein 280-SE-Typenschild. Auch weniger elaborierte Versionen erstellte Pollmann und veranschlagte für den Umbau einer angelieferten S-Klasse zum Kombi rund 20.000 Mark.

Während Pollmann die S-Klasse als Kombi in homöopathischen Dosen produzierte, waren die Stückzahlen bei Crayford ungleich höher. Die Firma aus dem englischen Westerham in Kent hatte sich eine Zeitlang sogar auf Mercedes-Kombis spezialisiert (W 114/W 115, W 108, W 116). Das sehr harmonisch gestaltete W-116-Crayford-Estate-Car wurde bis 1977 hergestellt. Die Produktion wurde unrentabel, als Mercedes das T-Modell auf W-123-Basis lancierte.

Die Amis lieben die Gigantomanie, und so manchem echten oder selbst ernannten amerikanischem VIP mag ein 450 SEL durchaus nicht repräsentativ genug erschienen sein. Da ereilte ihn dasselbe Schicksal wie seine Brüder im Geiste, die Cadillac, Lincoln oder gar Rolls-Royce: Sie wurden in Stretch-Limousinen verwandelt. In diesen sehr individuellen und vor allem innen manchmal geschmacklos eingerichteten Vehikeln ließen sich Politiker, Schauspieler, Sänger und erfolgreiche Zuhälter durch die US-Metropolen bugsieren und beim Aussteigen mit einer dicken Zigarre im Mund breit grinsend fotografieren. Der Importstopp des Mercedes 600 Pullman im Jahre 1972 aufgrund der amerikanischen Sicherheitsbestimmungen hinterließ bei dieser Klientel eine unzumutbare Marktlücke. Mercedes S-Klassen wurden vom Horseless Carriage Shop in Dunedin/Florida, der Phaeton Coach Corporation sowie der Eagle Coach Co. in Dallas/Texas oder von Stageway und American Quality Coach verlängert.

Jede Kultur hat ihren besonderen Stil der Bestattungswagen, auch die australische. Dort müssen Fahrzeuge sehr lang sein, haben kein erhöhtes Dach und tragen ein charakteristisches Stummelheck. Das soll dem Fahrzeug eine Limousinen-Allüre verleihen. Der Sinn dahinter ist, dass hierin keine Fracht, sondern ein menschliches Wesen, wenngleich im Sarg, transportiert wird. Umbau des australischen Karosseriebauers W.D. Hadley in Wollongong/New South Wales. *Foto: Archiv afs*

Bundeskanzler Helmut Schmidt fuhr einen verlängerten W 116, aber mitnichten einen Sechs-Neuner, sondern einen 350 SEL in speziellem Grau, szene-intern »Schmidt-Grau« genannt. Seine Minister hatten schwarze Fahrzeuge, Staatssekretäre auch, Diplomaten und Botschafter auch. Im damaligen Bonn war die Population schwarzer W 116 in den 70er-Jahren immens. Und danach immer noch, Aufnahme im August 1982. *Foto: Archiv afs*

Die Guard-Modelle: Kein Mercedes ist sicherer

Was mit dem W108 begonnen wurde, setzte Daimler-Benz mit der Generation W 116 nahtlos fort: die Guard-Modelle. Mitte der 70er-Jahre war der RAF-Terror ein bestimmendes Thema in Deutschland. Das Jahr 1977 ging als »Deutscher Herbst« und Höhepunkt des Schreckens in die deutsche Geschichte ein. Darum versorgte der Staat seine Repräsentanten mit gepanzerten Limousinen, Very Important Persons aus dem zivilen Bereich mussten selbst für ihren Schutz sorgen und erwarben ebenfalls gepanzerte Mercedes W 116. Den größten Teil baute das Werk selbst, aber auch externe Spezialisten sorgten für schusssichere Mercedes-Limousinen, beispielsweise die Firmen Trasco in Bremen und Rapport-Armalite in London. Mercedes bot die Sonderschutzvarianten des achtzylindrigen W 116 fast schon in Serie an, so groß war der Bedarf. Die einzelnen technischen Veränderungen unterlagen großer Geheimhaltung. Letztlich wusste nur der Kunde genau, was an seinem Wagen anders war. Den automobilen Sonderschutz gab es in verschiedenen Ausbaustufen, je nach Anforderungsprofil der erwarteten Gefährdung - für Zufallskriminalität wie Überfälle an der Ampel, Raubüberfälle mit Handfeuerwaffen und terroristische Attacken mit militärischen Waffen.

Für Insider auf den ersten Blick als gepanzerte S-Klasse erkennbar, denn die hintere Seitenscheibe verzichtet auf das Dreiecksfenster, dazu verdächtig breite Fensterrahmen. Beschusssichere W 116 konnten je nach Grad der Panzerung bis zu vier Tonnen wiegen. Wegen dieses Gewichts mussten Fahrwerk und Reifen massiv überarbeitet werden. Aber das oblag größter Geheimhaltung. *Foto: Archiv Daimler-Benz*

Kapitel 7:

Der Mercedes W 126:

Die Überwindung tradierter Normen und Werte

Foto: Archiv Daimler-Benz

Sie ist noch da. Sie weilt noch unter uns, im Verkehr, die S-Klasse W 126. Es ist ein typisches Mercedes-Phänomen, dass ältere Wagen einfach länger auf der Straße bleiben als gleichaltrige Autos anderer Hersteller. Der jüngste W 126 ist heute 34 Jahre alt, 1991 wurde die Baureihe eingestellt. Wo sind die anderen 1991er? Weg! Aber die S-Klasse ist noch da. Und sie sieht nicht einmal besonders alt aus. Da hat der Bruno Sacco doch ganze Arbeit geleistet.

Es liegt an der Qualität, sicher. Es liegt auch an der Wertigkeit, die ein Mercedes für seinen jeweiligen Besitzer repräsentiert, ganz klar. Und, Hand aufs Herz, es liegt an seinem Nachfolger. Die S-Klasse W 140 war ungeliebt, sie hatte einen sehr schweren Start. Und das hauptsächlich, weil sie sie zu fett war und deshalb nicht auf den Autoreisezug nach Sylt passte. Treue S-Klasse-Kunden zögerten den Neukauf hinaus, konnten sich nicht für den W 140 entschließen und kauften deshalb kurz vor Produktionsstopp 1991 nochmals ganz schnell eine »alte« S-Klasse. Und ihr blieben sie treu. Auch deshalb sind noch so viele W 126 unter uns. Viele sind gepflegte Alltagswagen, und dazu taugen sie auch heute noch hervorragend. Um mit roter 07er-Nummer oder H-Kennzeichen fahren zu dürfen, sind sie längst alt genug. Womöglich genauso viele sind bereits in Liebhaberhand, werden gehegt und gepflegt und nur bei schönem Wetter bewegt. Das gilt natürlich besonders für die Coupés.

Ein Kind seiner Zeit: Warum der W 126 so ist, wie er ist

Sie waren intellektuell bereit. Aber nicht emotional. Sie erkannten die Zeichen der Zeit. Aber sie wollten sie für sich selbst nicht akzeptieren. Sie sahen die neue S-Klasse. Und waren erst einmal entsetzt. Kunden und Freunde der Marke reagierten mit einer Mischung aus Anerkennung und Ablehnung auf den Mercedes W 126. Und letztlich blieben sie ihm länger treu, als je einer S-Klasse-Generation zuvor. Sie schätzten ihn so sehr, dass sie ihn fuhren, bis der Nachfolger seines wenig geliebten Nachfolgers am Markt war.

Als die S-Klasse zu Beginn der 80er-Jahre auf den Straßen populär wurde, polarisierte sie. Die Kritiker maßen sie am Stil des Vorgängers, den sie für das Maß der S-Klasse hielten. Diesem Stil wurde der Neue nur bedingt gerecht. Und die Befürworter maßen den W 126 ebenfalls am Stil des Vorgängers, den sie für einen Vertreter jener bisherigen Epoche hielten, die dringend überwunden werden musste. Dies sei dem Neuen bestens gelungen, sagten die wohl Gesonnenen.

Blicken wir zurück, rund sechs Jahre. Die Politik spielt eine Rolle, vor allem die Ölkrise 1973/74 und ihre Folgen. Sie wurde durch den Jom-Kippur-Krieg im Oktober 1973 ausgelöst. Dieser Krieg war eine Antwort der Araber, um die Golan-Höhen zurückzuerobern, die Israel zuvor im Zuge des Sechstagekrieges an sich gerissen hatte. Die Organisation der Erdöl exportierenden Länder (OPEC) drosselte ihre Ölproduktion, um die westlichen Industriestaaten unter Druck zu setzen, weil sie in dem Krieg Israel unterstützen. Der Preis für ein Barrel Öl schnellte nach oben, von rund drei Dollar zunächst auf über fünf und im Verlaufe des Jahres 1974 auf zwölf Dollar. Öl wurde knapp und damit auch Benzin. Der Liter Super stieg innerhalb kürzester Zeit von 50 auf 80 Pfennige und kratzte teilweise an der Eine-Mark-Grenze. Die deutsche Bundesregierung unter Kanzler Willy Brandt reagierte darauf und verordnete Tempolimits (generell 100 km/h auf Autobahnen) und vier autofreie Sonntage. Das hatte zwar einen großen moralischen, aber kaum einen wirtschaftlichen Effekt. Gleichzeitig fand ein Prozess in Deutschland statt, der darin gipfelte, dass sich im Januar 1980 die Bundespartei Die Grünen gründete. Sie entstand aus einem breiten Spektrum außerparlamentarischer Strömungen, so die Ökologie-, Anti-Atomkraft-, Friedens- und Frauenbewegung. Zur Ideologie dieses links-alternativen Sammelsuriums gehörte auch eine Technik- und speziell Autofskepsis. Eine weitere Tendenz war das zunehmende Sicherheitsbedürfnis der Autofahrer selbst. 1970 gab es in Deutschland fast 20.000 Tote im Straßenverkehr (bis 1985 hatte sich diese Zahl mehr als halbiert), und die Autoindustrie reagierte 1970 mit dem weltweiten Programm der Experimental Safety Vehicles (ESV), einem Konzept, um die Fahrzeugsicherheit bis 1980 zu verbessern. Diese ESV hatten ihre Hochphase Mitte der 70er-Jahre, und jeder bedeutende Autohersteller, auch Daimler-Benz, beeilte sich, ein eigenes Sicherheitsauto vorzustellen. Die Erkenntnisse dieser ESV flossen in die Serie.

Es änderte sich des Menschen Einstellung zum Auto. Und es änderte sich das Auto – äußerlich, innerlich, strukturell. Auch und gerade die S-Klasse war nicht nur anders, sondern sehr anders.
Foto: Archiv Daimler-Benz

Diese drei hochbrisanten Themenbereiche, also Benzinverbrauch, Sicherheitsstreben und Autoskepsis, beherrschten das automobile Denken ab 1974. Es veränderte die Einstellung sowohl der Kunden wie der Konstrukteure zum Auto maßgeblich. Stand zuvor der Fahrspaß ganz oben, so trat nun die Vernunft an seine Stelle. Dies alles sind die Gründe, warum der W 126er so ist, wie er ist. Denn er ist ein Kind seiner Zeit, ein Kind der

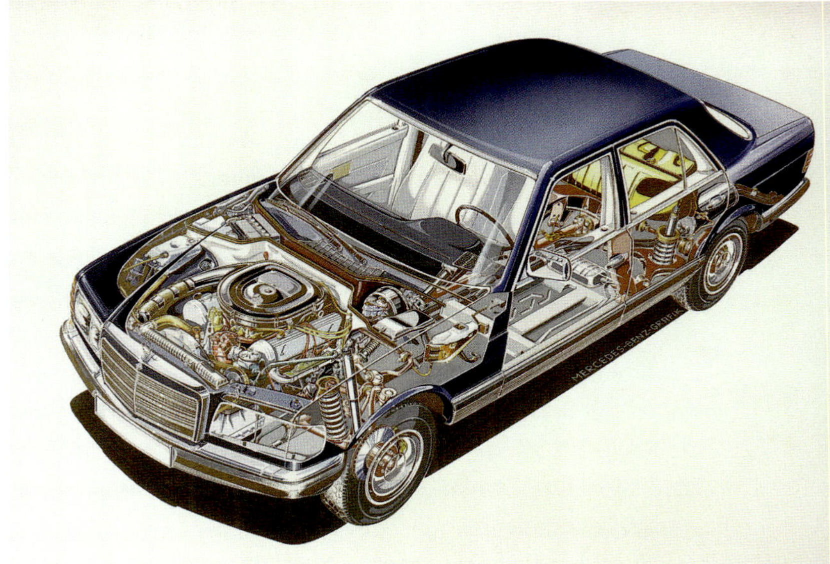

Röntgenblick auf die Intimitäten des W 126. Foto: Archiv Daimler-Benz

70er-Jahre nach dem Ölschock. Er gehört zur ersten Generation neu konzipierter Fahrzeuge, die unter den veränderten Prämissen entstanden – so wie alle Neuerscheinungen 1979/80. Diese Autos waren anders als diejenigen zuvor. Und daran mussten sich alle erst einmal gewöhnen. Als der W 126 erschien, war der Benzinpreis übrigens erneut ein Thema. Die zweite Ölkrise ereignete sich 1979, der Rohölpreis erreichte nunmehr ein Rekordhoch von 38 Dollar je Barrel, der Liter Super kostete rund 1,50 D-Mark. Auch diesmal war der Grund politisch: Förderausfälle im Zusammenhang mit der Islamischen Revolution im Iran (Sturz des Schahs von Persien durch den Schiitenführer Ajatollah Khomeini).

Reißbrettarbeit: Der W 126 entsteht

Wenn ein neues Auto auf den Markt kommt und als die letzte Innovation, als das Modernste vom Modernen gepriesen wird, beginnt am Reißbrett bereits die Arbeit am Nachfolger. Bei Daimler-Benz ebenso wie bei allen anderen. Gleichzeitig mit der Lancierung des W116 dachten Ingenieure, Konstrukteure und Designer bereits über den W 126 nach. Die Parameter für die S-Klasse orientierten sich an der Idee der S-Klasse schlechthin, der Neue sollte also die beste S-Klasse aller Zeiten werden. Doch diesmal flossen die Paradigmen der neuen Zeit mit ein. Ganz oben auf der To-do-Liste stand die spürbare Reduktion des Kraftstoffverbrauchs. Drei Größen haben Einfluss auf den Durst eines Autos: Die Konstruktion des Motors, die Aerodynamik der Karosserie und das Gewicht des ganzen Fahrzeugs.

Leiter der Pkw-Entwicklung war Friedrich van Winsen, das Karosseriestyling oblag Bruno Sacco. Die Abmagerungskur geschah mit Hilfe moderner Stahlsorten bei der Rohkarosserie, und jedes einzelne Bauteil kam auf den Prüfstand, wobei stets der Spagat zwischen leichter und dennoch solider Bauweise

Bruno Sacco (1933 – 2024), von 1958 bis 1999 Mercedes-Stilist und ab 1974 Nachfolger Friedrich Geigers, ist der formale Vater des Experimental-Coupés C 111, des W 126 und vieler weiterer Mercedesse. Er prägte sozusagen eine komplette Mercedes-Ära, ein Vierteljahrhundert Daimler-Benz-Design. Foto: Archiv Daimler-Benz

Demonstrationsmodell: Hinterradaufhängung mit Schräglenkern, Schraubenfedern und Drehstabstabilisator. Der 500er hatte zusätzlich eine Anfahrdrehmoment-Abstützung, damit das Heck beim Beschleunigen nicht in die Knie geht. Foto: Archiv Daimler-Benz

bestand. Das Ergebnis der Diät betrug je nach Typ bis zu 280 Kilo Unterschied gegenüber dem Vorgänger. Der W 126 besaß eine wesentlich geringere Stirnfläche als der W116, der cw-Wert sank von 0,41 auf 0,36, was damals einen beispiellosen Wert darstellte. Hauptursache hierfür war die nicht mehr zerklüftete Front und die Verschmälerung der Karosserie um 4,5 Zentimeter. Die Karosserie-Entwickler hatten also ihre Hausaufgaben mit Bravour gelöst. Dennoch: Der Radstand wuchs um sieben, beim SEL gar um elf Zentimeter, und so war ein Standard-W-126 3,5 Zentimeter länger als ein W116, der SEL legte um 7,5 Zentimeter zu.

Rund 18 Monate vor dem Debüt drehten handgedengelte Prototypen ihre Runden und von Monat zu Monat näherten sie sich mehr der Fertigstellung. 1978/79 veröffentlichte die Zeitschrift Auto Motor Sport regelmäßige Erlkönig-Fotos, und die Leser konnten jeden Entwicklungsschritt mitverfolgen. Die Vorserienwagen entstanden in der ersten Jahreshälfte 1979, sie dienten dem letzten Feinschliff für die Serie und als Fotomodelle für die ersten Verkaufsprospekte und Werbeanzeigen. Die interne Präsentation fand im Sommer 1979 statt, die offizielle erfolgte auf der IAA im September 1979.

Daimler-Benz zeigte stets Präsenz jenseits des Eisernen Vorhangs: Präsentation auf der Leipziger Herbstmesse 1982. Kein Privatmensch konnte sich dort einen Mercedes kaufen. Aber man blieb im Gespräch. Das hatte auch mit Politik zu tun. Die Wiedervereinigung gehörte stets zur bundesrepublikanischen Staatsraison. *Foto: Archiv afs*

In Startposition: Der W 126 beginnt seine Karriere

Wie schon bei der Mittelklasse, dem W 123, überlappte sich bei der S-Klasse der Verkauf von Vorgänger und Nachfolger. Obgleich der Neue Ende 1979 in Produktion ging, lief der W116 noch ein Dreivierteljahr lang vom Band, hauptsächlich für den US-Markt. Produktionsbeginn der W-126-Limousinen mit Normalradstand war im Dezember 1979, die SEL-Typen starteten im Juni 1980. Daimler-Benz wollte die einzelnen Typen neu positionieren. Weil die neuen Wagen in Bezug auf ihre Leistung jeweils eine Stufe höher angesiedelt waren als der W116, vermarkteten die Stuttgarter folgende Vorgänger-Nachfolger-Relation: Der 280 S markierte wie bisher das Einstiegsmodell und war stets nur mit kurzem Radstand lieferbar, der 280 SE galt als 350-SE-Nachfolger, der 380 SE hatte den 450 SE zu ersetzen, der 500 SEL den Sechs-Neuner.

Bezeichnete Daimler-Benz über Fahrzeuggenerationen hinweg seine Fahrzeuge stets als »modern, aber nicht modisch«, so war der W 126 sowohl als auch. Modern war er freilich durch seine auf höchster Stufe vollzogene Konzeption. Modisch war er, weil die Zeitumstände und damit der Windkanal sein Design zumindest beeinflussten, wenn nicht diktierte. Dem Designteam um Bruno Sacco war es gelungen, eine klassisch gezeichnete Limousine zu schaffen, die auf den ersten Blick als großer Mercedes zu identifizieren war. Das befriedigte die vorwiegend konservativ eingestellte S-Klasse-Kundschaft. Aber die Stilisten waren gezwungen, neue Designmerkmale einfließen zu lassen, die schlichtweg notwendig waren und den Erfordernissen der neuen Zeit ihren Tribut zollten. So verzichtete der W 126 weitgehend auf Chrom; die um die Ecke gezogenen vorderen und hinteren Stoßfänger waren ebenso riesige Kunststoff-Formteile wie die seitlichen Karosseriebeplankungen. Unterschied sich eine Repräsentationslimousine bisher neben den Dimensionen vor allem durch die Repräsentanz von kleineren Fahrzeugen, so teilte der W 126 diese Attribute nun mit dem Fiat Panda. Das wiederum störte die eingefleischte Klientel. Und es war wirklich ein Stilbruch, die S-Klasse mit riesigen Plastikradkappen im Opel-Kadett-Stil auf Kundenfang zu schicken und dafür die traditionellen und wunderschönen Nirostastahl-Radkappen mit in Wagenfarbe lackiertem Inlett aufs Altenteil zu werfen. Die meisten Käufer orderten ohnehin die geschmiedeten Fuchs-Leichtmetallfelgen. Und viele derer, die dies nicht wollten, montierten die Radkappen im alten Stil. Schließlich war nach wie vor jeder 123er damit ausgerüstet.

Die Mercedes-typische Front wurde also von den zeitgenössischen Kunststoff-Stoßfängern (lieferbar in den drei

Hier verkaufte Daimler-Benz deutlich mehr: Blick in den Ausstellungsraum der S. A. des Automobiles Mercédès in den Champs Élysées in Paris 1980. *Foto: Archiv Daimler-Benz*

Einfärbungen mittelgrau, dunkelgrau und braun und korrespondierend mit dem Flankenschutz) bestimmt, weitgehend unangetastet blieb das Grill-Design (wieder breiter, niedriger und schräger gestellt). Die Scheinwerfer schlossen nicht mehr wie bisher direkt am Grill an und mündeten in aerodynamisch gezeichneten, um die Ecken gezogenen Blinkern. Aerodynamisches Zugeständnis waren die unter der vor der Frontscheibe hochgezogenen Motorhaube versteckten Scheibenwischer. Dieses Designmerkmal dient auch der Symmetrie, denn Scheibenwischer sind selten ein schöner Anblick. Doch es war nicht originär, sondern wurde in den USA vorgemacht, und auch der Opel Admiral/Diplomat B von 1969 trug derart versteckte Scheibenwischer.

Die Heckgestaltung zeigte sich rundweg glattflächig, durch die Keilform der Seitenlinie etwas hoch, aber typisch Mercedes – von den Stoßfängern abgesehen. Der Heckschriftzug saß wie immer links, sagte aber wenig bis gar nichts über die Motorisierung aus. So mancher vermeintliche 280 SE entpuppte sich nach Öffnen der Motorhaube als 500er, und ein Großteil aller Wagen wurde ohne Schriftzug geordert.

Im Profil wirkte die S-Klasse gestreckter als ihr Vorgänger, einmal durch die leichte Keilform, dann durch die wesentlich schräger gestellten A- und C-Säulen und nicht zuletzt durch die Seitenpaneele, die den Wagen niedriger erscheinen ließen, als er tatsächlich war. Jedes Detail zollte der Aerodynamik Tribut, die integrierten Außenspiegel ebenso wie die Türgriffe, die fehlende Regenrinne, die nahezu bündig an die Karosserieaußenhaut eingefügten Seitenscheiben, die Abrisskante am Kofferraumdeckel, der schräg gestellte Grill, ja sogar die planen Plastik-Radkappen.

Die wertige Anmutung blieb dem Wagen, solange er als Gebrauchtwagen galt, stets erhalten, und die schwäbische Solidität erhielt die Population. 280 SE eines französischen Immobilienmaklers vor dessen Büro in Avallon in der Bourgogne. Der Wagen trägt lokale Aftermarket-Alus.

Foto: afs

Im Interieur mussten sich Fahrer und Beifahrer mit geringfügigen Einbußen an Kopf- und Ellbogenfreiheit abfinden, ein Zugeständnis an die Windschlüpfrigkeit der Karosserie. Dafür genossen die Fondpassagiere acht Zentimeter mehr Kopffreiheit. Nicht viel Neues bei den Sitzen: Sie boten hervorragenden Sitzkomfort, hielten länger als das ganze Auto und waren so straff wie immer. Das Angebot an Bezügen umfasste die gewohnte Auswahl an Velours, Leder oder MB-Tex. Mercedes-Sitze waren und sind nicht plüschig und heimelig, sondern körpergerecht, langstreckentauglich und dauerhaft. Das muss man mögen. Die SEL-Versionen boten 14 Zentimeter mehr Innenraum, komplett zugunsten der hinteren Passagiere. Auf die Innenraum-Geräuschdämmung legte Daimler-Benz besonderen Wert, und die S-Klasse galt damals als die leiseste Limousine überhaupt. Mit Holz im Interieur – natürlich splitterfrei aus Sicherheitsgründen – hielt sich die S-Klasse zurück, auch das gehörte zur neuen Sachlichkeit. War in bundesdeutschen Wohnzimmern Anfang der 80er-Jahre die massive Schrankwand aus brutalster Eiche en vogue, so gaben sich die Fahrzeuginnenräume weniger wohnzimmerähnlich. Bei der Gestaltung des Armaturenbretts vertraten die Konstrukteure die vernünftige Ansicht, dass es wenig Sinn ergebe, etwas Perfektes zu verändern. Und was nicht ganz perfekt gewesen war, wurde perfektioniert: So wanderte der Entriegelungsgriff für das Handschuhfach von der Mitte desselben nach links, damit der Fahrer besser hinkam.

Mit dem Fahrwerk machte es sich Daimler-Benz einfach: Es wurde mit leichten Modifikationen vom Vorgänger übernommen. Die Sechszylinder konnten mit einem Viergang-Getriebe bestellt werden, die meisten Käufer optierten für die Automatik. Die Achtzylinder gab es ausschließlich mit Vierstufen-Automat. Die beiden Reihensechszylinder waren alte Bekannte aus dem

Sehr schnell wurde der Anblick eines W 126 zur Normalität, zumindest in seinem Heimatland. Man gewöhnte sich daran, nolens volens: »So sieht also heute eine S-Klasse aus...« Foto: afs

W116, der sie wiederum von seinem Vorgänger geerbt hatte. Die Doppelnockenwellen-Maschinen leisteten 156 PS im 280 S mit Vergaser und 185 PS in der Version mit Bosch-KA-Jetronic. Mit Rücksicht auf den Benzinverbrauch wurden sie modifiziert, zum Beispiel durch elektronische Schubabschaltung.

Der 3,8-Liter-V8 war die überarbeitete und verbrauchsoptimierte Version aus dem 350 SE respektive der 3,5-Liter-Modelle des W108 und W109; der 5-Liter-V8 basierte auf dem bisherigen Motor des 450 SE (gab seinen Einstand ebenfalls im W108/W109) und erlebte sein Seriendebüt in der auf fünf Liter aufgebohrten Variante im 450 SLC 5.0. Beide Achtzylinder wurden in jedem Bauteil auf mögliche Gewichtsreduktion überprüft und wogen deshalb rund 40 Kilo weniger als im W116. Der 3,8-Liter leistete 218, der 5-Liter 240 PS. Den 380er gab es ab Dezember 1983 mit Katalysator, obgleich damals kaum eine Tankstelle bleifreies Benzin anbot. Es handelte sich um in Deutschland angebotene Fahrzeuge für den US- und japanischen Markt. Eine Sonderstellung nahm der 300 SD ein, wie im Vorgänger nur für den nordamerikanischen Markt produziert. Der fünfzylindrige Drei-Liter-Diesel brachte es auf 125 PS.

Arbeitsplatz: Der untere Teil des Armaturenbrettes ist in Interieursfarbe gehalten, hier im 280 SE von 1980. So revolutionär das Äußere war, so sehr setzte Mercedes auf Kontinuität im Inneren. Wer einen W116 gewöhnt war, musste sich im W 126 kaum umstellen. Foto: afs

Zur Halbzeit: Die S-Klasse wird gemopft

Erfährt ein Mercedes eine Modellpflege, neudeutsch: ein Facelift, so wird er nicht facegeliftet oder gefaceliftet (was beides auch lustig klingt), sondern gemopft. Nach sechs Jahren im Herbst 1985 wurde der W 126 gemopft, also modellgepflegt oder gemodellpflegt. Rückblickend scheinen Klassiker-Liebhaber und Historiker normalerweise dazu geneigt, ein Facelift als zweiten Aufguss zu betrachten und das Original höher zu bewerten, oftmals liegen sie damit auch richtig. Nicht aber beim W 126. Mal ganz ehrlich und objektiv: Die gemopfte S-Klasse ist schöner als die originale. Und nochmals ganz ehrlich und objektiv: Die gemopfte S-Klasse ist besser als die originale. Sie ist noch wesentlich häufiger unter uns als die Ursprungsversion. Fast alle heute im Straßenbild präsenten W 126er sind Vertreter der zweiten Serie, weshalb diese den Jetztzeitlern geläufiger erscheint als die Ursprungsversion.

Die Kunststoff-Anbauteile rundum wurden modifiziert, und das tat der gesamten Erscheinung des Wagens ungemein gut. Waren beim frühen W 126 die einteiligen Stoßfänger noch derart gestaltet, als gebe es Stoßstangen, so trauten sie sich nun kundzutun, was sie wirklich waren: einteilige Plastikriesen, die Einheit von imaginärer Stoßstange mit Bug- beziehungsweise Heckschürze. Dann die geriffelten Seitenpaneele. Spötter nennen sie bis heute despektierlich »Sacco-Bretter«, wobei dieser Ausdruck im Laufe der Jahre mutierte. Er ist heute gar nicht mehr spöttisch gemeint, sondern wird als rein sachlicher Ausdruck gebraucht. Sie waren nun glattflächig, was an sich schon besser aussieht. Dazu kommt, dass alle Kunststoffanbauteile nunmehr in vier seidenmatt ausgeführten Metallictönen lackiert wurden. Letztlich war dies eine Rückbesinnung, ein Konservatismus. Die Karosserie sah nun wieder so aus, wie eine Karosserie aussehen soll: Von vorne bis hinten und von oben bis unten geschmackvoll lackiert. Mitte der 80er-Jahre war die billig wirkende Mode der unlackierten Plastikmonstren am unteren Wagendrittel passé, und das war gut so. Die neu gestaltete Frontschürze war überdies tiefer hinab gezogen, mit Fug und Recht lässt sich von einem Frontspoiler sprechen. Weitere optische Details waren überarbeitete Fenstereinfassungen seitlich und hinten zugunsten noch besserer Aerodynamik sowie ein Chromringchen rund um die Plastikradkappen, was diese ein bisschen höherwertiger aussehen ließ. Aber nach wie vor orderten S-Klasse-Fahrer mehrheitlich Alufelgen. Aus war's mit den Barock-Alus. Neue Alus präsentierte Daimler-Benz 1985 für die gemopfte S-Klasse (und den R 107 und W 124, für den W 201 ein Jahr später), windschlüpfrig und glattflächig gestaltet. Im Nu hatten sie wieder einen Spitznamen weg: Kanaldeckel-Alus oder Gullydeckel-Alus. Ebenfalls gut fürs Erscheinungsbild war die Umstellung von 14- auf 15-Zoll-Räder, die der S-Klasse ein bulligeres Aussehen verliehen.

Einfach nur edel: Überarbeitete S-Klasse mit glatten Paneelen, neuen Schürzen und flächigen Alufelgen. Größere Räder machen den Wagen kraftvoller und die in seidenmatten Metallictönen lackierten statt durchgefärbten Kunststoff-Anbauteile vermitteln dem Wagen einen höherwertigen Eindruck.

Foto: Archiv Daimler-Benz

Das Interieur profitierte von aktuellen Stilvorgaben der eben erschienenen Mittelklasse W 124. Die Rücksitzbank wurde modifiziert, die Armatureneinheit um Kontrollleuchten ergänzt, und Daimler-Benz sah sich offenbar gezwungen, einige Schalter und Bedienelemente an den vorderen Bereich des Dachhimmels zu verlegen. Das war damals Mainstream, am Dachhimmel musste es blinken. Der moderne Automobilist Mitte der 80er-Jahre musste, einem Jumbo-Jet-Piloten gleich, ab und zu nach oben greifen. Das bestätigte ihm und dem geneigten Passagier: Die Bedienung dieses Fahrzeugs ist so komplex, dass das Armaturenbrett nicht ausreicht, um alle Bedienelemente aufzunehmen. Dabei ist Daimler-Benz zu danken, nicht dem Mäusekino-Imponiergehabe der Konkurrenz gefolgt zu sein.

Die eigentliche Modellpflege erfolgte unter der Haube, das komplette Motorenprogramm wurde mit Ausnahme des 5-Liter-V8 erneuert. Jeder Motor wurde fortan mit Drei-Wege-Katalysator und ohne denselben, aber der Möglichkeit der Nachrüstung, angeboten. Nun hielt die Elektronik so richtig Einzug, aber eine vernünftige (bei Gemischaufbereitung, Zündung, Airbag, Antiblockier-System, Antriebs-Schlupf-Regelung), keine spielerische.

Der 260 SE ersetzte den 280 S, der 300 SE den 280 SE, beide Motoren stammten aus dem W 124 und basierten auf den 1980 im W 123 eingeführten Vierzylindern. Aus dem 3,8- entwickelte Daimler-Benz den 4,2-Liter-V8, auf dem 5-Liter basierte der 5,6-Liter. Ihn gab es zunächst nur im 560 SEL und im Coupé, und er sollte den arg vermissten 450 SEL 6.9 als Spitzenmodell ersetzen. Das tat er nur eingeschränkt, denn letztlich war ein 560 SEL technisch gleich jeder anderen S-Klasse, während der Sechs-Neuner durch seine herausragende Luftfederung glänzte. Mit Kat leistete der 5,6 Liter 242, ohne denselben 272 PS. Es gab auch die so genannte ECE-Version, die nur mit bleihaltigem Super gefahren und nicht mit einem Kat nachgerüstet werden konnte, satte 300 PS stark. Weiterhin existierte der Diesel in der S-Klasse für die USA und Kanada, nunmehr 300 SDL genannt. Er bekam einen neuen Motor, nunmehr sechszylindrig, dank Zwangsbeatmung 150 PS stark. Die Sechszylinder konnten mit einer Fünfgang-Schaltung geordert werden, für die Achtzylinder war die Automatik obligatorisch, natürlich verbrauchsoptimiert und mit Economy-Schalter. Das Fahrwerk erfuhr im Rahmen der Mopf nahezu keine Veränderungen, die Achtzylinder-Typen profitierten ab Januar 1985 vom Antiblockiersystem und der Antriebs-Schlupf-Regelung.

Im allgemeinen Bewusstsein blieb eher die gemopfte Version. Logisch: Von den jüngeren Exemplaren haben mehr bis heute überlebt. Und für viele Liebhaber ist der zweite Aufguss einfach schöner als die Urversion, wegen der rillenlosen Seitenpaneele. *Foto: afs*

Hochzeitsauto: Die meisten Kunden votierten für Alufelgen, Stahlfelgen mit Plastikradkappen blieben selten. *Foto: afs*

Vor und nach der Modellpflege waren die Sechszylinder-Einspritzversionen (280 SE und 260 SE/300 SE) die populärsten Modelle, den 280 S wollte nahezu niemand haben. Die Achtzylinderversionen legten im Verlaufe ihres Lebens immer mehr zu, auf dem deutschen Markt spielte hier die politische Landschaft einmal mehr eine Rolle. 1983 gab es einen Regierungswechsel, die sozialliberale Koalition wurde abgelöst von einer Regierung aus CDU/CSU zusammen mit der FDP unter Kanzler Helmut Kohl. In den Kreisen, aus denen sich S-Klasse-Kunden rekrutieren, gab es einen wirtschaftlichen und emotionalen Aufschwung, Optimismus herrschte vor, und wer etwas geleistet hatte und sich deshalb etwas leisten konnte, traute sich auch, dies zu zeigen – zumal damals Sozialneiddebatten nicht ansatzweise die heutigen Dimensionen erreicht hatten.

Nach 1992 boomte der Export gebrauchter W 126 nach Russland, die W-126-Dichte ist dort noch heute groß. Eine S-Klasse gilt dort seit 30 Jahren als absolutes Statussymbol. Foto: Wolfgang Diem

Überarbeiteter Kommandostand mit Airbag im Lenkrad. Der Wagen trägt Veloursausstattung. Foto: Archiv Daimler-Benz

Wieder herrschaftlich: Das große Mercedes-Coupé

Das große Coupé zu W-116-Zeiten hieß aus gutem Grunde SLC und nicht SEC. Der SLC der Baureihe W 107 war ein gestreckter SL mit festem Dach, ein auf Teufel komm' raus zum Viersitzer aufgeblasener SL. Von einem großen Mercedes-Coupé erwartete die zumeist grau melierte Kundschaft aber etwas anderes: einen vollwertigen Viersitzer, weniger sportlich, dafür sehr elegant, eben das, was man in südlichen Gefilden so schön Gran Turismo nennt und was einen großen, zweitürigen, viersitzigen, eleganten und auch teuren Reisewagen für die Upper Classes bezeichnet. Diesem Bild entsprachen die SE Coupés der 60er-Jahre voll und ganz, der SLC aber nur teilweise, was Daimler-Benz sehr wohl zur Kenntnis nahm und zu ändern gedachte.

Der Maestro mit seiner Schöpfung: Bruno Sacco mit SEC-Modell im Maßstab 1/10. Foto: Archiv Daimler-Benz

Promi mit 500 SEC: Der brasilianische Rennfahrer Ayrton Senna holt sein Coupé im Werk ab. Der Wagen trägt ein Ausfuhrkennzeichen, landläufig Zollnummer genannt, und die war damals noch oval. Foto: Archiv Daimler-Benz

Harmonie in Dunkelgrünmetallic: 500 SEC im Ausstellungsraum der Daimler-Benz-Niederlassung Schweinfurt. Foto: Archiv Daimler-Benz

Basis war die S-Klasse W 126, Bruno Sacco spitzte seinen Zeichenstift. Heraus kam ein Coupé von hinreißender Eleganz trotz aller Massivität, von zeitloser Schönheit trotz aller notwendigen Zeiteinflüsse. Ein Wagen, dessen Form richtiggehend betört, und der teuer und selten genug blieb, um bald zur Rarität zu werden. Aber nicht unbedingt eine gesuchte. C 126 Coupés blieben lange Zeit eher unterbewertet. Erst in jüngerer Vergangenheit zogen die Beliebtheit und somit die Preise an.

Die Entwicklung des Coupés verlief parallel zu derjenigen der Limousine. Beide sprechen ganz offensichtlich dieselbe Formensprache, dabei ist kein einziges Karosserieteil identisch. Zwei Jahre nach der Limousine feierte das Coupé auf der IAA im Herbst 1981 sein Debüt. Umgeben von all den vernünftigen, verbrauchsoptimierten und im aerodynamischen Leberwurst-Einheitsstil gehaltenen Zweckautomobilen dieser IAA

Weit öffnende, breite Türen garantieren bequemen Einstieg in den Fond. In einer engen Tiefgarage allerdings sind derartige Türen ein großes Problem. Foto: Archiv Daimler-Benz

Ästhetik der Technik: Der 3,8-Liter-V8 in einem dunkelbraunen 380 SEC. Foto: Archiv Daimler-Benz

Das ist ein Gepäckabteil, kein Kofferräumle. Das Coupé fasst annähernd so viel wie die Limousine. Foto: Archiv Daimler-Benz

So sehen fünf Liter aus: Der Motorraum ist zwar vollgestopft, aber die Maschine ist durchaus zu sehen. Auch und gerade das unterscheidet alte von neuen Autos. Foto: Archiv Daimler-Benz

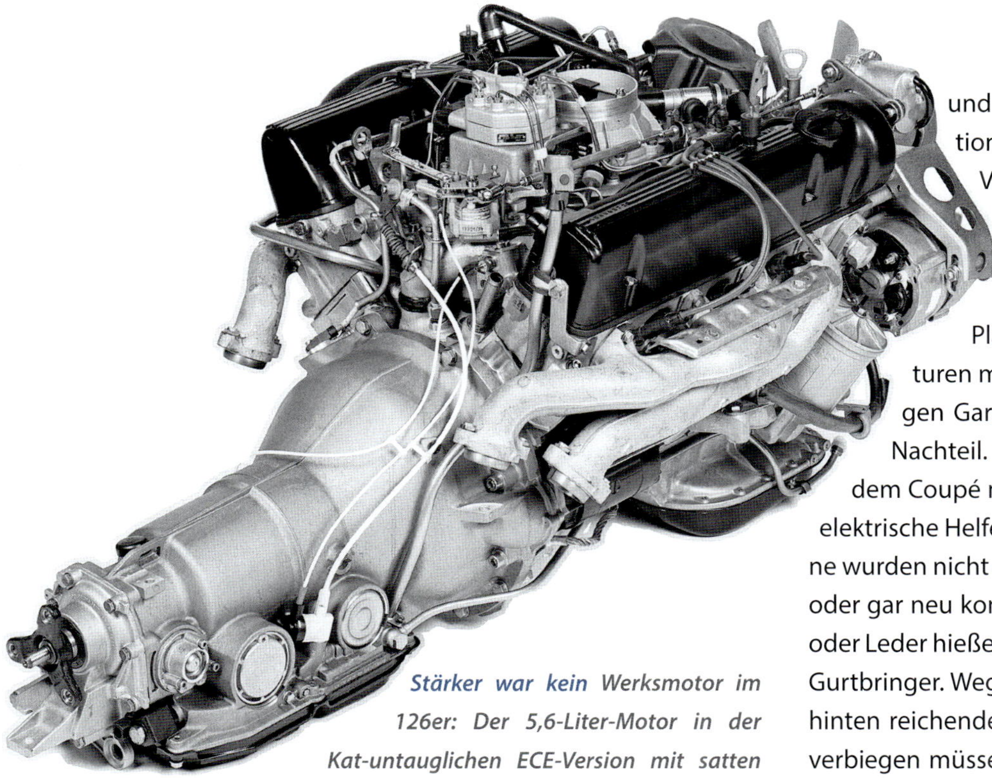

Stärker war kein Werksmotor im 126er: Der 5,6-Liter-Motor in der Kat-untauglichen ECE-Version mit satten 300 PS. *Foto: Archiv Daimler-Benz*

war das Sacco-Coupé wie ein Fels in der Brandung. Dem Daimler-Benz-Chefstilisten gelang es, ein ebenso repräsentatives wie formvollendetes Automobil zu schaffen, dessen harmonische Linienführung ihm schon zu Lebzeiten einen Platz im Klassiker-Himmel bescherte.

Das Coupé basierte auf der um 8,5 Zentimeter verkürzten Limousinen-Bodengruppe, war wegen längerer Karosserieüberhänge aber nur 4,5 Zentimeter kürzer, überdies fast vier Zentimeter breiter und, dem Wesen eines Coupés entsprechend, um drei Zentimeter niedriger. Gepaart mit dem Grill im SL-Stil verliehen diese Dimensionen dem SEC einen würdigen Charakter. Wenngleich es mit der Limousine weitgehend die Technik und die Bodengruppe teilte, war das Coupé doch ein sehr eigenständiges Fahrzeug. Dies und seine verhältnismäßig kleinen Stückzahlen waren gleichsam Garant für Exklusivität und der Grund des ziemlichen hohen Preises.

Auf die B-Säule verzichtete das Coupé und entsprach demnach der Hardtop- oder Faux-Cabriolet-Bauweise: Sind die vier Seitenscheiben (natürlich elektrisch!) versenkt, so genießen die Passagiere fast schon Cabriolet-Gefühl – vor allem dann, wenn auch noch das Schiebedach geöffnet ist. Vermehrte Verwendung von Aluminium im Karosseriebau kompensierte das theoretische Mehrgewicht durch die hochwertige Ausstattung und die besondere Stabilität der Dachkonstruktion ohne B-Säule. Der SEC war ein vollwertiger Viersitzer mit einem der Limousine fast gleichen Kofferraumvolumen, also ein richtiger Reisewagen. Durch die extrem langen Türen gestaltete sich der Einstieg auf die hinteren Plätze angenehm, auch weniger sportliche Naturen mussten sich nicht unelegant verbiegen. In engen Garagen hingegen waren die großen Türen von Nachteil. Schon in Basisausstattung gab Daimler-Benz dem Coupé mit auf den Weg, was gut und teuer war, viele elektrische Helferlein, und etliche Komponenten der Limousine wurden nicht eins zu eins, sondern verfeinert übernommen oder gar neu konstruiert. MB-Tex gab es nicht im SEC, Velours oder Leder hießen die Alternativen. Mehr als ein Gag waren die Gurtbringer. Wegen der fehlenden B-Säule und den weit nach hinten reichenden Türen hätten sich die vorne Sitzenden arg verbiegen müssen, um einen hinter der Tür angebrachten Sicherheitsgurt in die Hand zu bekommen. Wie mit Geisterhand (aber natürlich nur eine Frage der Elektronik) reicht ein Plastikarm den Gurt in Höhe der Schulter, von wo Fahrer und Beifahrer ihn bequem greifen können. Das Armaturenbrett entsprach weitgehend demjenigen der Limousine, Drehzahlmesser statt Zeituhr an prominenter Stelle, und weil die Konkurrenz einen Bordcomputer zur absoluten Notwendigkeit stilisiert hatte, musste der Mercedes nolens volens nachziehen. Airbag und Gurtstraffer waren ab Serienbeginn an Bord, wenn auch aufpreispflichtig. Apropos Aufpreis: Selbst ein teures S-Klasse-Coupé lieferte Daimler-Benz serienmäßig mit Plastikradkappen auf Stahlfelgen aus, und kaum ein SEC kam ohne Extras aus. Die beliebtesten waren Alufelgen, Schiebedach, Tempomat, Klimaanlage und natürlich ein feines Becker-Mexico-Radio mit Kassettenteil. Sechszylindermaschinen waren tabu im Coupé. Alle anderen Motorisierungen und weitgehend alle technischen Merkmale teilte der SEC mit den Limousinen, vor und nach der Modellpflege.

Es gab genügend Menschen, die sich ein rund 70.000 D-Mark teures Mercedes-Coupé wünschten und Daimler-Benz auf dem Stand der 1981er IAA mit Bestellungen überhäuften. Weil von Anfang an eine bescheidene, mit viel Handarbeit verbundene Produktion beschlossen war, kam es anfangs zu Lieferfristen von bis zu anderthalb Jahren. Der Exportanteil war hoch: Bis zu zwei Drittel der Produktion gingen in die USA und den Nahen Osten, ein Drittel blieb in Europa.

Jenseits der Großserie: Tuning und Sonderkarosserien

Unzufriedenheit mit der Großserientechnik, der Wille zur Perfektion, ein spezielles Bedürfnis, Individualismus, Auffallen um jeden Preis, der Wunsch nach mehr Sportlichkeit und Leistung - es gibt so viele Gründe, ein Auto von der Stange nachträglich verbessern zu lassen. Das Wort »verbessern« hat eine positive Wertung. Der Fachbegriff heißt »tunen« und ist wertfrei, und ein getuntes Auto kann, muss aber nicht besser sein als sein Ausgangsprodukt.

***Was Daimler-Benz seit** dem Sechs-Dreier nicht mehr realisierte: Den Look der US-Scheinwerfer als Aufwertungspotenzial zu nutzen. Lorinser tat es, dazu ein Bodykit und ein anmodellierter Grill.* Foto: Lorinser

Prinzipiell gibt es zwei Tuningbereiche, die Optik und die Technik eines Autos. Häufig geht das eine mit dem anderen einher. Professionelle Züge nahm das Tuning in der zweiten Hälfte der 60er-Jahre an, als die Automobilhersteller Tuningbetriebe zunehmend befürworteten. Denn diese erkannten, dass frisierte Versionen ihrer Produkte durchaus keine Gotteslästerung darstellten, sondern das eigene Renommee ordentlich aufpolieren konnten. Daimler-Benz hatte das nicht nötig, unterstützte aber dennoch die unabhängige Firma AMG, die zuerst zum Haustuner und dann zum Konzernbestandteil wurde.

Bis Ende der 70er- und Anfang der 80er-Jahre ging es den Tunern darum, vorhandene Serienfahrzeuge tatsächlich zu verbessern respektive für den Sporteinsatz zu präparieren. Ungefähr zu der Zeit, als der W 126 auf den Markt kam, wandelte sich das Bild völlig. Das lag zum einen daran, dass Serienautos zunehmend ordentliche Fahrwerke, effiziente Motoren und eine

***Das übersteigt die** Definition des guten Geschmacks in Europa, aber so mag's der Scheich. Und weil Bescheidenheit verpönt ist, ziert den Wagen der Heckschriftzug 1000 SEL. Eine Schöpfung der Stuttgarter Firma Exclusives Auto-Design, und mit der Typbezeichnung 1000 SEL war sie nicht allein. Nur Uwe Gemballa, der in Sachen Tuning alles zu toppen versuchte, entschied sich für den Heckschriftzug 1001 SEL.* Quelle: Archiv afs

***Die Belgier von** Carat-Duchatelet aus Lüttich trafen den Europageschmack viel eher und ihre getunten Mercedesse sind fast die einzige Alternative zu den deutschen Tuning-Platzhirschen à la AMG, Brabus und Lorinser.* Foto: Duchatelet

angemessene Leistung aufwiesen und somit weniger Grund zur Leistungssteigerung vorhanden war. Zum anderen war es einfach ein Trend, sein Auto tunen zu lassen. Das 80er-Jahre-Tuning war eine Mode mit teilweise wüsten Auswüchsen. Sie hatte nichts mehr mit Profi- oder Laien-Motorsport zu tun. Sie hatte oftmals nicht einmal mehr mit Leistungssteigerung zu tun. Es ging nahezu ausschließlich um die Optik, den Individu-

Es gab Zeiten, da war der SEC-Grill ein Muss, hier an einem von Rainer Buchmann klassisch veredelten Exemplar mit Spoilern rundum, Tieferlegung, breiten Schlappen auf fetten Alus, schwarz eloxierten Chromteilen, innen Leder und eine passende Stereoanlage. Foto: Archiv afs

So sahen sie von innen aus, damals. Exemplarisch das Separée einer verlängerten Duchatelet-Limousine. Alles da, was der Durchschnittsmensch zum Leben braucht. Foto: Duchatelet

Lotec in Kolbermoor versprach via Prospektzeichnung den Ambassador 5,6. Diese Karosserie wurde wohl nie realisiert, den 5-Liter-Mercedes-Motor kitzelte Lotec dank Turboaufladung auf immerhin 500 PS, im SEC eingebaut wurde eine 310-km/h-Rakete daraus. Quelle: Archiv afs

alismus um jeden Preis. Dabei ist zumindest erstaunlich, wenn nicht gar widersprüchlich, dass gerade Brot- und Butterautos ein solches Tuning erdulden mussten. Jeder selbst ernannte Adept des Zeitgeistes glaubte, ohne Spoiler vorne und hinten und an den Seitenschwellern, ohne Kotflügelverbreiterungen und fette Schlappen auf Leichtmetallfelgen keinen allgemein estimierten fahrbaren Untersatz zu haben. Diese Tuning-Manie durchdrang sämtliche Gesellschafts- und damit automobile Schichten und machte selbst vor seriösen Fahrzeugen wie einer S-Klasse keinen Halt. Firmen schossen wie Pilze aus dem Boden, die mit allerlei Kunststoff-Formteilen nahezu jeden Fahrzeugtyp individualisierten. An die 100 Tuner gab es damals in Westdeutschland, die Autolackiererzunft erlebte eine Hochphase, denn all die Plastikwülste mussten lackiert werden. Die Autokonzerne sahen sich gezwungen, auf den Zug aufzuspringen und brachten ihrerseits Karosserieformteile zur nachträglichen Montage, nun aber mit Werksgarantie, auf den Markt. Danach, in den 90er-Jahren, ebbte die Tuning-Welle wieder ab. Die damals radikal getunten W 126er sind längst wieder zurückgebaut, sofern sie überlebten. Das ist fast schon schade. Denn dadurch ist der Spoilertrend der 80er in der Szene historischer Fahrzeuge völlig verschwunden und nur noch auf Fotos erhalten.

Der Mercedes-Wagen nahmen sich noch heute bekannte Firmen wie AMG, Lorinser und Brabus an, später folgten unzählige. Manche sind noch im Geschäft, andere längst vergessen. Mit schärferen Nockenwellen und speziellen Abgasanlagen, größerem Hubraum und viel Feinschliff, später auch mittels Turbo- oder Bi-Turboaufladung bekamen die Motoren etliche Mehr-PS, und je professioneller die Motortuner arbeiteten, desto eher hatten sie richtiggehende Evolutionsstufen für spezielle Modelle im Angebot. Damit einher gingen Fahrwerksverbesserungen, vor allem leistungsfähigere Bremsen, Spezialstoßdämpfer und -federn für eine bessere Straßenlage sowie breitere Räder. Diese bedingten Kotflügelverbreiterungen, und

Auch eine Art Optiktuning, sogar werksseitig: gepanzerter 420 SE in attraktiver Zweifarbenlackierung. *Foto: Archiv Daimler-Benz*

damit hielt die Karosseriebaukunst im Tuning-Geschäft Einzug. Als dann noch erkannt wurde, dass die schnelleren und tiefer gelegten Wagen mit besserer Aerodynamik nicht nur noch schneller wurden, sondern auch eine bessere Fahrbahnhaftung erzielen konnten, kamen Spoiler en vogue. Plötzlich war das Tuning eine ganzheitliche Angelegenheit: Technik, Karosserie und Innenraum.

Nachdem der Mercedes W 126 ein international anerkannter Wagen war, nahmen sich seiner auch viele ausländische Firmen an, und so manche setzten auf eine bestimmte Klientel. Als Dritt- oder Viertwagen war ein 500er der Liebling des Scheichs, und so mancher arabische Fürst und japanische Geschäftsmann ließ seinen Wagen ohne Rücksicht auf Ästhetik verändern. Ihn interessierte nur, dass jeder im Lande dem Auto ansah, wie wohlhabend sein Eigentümer war. Arabien im Visier hatte beispielsweise die unter dem Label Exclusives Auto-Design firmierende Firma Kugok in Stuttgart, die dem W 126 einen 24 Karat vergoldeten Fantasiekühlergrill spendierte und innen alles einbaute, was teuer war, oder Koenig-Specials des Willy König in München. Seine Mercedesse waren so breit wie lang, denn er versah sie mit seitlichen Anbauteilen à la Ferrari Testarossa. Über Geschmack lässt sich glücklicherweise nicht streiten. Das gilt auch für das dezentere Optiktuning, angeboten von den üblichen Verdächtigen (Zender, D&W, Kamei, HF, ASB, Vestatec, etc.). Eine S-Klasse-Limousine ohne SEC-Grill war in den entsprechenden Kreisen ein Auto, dessen man sich schämen musste.

Letztlich handelt es sich dabei stets um dasselbe Thema, eben in unterschiedlichen Varianten. Und nachdem, um mit Friedrich Schiller zu reden, jedem seine eigenen Fürze wohl riechen, ergibt es wenig Sinn, die Maßnahmen der einzelnen Firmen detailliert aufzuzählen oder zu bewerten oder gar die Tuningbetriebe aufzulisten – was auch beinahe unmöglich ist und ein eigenes Buch füllen würde.

Mit Blechschere und Schweißgerät: Die Sonderkarosserien

Wer einen Mercedes kauft, ist fast immer mit dem Produkt zufrieden, das ihm die Stuttgarter anbieten. Dennoch entstand bei manchen Menschen der Wunsch, eine andere Karosserieform zu besitzen, als Mercedes sie anbot. Ein Cabriolet zum Beispiel, ein zweitüriges auf Coupé-Basis oder gar ein viertüriges. Oder eine Stretchlimousine. Gerade die US-Amerikaner lieben die Gigantomanie, und so manchem echten oder selbst ernannten VIP mag ein 560 SEL durchaus nicht repräsentativ genug erschienen sein, er ließ ihn in eine Stretch-Limousine verwandeln. In Europa spezialisierten sich mehrere Hersteller darauf, so Trasco in Bremen (deren 1000 SEL war eine Stretch-

Ein viertüriges Cabriolet nennt man im Karosseriebauerduktus einen Phaeton. Einen solchen boten das schweizerische Unternehmen Caruna aus Spreitenbach, existent zwischen 1964 und 2006, und Erich Schulz in Korschenbroich (Bild), den seine Frau nach gescheiterter Ehe für tot erklärte und der trotzdem heute noch lebt. *Foto: Archiv afs*

Schulz realisierte überhaupt die wildesten Umbauten und muss in einem Atemzug genannt werden mit der Styling-Garage in Pinneberg, die aber eher Herren aus dem Ludengewerbe bediente. Bis zu zwei Meter verlängerte Schulz-Automobile die S-Klasse. Die längste Praline der Welt. Foto: Archiv afs

Potentatenlimousine der Pinneberger Styling-Garage des Chris Hahn, genannt 600 SGS Royal: Die Verlängerung erfolgte äußerst diskret. Was ins Auge fällt, ist die Verbreiterung um 20 Zentimeter. SGS baute davon immerhin vier Exemplare. Foto: Archiv afs

Seriöse Kunden wandten sich direkt ans Werk und wurden bedient: 500 SEL für Papst Johannes Paul II., aufgenommen 2002 bei einer Ausstellung in der päpstlichen Residenz Castel Gandolfo. Foto: Daderot

Ein Kamerawagen eines unbekannten Karosseriebauers in voller Fahrt auf der Autobahn. Dem Fotografen gelang ein scharfes Bild, obgleich er selbst am Steuer saß. Was tut man nicht alles zur Dokumentation exotischer Autos… Foto: Wolfgang Diem

Limo auf Basis des Coupés), die Firma GFG des Gerhard Feldevert in Gronau, Coleman Milne in England oder Ronny Coachbuilding in Belgien (Markenname L'Étoile). Vorreiter der langen Lulatsche war aber Erich Schulz in Korschenbroich. Er realisierte Verlängerungen bis zu zwei Metern, aber auch Cabriolets, zwei- und viertürig. Lorenz & Rankl schuf ebenfalls offene, verlängerte Viertürer, und das Privileg des Erstaufschneiders einer W-126-Limousine geht an das durchaus seriöse schweizerische Karosserieatelier Caruna in Spreitenbach. Caruna bot auch eine hübsche T-Bar-Version (mit zwei herausnehmbaren Dachhälften) auf dem Coupé an. Besonders breit liebte es zum Beispiel ABC Exclusive Car in Bonn mit seiner Kreation Phoenix, einem offenen SEC mit besonders dicken Backen und Heckflügel. Auch der eher Porsche zugetane Rainer Buchmann aus Frankfurt versah den W 126 mit seinem »bb«-Logo und kreierte sogar ein Coupé-Cabrio (»Magic Top«) auf Coupé-Basis. Recht seriös waren die Mercedes aus dem belgischen Hause Duchatelet in Lüttich (Markenname Carat). Weit wilder hingegen gab

Hier geht es weniger um Lustgewinn. Die Standard-Basis für eine Bestattungslimousine war und ist zwar die E-Klasse, aber so mancher Bestattungsunternehmer mochte schon immer der Konkurrenz und den Kunden zeigen, wie gut es ihm geht. Karosserie von Paul Stolle Karosseriebau in Hannover-Linden. Foto: Stolle

Wer ihm wohl gesonnen ist, sagt, er zitiere das legendäre Flügeltüren-Coupé W 198/I. Wer ihm weniger wohl gesonnen ist, sagt etwas anderes. Verfremdetes SEC-Coupé von der Styling-Garage. Foto: Archiv afs

sich so manche britische Schöpfung, so zum Beispiel das wüst verspoilerte und extrem getunte Coupé von Le Marquis Coachbuilding in Weybridge. Ebenfalls extrem war die Kreation des Schweizers Franco Sbarro aus Tuileries-Yverdon. Er spendierte dem Wagen eine im Stil dem Original angenäherte, komplett neue Kunststoffkarosserie mit Flügeltüren und nannte das Gerät Gullwing. Auch Duchatelet versuchte sich an einer SEC-Flügeltürer-Version, dem Albatross.

Durchaus noch in Erinnerung sind die Schöpfungen der exaltierten Styling-Garage in Pinneberg (SGS) des Christian Hahn. Ab 1982 setzte SGS hemmungslos überall den Scheidbrenner und die Flex an, verlängerte S-Klassen, schnitt sie auf, implantierte dem Coupé Flügeltüren und versah die Automobile mit allem erdenklichen Luxus, sodass sich der Preis damals der Millionengrenze näherte (D-Mark natürlich!). Allein vom SEC-Cabriolet baute SGS an die 200 Stück. Die Krönung der Styling-Garage in Sachen W 126 dürfte wohl die Potentatenlimousine 600 SGS Royal gewesen sein: Der Wagen wurde nicht nur verlängert, sondern durch Einfügen eines längs verlaufenden Mittelstücks auch um 20 Zentimeter verbreitert. Der Siebensitzer mit einzeln verlängerten Türen kostete knapp 800.000 Mark, drei Stück gingen an Königshäuser, eines an einen japanischen Geschäftsmann. All diese Karosseriebauer und Aufschneider (gemeint sind Karosserie-Aufschneider) lieferten im W 126 für harte Petro-Dollars, was der Kunde wünschte: Doppelbett statt Rücksitzbank, in Wagenfarbe lackierte Kalaschnikovs, goldene Stoßstangen und eine gehörige Portion Egomanie. Damals wurde viel Geld mit Edeltuning verdient. Aber die meisten der aus Hinterhofwerkstätten emporgeschossenen Styling-Ikonen der 80er-Jahre haben ihre Pforten längst geschlossen. Das gilt auch für etliche damals lange etablierte Karosseriebauer, die sich auf Bestattungswagen spezialisierten. Zwar war die S-Klasse in diesem Gewerbe eher eine Ausnahmeerscheinung. Aber es gab schon immer Bestattungsunternehmer, die ein bisschen mehr Geld auf dem Konto haben als ihre Kollegen und ihnen dieses auch demonstrieren wollen. So leisteten sich erfolgreiche Undertaker eine S-Klasse als Bestattungswagen.

Der W 126 des Herrn Monteverdi

Unter einem Boutique-Auto versteht man ein Großserienfahrzeug, das optisch verfremdet und teuer ausgestattet ist, technisch aber weitgehend unverändert bleibt. Der Monteverdi Tiara war ein solches, ebenso wie manche Tuning-Artefakte. Aber der Schweizer Peter Monteverdi war kein Tuner. Er war ein seriöser Automobilkonstrukteur und -hersteller.

Es gab Zeiten, da nahm die ganze Welt Notiz von Peter Monteverdi. Er entstammte einer italienischen Familie, die Ende des 19. Jahrhunderts in die Schweiz einwanderte und sich in Binningen vor den Toren Basels niederließ. Seiner Manufaktur entstammten Luxuslimousinen, die Rolls-Royce das

Hauptsache anders: Peter Monteverdis Interpretation des W 126 ist auf jeden Fall individuell. Ob das Fahrzeug schöner ist als das Original, das sei dahingestellt. *Foto: Matthias von der Elbe*

Leben schwer machten, und der hochkarätige Monteverdi Hai sah nicht nur fantastisch aus, sondern hatte auch das Potenzial, jedem Ferrari oder Lamborghini Paroli zu bieten. Peter Monteverdis Luxus-Geländewagen wären die absoluten Trendsetter gewesen, wenn es den Range Rover nicht schon gegeben hätte. Aus dem Ferrari-Fan Monteverdi wurde der Ferrari-Importeur für die Schweiz. Die 50er- und frühen 60er-Jahre waren geprägt von Autorennen auf Ferrari, Experimentieren mit eigenen Konstruktionen und vom Ausbau der Autohandlung. 1960 entstand der erste MBM-Rennwagen. Das Kürzel stand für »Monteverdi-Basel-Motors«. Sieben Jahre später drang er, nun unter eigenem Namen, in den Sektor der Grand-Turismo-Coupés ein und brachte den Monteverdi High Speed 375S auf den Markt. Es folgten weitere Versionen, auch eine viertürige Luxuslimousine, und der Supersportwagen Monteverdi Hai, bis die Ölkrise 1973 den ersten Einbruch verursachte. Die nächste Generation der Monteverdi-Wagen war deutlich kleiner, aber nicht minder edel. Dazu kamen Luxus-Offroader auf Basis des International Scout. Anfang der 80er-Jahre gab Peter Monteverdi den Automobilbau auf, zunehmende Sicherheitsbestimmungen zwangen seine Manufaktur in die Knie, das Werk wurde zum Museum umgebaut.

Zuvor kreierte er den Tiara, sozusagen seine Abschlussarbeit oder auch der Schwanengesang – zumindest aber nicht die Krönung. Der Monteverdi Tiara, benannt nach der Krone des Papstes, war eine schwer überarbeitete W-126-SEL-Limousine. Monteverdi modifizierte Saccos Entwurf an allen Ecken und Enden, manches gelang ihm gut, anderes weniger. Die Seitenlinie sah harmonisch aus, die abfallende Bug- und Heckpartie ließen das Profil weniger wuchtig als beim Original wirken. Die Doppelscheinwerfer-Front hingegen ist nichts als plump, die Heckgestaltung einfallslos. Im Interieur war alles vorhanden, was Daimler-Benz selbst anbot, dazu einige Monteverdi-typische Attribute wie TV und Diktiergerät.

Es ist völlig unklar, wie viele Tiara entstanden sind, belegbar sind drei Exemplare. Ein schwarzer Wagen stand auf dem Genfer Salon 1982, auf offiziellen Fotos sind ein goldmetallic- und ein braunmetallicfarbener Wagen zu sehen. Im Monteverdi-Museum steht ein Tiara in Silbermetallic. Das könnte aber auch einer der drei bekannten in neuem Lack sein. Es ist nicht anzunehmen, dass mehr als eine Handvoll dieser Fahrzeuge entstanden ist, vielleicht auch weniger. Doch immerhin wäre es Peter Monteverdi auch nach Einstellung seiner Autoproduktion möglich gewesen, einen Tiara zu fertigen. Dazu brauchte er lediglich eine S-Klasse sowie die sicherlich vorproduzierten Tiara-spezifischen Teile. Niemand weiß Genaues.

Statue Peter Monteverdis in seinem Automuseum in Basel.
Foto: Matthias von der Elbe

Kapitel 8:

Kann ein Auto unsympathisch sein?

Der W 140

Foto: Pangalau

Keine S-Klasse war je umstrittener als der W 140, als Schlachtschiff verschrien, von manchem Stammkunden gemieden. In der Erinnerung an diesen Wagen flackern zwei Stichworte auf: Der Autoreisezug nach Sylt und der Tod von Lady Di. Dabei war der W 140 seinerzeit wohl wirklich das beste Auto der Welt. Aber von seinem Negativimage hat er sich bis heute nicht ganz erholt. Obgleich seine Größe kein Thema mehr ist. Denn im Laufe der Zeit haben ihn andere längst überholt. Er ist kein Schlachtschiff mehr, allenfalls eine Fregatte.

Unzeitgemäße Betrachtungen: Die S-Klasse W 140

Er war unzeitgemäß, riesig, fett. Er war zur damaligen Zeit der konstruktiv beste Mercedes. Der W 140 wurde nicht freundlich aufgenommen, viele treue S-Klasse-Kunden verweigerten sich ihm. Damals, 1991, mochte kaum jemand die neue S-Klasse. Nie zuvor wurde ein neuer großer Mercedes derart mit Misstrauen empfangen. Die Fachpresse würdigte zwar aus-

Im deutschen Alltagsverkehr blieb der W 140 zwar kein seltener Anblick, aber relativ seltener als alle anderen S-Klassen zuvor und danach. Dieser S 600 ist noch 2017 in Berlin ein »daily Driver«. Foto: Matti Blume

giebig seine technischen, konstruktiven und Fertigungsqualitäten, und diese waren unbestritten. Es war etwas anderes, was man am Mercedes W 140 nicht mochte. Nicht nur diejenigen, die sich nie eine S-Klasse würden leisten können, kritisierten es. Selbst den treuen S-Klasse-Kunden war dieses Attribut suspekt.

Es war die demonstrative Größe, schierer Ausdruck der Gigantomanie des damaligen Daimler-Chefs Edzard Reuter. Genau darauf hatte sich das Nachrichtenmagazin »Der Spiegel« eingeschossen, für das der W 140 geradezu zum Hassobjekt wurde (»Schwerwagen-Stalinismus«). »Der Spiegel« suchte und fand Parallelen, sogar optischer Natur, zwischen der S-Klasse und dem von der Redaktion ebenfalls ungeliebten Bundeskanzler Kohl. Signifikantestes Beispiel dafür war die Äußerung des Ästhetikprofessors und Kämpfers gegen elitäre Hochkunst Jürgen Johannes Hermann »Bazon« Brock in der »Spiegel TV Reportage« vom 21. September 1993: »Die Mercedes S-Klasse sieht aus wie der Bundeskanzler.« Greenpeace-Aktivisten bestiegen 1996 das Dach der Untertürkheimer Zentrale und forderten die Abschaffung der S-Klasse.

Daimler-Benz definierte Anfang der 90er-Jahre die Dimensionen der Mercedes-Modellpalette neu. Die C-Klasse W 202 war so groß wie die bisherige Mittelklasse, der W 124. Die neue Mittelklasse, der W 210 mit seinem Vieraugengesicht, orientierte sich dimensional an der früheren S-Klasse, dem beliebten W 126. Und die S-Klasse, der W 140, war so groß wie keine S-Klasse zuvor. Sie war so groß, dass sie nicht auf den Autoreisezug nach Sylt passte. Eigentlich war das gleichgültig, denn wie oft muss eine S-Klasse auf den Reisezug nach Sylt? Aber diese Tatsache wurde rauf und runter erzählt, von den Medien, an den Stammtischen. Man schlug nämlich gleich zwei Fliegen mit einer Klappe: Man diskreditierte die S-Klasse an sich und haute auf die Luxusinsel Sylt ein. Beides unerreichbar für die Neider:

Ein Bild sagt mehr als tausend Worte: Das Nebeneinander der Beiden verdeutlicht, warum viele potenzielle Käufer am W 126 festhielten. Foto: Nakhon 100

die Hautevolee ebenso wie deren typisches Automobil, und weil ausgerechnet Sylt ausgerechnet mit der neuen S-Klasse unerreichbar war, kam Schadenfreude auf. Übrigens war die S-Klasse auch so groß, dass sie nicht auf Autotransportwaggons der Bundesbahn passte, und die Neuwagen mussten deshalb per Lkw zum Händler transportiert werden. Und sie war so groß, dass so mancher S-Klasse-Stammkunde feststellte: Sie passt in meine Garage nicht rein.

Viele S-Klasse-Fahrer kauften sich deshalb kurz vor Produktionsstopp noch einen neuen W 126 und fuhren diesen, bis der Lebenszyklus des W 140 beendet war. Sie übersprangen ihn und kauften danach einen W 220. Noch heute ist es auffällig, dass weit mehr W 126 im Verkehr unterwegs sind als W 140. Auch als Gebrauchtwagen war diese Generation zumindest bei uns nicht begehrt (bei Autodieben hingegen sehr!). Die Russen mochten sie, und viele wurden in den späten 90er-Jahren in den ehemaligen Ostblock exportiert, auch nach Nordafrika und in den Nahen Osten. Ein guter W 140 ist heute ein richtig gehend seltenes Auto – zumindest in Europa.

Der W 140 war immerhin groß genug, dass er die technische Basis für den ab 2002 gebauten Maybach bilden konnte. Ein in so kleinen Stückzahlen wie der Maybach gebautes Luxusautomobil hätte sich für Daimler-Benz nie gerechnet, wenn es eine komplette Neuentwicklung gewesen wäre. Letztlich ist der Maybach ein schwer facegelifteter W 140 mit größerem Motor, noch mehr Elektronik, neuen Karosserieblechen und neuem Interieur. Bodengruppe, Fahrwerk und Karosseriestruktur sind identisch mit dem W 140.

Dabei reiste und fuhr man im W 140 wahrhaft königlich. Der Innenraum erreichte neue Dimensionen und ließ die S-Klasse um eine Stufe anwachsen. In der Folge wurde auch die E-Klasse größer: Der W 210 hatte ungefähr die Innenraumdimensionen der bisherigen S-Klasse W 126. Foto: TKOIII

Nachdem die ausfahrbaren Peilstege verspottet wurden, ersetzte sie Daimler-Benz durch Ultraschall-Sensoren als Einparkhilfe. S 320 nach der Modellpflege mit neu modelliertem unterem Heckdeckelabschluss. Foto: Archiv Daimler-Benz

Heute erscheint der W 140 in einem anderen Licht. Er ist historisch geworden, alleine schon deshalb, weil er – für eine S-Klasse – ungewöhnlich schnell ausgestorben ist. Und das allgemeine, automobile Wachstum des vergangenen Vierteljahrhunderts ist ihm zugute gekommen. Es relativiert seine Maße.

Wahrer Komfort für den Fahrgast: S-Klasse Taxi am Flughafen Berlin-Tegel 2007. Die Unterhaltskosten waren, einen Dieselmotor vorausgesetzt, nicht viel höher als bei einer E-Klasse. Aber eben die Anschaffungskosten. Dafür hatte der Taxifahrer einen großzügigen Arbeitsplatz mit viel Bewegungsfreiheit. Foto: Matti Blume

Der W 140 reüssierte im Ausland, in Asien, in den USA, in Russland. Dort wurden die Wagen auch in anderen Farben als dem europäisch-einheitlichen Silber-Anthrazit-Schwarz geordert. Straßenszene in Peking 2023… Foto: Dinkun Chen

… und in Bang Khen, einem Stadtbezirk von Bangkok in Thailand… Foto: Jiripat Chroenkeskij

… und in New South Wales in Australien. Foto: Foto Sleuth

Zeitgenössisch erschien ein W 140 als anachronistisch groß. Heute fügt er sich ins Straßenbild, denn alle anderen sind gewachsen.

Präsentation war der Genfer Salon 1991. Vom Design sagt man, es stamme, wie das aller Mercedes dieser Epoche, von Bruno Sacco. Das stimmt auch, Sacco als Designchef verantwortete es und segnete es ab. Aber tatsächlich entworfen wurde der W 140 von einem Team, und innerhalb dessen hat Harald Leschke die ausschlaggebenden Designideen skizziert (man spricht dann vom Key Design). Haben Sacco und Leschke ihre Sache gut gemacht? Die rein dimensionale Größe (5113 x 2180 x 1486 mm) ist das eine. Die Flächigkeit, die beinahe ins Ungeschlachte ging, das andere. Man hätte 5113 mm Länge wohl auch anders verpacken können. Die Tatsache, dass der W 140 gleich zwei Mal gemopft wurde, kommt ja auch nicht von ungefähr. Bruno Sacco selbst äußerte sich in der Retrospektive nicht unkritisch. Ihm erschienen der Pavillon zu niedrig und der Radstand in der Normalversion zu kurz. Man muss,

Viele W 140 tummelten sich dort, wo es offiziell wurde: Dieser gehört dem Chief Executive der Sonderverwaltungszone Hongkong und parkt 2010 beim Regierungsgebäude. *Foto: Will629*

Dieser W 140 gehörte der österreichischen Regierung, hier, mit Wappen der Republik Österreich, eingesetzt beim Empfang der Diplomaten in Wien vor dem Bundeskanzleramt am Ballhausplatz. Im Hintergrund die Kuppel des Kunsthistorischen Museums. *Foto: Archiv afs*

Gepanzerter Panzer: Mercedes W 140 in Guard-Version. Das sind werksseitig überarbeitete Fahrzeuge in verschiedenen Beschussklassen. Die einen lassen den Insassen einen Angriff mit Feuerwaffen überleben, die ganz Toughen halten einer Panzerfaust Stand. Und man sieht es ihnen kaum an (ausgestellte Kotflügel, breitere Reifen auf Spezialfelgen, größere Auflageflächen der Front- und Heckscheibe). *Foto: Archiv Daimler-Benz*

Die elaborierteste Version der Guard-Limousine bot das Werk selbst an. Man konnte auch zu externen Spezialisten wie Labbé in Frankreich oder Trasco in Bremen gehen, wenn man Schutz im W 140 suchte. Trasco bot den Panzerwagen in drei Karosserielängen an: Die serienmäßige Langlimousine... *Foto: Archiv afs*

Verlängerung um 20 Inches = 51 Zentimeter... *Foto: Archiv afs*

... und um 42 Inches = 107 Zentimeter. *Foto: Archiv afs*

Derartige Langlimousinen wie diese von Trasco neigten dazu, in später (und falscher) Hand zu verfallen. Unseriöslinge schmückten sich damit, hatten aber kein Geld für die Wartung. Und dann standen sie irgendwann an einer Tankstelle oder auf einem Kies-Gebrauchtwagenplatz und warteten auf einen rettenden Ritter. Den fanden sie selten, verwitterten weiter und irgendwann kam das Ende.
Foto: Wolfgang Diem

was den Verkaufserfolg betrifft, zwischen In- und Ausland unterscheiden. Für Europa war der W 140 zu viel des Guten. Für viele Exportmärkte war er genau richtig – wofür auch die Verkaufszahlen sprechen, und den Hauptkonkurrenten aus München stach der W 140 (außer in seiner Auslaufphase) bei weitem aus. Der W 140 war schlichtweg der Spitzenreiter in seinem Segment.

Der V12-Motor, eine Reaktion auf den BMW 750i, war aus Mercedes-Sicht revolutionär, die Doppelverglasung stieß auf großes Interesse, und auch sonst hatte der W 140 etliche Innovationen zu bieten. So waren seine Materialien größtenteils recyclebar, er trug viel Elektronik in sich (optionale Sprachsteuerung, Ultraschall-Einparkhilfe, elektronisches Stabilitätsprogramm ESP und adaptives Dämpfungssystem ADS). Wer auf die Einparkhilfe verzichtete, genoss zwei Peilstäbe in den hinteren Kotflügeln, die beim Einlegen des Rückwärtsganges ausfuhren, damit der Fahrer halbwegs einschätzen konnte, wo die unübersichtliche Limousine hinten aufhört.

Sehr früh, nur drei Jahre nach der Präsentation, wieder auf dem Genfer Salon, erfolgte die Modellpflege. Die flächigen Seitenpaneele wurden aufgelockert, Grill, Scheinwerfer und Stoßfänger verändert, selbst der Kofferraumdeckel erhielt eine neue Form (untere Ecken abgerundet), der V12 erfreute den Kunden durch einen eigenständigen Grill, noch mehr Wurzelholz und zweifarbige Ledersitze im Coupé-Design. Die S-600-Kunden hatten schlichtweg eine größere Abgrenzung des Topmodells von den übrigen S-Klassen verlangt. Neue Namen gab es ebenso: Das »S« wurde vorangestellt, aus dem 300 SE 2.8 wurde der S 280, am oberen Ende rangierte der S 600. Das »E« für Einspritzung bedurfte keiner Erwähnung mehr, weil es selbstverständlich war, und das »L« für lang wurde ebenfalls aufgegeben. Ein weiteres, nunmehr kleines Facelift gab es im Sommer 1996 (Daimler-Benz selbst sprach nicht von einer Modellpflege). Etliche Kunststoffanbauteile waren nun in Wagenfarbe lackiert, noch mehr Elektronik, Xenon-Scheinwerfer und die hinteren Blinker erhielten ein weißes Glas. Das Individualisierungsprogramm »Designo« zur Realisierung sehr ungewöhnlicher Kundenwünsche wurde erstmals auf der IAA 1995 vorgestellt und umfasste somit auch den W 140. Aber richtig zum Zuge kam es erst in der Nachfolgegeneration.

Der V12 (65.000 D-Mark Aufpreis gegenüber dem 5-Liter-V8) sollte ursprünglich nicht das Spitzenmodell sein. Daimler-Benz liebäugelte sogar mit einem 800 SEL mit 16 Zylindern und 540 PS. Den W 140 gab es mit Sechszylinder-Reihenmotoren (2,8, 3 und 3,2 Liter), mit V8-Maschinen (4, 4,2 und 5 Liter) und mit dem 6-Liter-V12. Dazu kamen Diesel- und Turbodieselaggregate (3 und 3,5 Liter). Wie üblich gab es die normale Limousine und die verlängerte (»SEL«), dazu ab August 1996 die Chauffeurlimousine mit Namen Pullman (S 500 und S 600 Pullman, Debüt IAA 1995, Länge 6213 mm, mit und ohne Sonderschutz erhältlich). Die letzten Modelle ab Juni 1996 waren optisch erkennbar, die Anbauteile nunmehr in seidenglänzender Wagenfarbe statt in Kontrastfarbe lackiert, die Rückleuchten weiß/rot gehalten.

Die Produktion des W 140 endete im September 1998 nach 406.717 Limousinen (wovon 302.092 exportiert wurden), wobei 1999 nochmals 140 und im Jahre 2000 die letzten 7 gebaut wurden, weil die Sonderschutzfahrzeuge und Pullman-Limousinen bis Mitte 2000 weiterproduziert wurden; zudem waren Maybach-Technologieträger in W-140-Verkleidung unterwegs. Für 1990 belegt die Statistik 160 Vorserienfahrzeuge. In seinen letzten Produktionsjahren musste er dem neuen BMW Siebener E38 die Krone des meist gebauten Oberklassefahrzeugs überlassen. Zum Vergleich: Vom Vorgänger W 126 produzierte Daimler-Benz ziemlich genau doppelt so viele Wagen – allerdings war der auch länger in Produktion.

Kaum mehr in Erinnerung ist das Sondermodell »Exclusive Edition« des S 500, ganze 50 Stück davon wurden im März

S 500 Landaulet, *Einzelanfertigung im Werk für den Vatikan: Übergabe an Papst Johannes Paul II. im März 1997, mittig angeordneter Thronsessel, elektrohydraulisches Landauletverdeck.* *Foto: Daderot*

Der W 140 *war alles andere als sportlich. Dennoch fühlten sich einige Eigentümer bemüßigt, sie müssten ihm Optik- und teilweise auch Techniktuning zukommen lassen. Die üblichen Verdächtigen boten ihnen, wonach sie gierten. Bemerkenswert und fast schon putzig an diesem Exemplar ist die vordere Peilstange mit Mercedes-Sternchen. Sie musste wahrscheinlich vor jedem TÜV-Termin abgeschraubt werden.* *Foto: afs*

1997 produziert, Preis 189.750 D-Mark. Sehr dunkles Perlrot (Schwarzrot Metallic 484), Grill vom S 600, hochglanzpolierte 18-Zoll-Felgen, innen schwarzes oder schwarz/dunkelrotes Nappa. Mit diesem Wagen demonstrierte Daimler-Benz die »Designo«-Leistungsfähigkeiten am W 140. Und dann gab es, ausschließlich für den US-Markt, in 600er-Auflage das Sondermodell Grand Edition auf Basis des S 500 L, Obsidianschwarz, innen cremefarbenes Nappa, 18-Zoll-AMG-Felgen, innen viel Vogelahorn-Holz.

Auch deshalb blieb der W 140 in Erinnerung, weil Prinzessin Diana (»Lady Di«) mit ihrem Lebensgefährten und dem Chauffeur auf der Flucht vor einem Paparazzo in Paris bei einem schweren Verkehrsunfall ums Leben kam. Ihr Fluchtfahrzeug: ein bei einem Chauffeurservice gemieteter S 280. Der Chauffeur und gleichsam kommissarischer Sicherheitschef des Hôtel Ritz stand unter Medikamenteneinfluss und war stark alkoholisiert. Und noch ein prominenter W 140: Tina Turner hatte ab 1995 rund zehn Jahre lang einen schwarzen S 320, der 2023 von Sotheby's in München versteigert wurde. Statt der vom

Auktionshaus erwarteten 40.000 bis 60.000 Euro brachte Turners »Celebrity Car« nur 34.500 Euro – das ist auch ein Zeichen dafür, dass der W 140 noch nicht so richtig im Klassiker-Olymp angekommen ist.

Saccos Stolz: Das C 140 Coupé

Ebenfalls mächtig, ebenfalls hünenhaft, sogar noch breiter als die Limousine, und dennoch weniger Schlachtschiffcharakter: ein sehr großes Mercedes Coupé für sehr große Mercedes-Kunden war der C 140. Auch hierfür zeichnet Bruno Sacco verantwortlich, aber das »Key Design« stammt von Olivier Boulay. Er entwarf das Coupé ohne die auflockernde »Falte« in den Seitenpaneelen, also analog zur Limousine in deren Urform. Diese bekam die Sicke mit der ersten Modellpflege, das Coupé nie. Dennoch wirkte es nicht so fregattenhaft wie die Limousine, sondern eher souverän. Der gebürtige Pariser Boulay (nach Paul Bracq und Gérard Cardiet bis dato erst der dritte französische Autodesigner »beim Daimler«) zeichnete auch die C-Klasse W 202, bevor er 1989 zu Subaru ging. 1992 kehrte er zu Daimler-Benz zurück und schuf auf Basis des W 140 den Maybach 57 und 62.

Das Coupé wurde viel freundlicher aufgenommen als die Limousine zwei Jahre zuvor - was auch daran gelegen haben mag, dass man sich an die Dimensionen des W 140 nolens volens gewöhnt hatte. Die 16-Zoll-Räder wurden allenthalben als zu klein eingestuft, viele Kunden kauften sich für ihren Neuwagen 18-Zoll-AMG-Räder. Selbst Bruno Sacco himself, der damals als Dienstwagen ein türkismetallicfarbenes C 140 Coupé fuhr, ersetzte die Serienräder durch AMG-18-Zöller. Auf das Coupé war Sacco stolz. In Jürgen Lewandowskis Buch »Mercedes 500

Der Mann mit dem Zeichenstift: Bruno Sacco in seinem persönlichen C 126, dem er auch nach seiner Neuschöpfung des C 140 treu blieb.

Foto: Archiv Daimler-Benz

Automobiler Aristokrat im Schnee: Ein schwerer Wagen fährt sich, ganz abgesehen von seinen Assistenzsystemen, auf Schnee weit besser als ein Leichtgewicht. C 140 mit ESP 1995 bei der Präsentation in Arjeplog/Schweden. *Foto: Archiv Daimler-Benz*

SEC & 600 SEC« von 1992 beschreibt er das Äußere geradezu wie ein Verliebter seine Traumfrau. jedenfalls orientierte sich das Coupé stilistisch eher an seinem Vorgänger C 126 als dies die Limousine tat, die mit allen Traditionen brach.

Im Januar 1992 debütierte das Coupé C 140 in Detroit, zunächst als 500er und 600er, später zusätzlich als S 420 Coupé. Die Modellpflegen der Limousine vollzog das Coupé nicht mit, wurde aber ebenfalls beständig weiterentwickelt. Ab dem Genfer Salon 1994 deutliche Ausstattungsaufwertung (»V12-Differenzierung«) und 18-Zoll-Alus (»Eltanin«). Das Topmodell S 600 war ein fahrender Mercedes-Technologieträger und nahm seinen Markenbrüdern so manches Feature voraus, so ab März 1995 eine neu entwickelte, vollelektronische Fünfstufenautomatik und das elektronische Stabilitätsprogramm ESP, dazu GPS-Navigationssystem inklusive CD-ROM, Karten und Farbmonitor. Im Juni 1996 hielten Xenon-Scheinwerfer, Tempomat und das Parktronic-System Einzug (dann waren die Peilstäbe in den Hinterkotflügeln obsolet). Optisch bemerkbar machten sich am Coupé lediglich die Modifikationen zum Modelljahr 1997, also spät im Lebenszyklus: Stoßfänger in Wagen- statt Kontrastfarbe, rot-weiße Rückleuchten.

Der C 140 gehört zu den wenigen Autos, die im Laufe ihres Lebens gleich zwei Mal ihre Typbezeichnungen änderten. Zunächst die Hubraumangabe plus SEC (380 SEC/500 SEC/600 SEC), ab Juni 1993 wurde aus dem 500 SEC das S 500 Coupé und ab Juni 1996 dann der CL 500. Produktionszahlen: 500 SEC/ S 500 Coupé/CL 500: 14.953 Exemplare; 600 SEC/S 600 Coupé/CL 600: 8573 Stück; S 420 Coupé/CL 420: 2496 Fahrzeuge, der C 140 wurde zwischen Oktober 1992 und September 1998 insgesamt 26.022 Mal produziert (wovon 9598 im Inland blieben). Er ist, im Gegensatz zum W 140, heute längst ein arrivierter Liebhaberwagen - aber das war er eigentlich schon, als er noch neu war. Die Coupé-Liebhaber mussten sich ein ganzes Jahr in Geduld üben; das Nachfolgemodell C 215, auf dem Genfer Salon im März 1999 präsentiert, sollte erst im folgenden Herbst in Produktion gehen.

Noch mit der ersten Rücklichtversion: S 500 in Schweden. In diesem Land, in dem es offiziell keine Eliten gibt und der Generaldirektor den gleichen Volvo 760 fährt wie sein Angestellter, war ein W 140 Coupé ein ganz besonderes Statement. *Foto: Nakhon 100*

Der C 140 nahm seinem Herrn jegliche manuelle Arbeit ab. Egal, ob hintere Kopfstützen oder Lenksäule, ausfahrbare Gurtarme oder Sitze - alles war automatisch oder wurde per Knopfdruck bedient. Etliche Mercedes-Enthusiasten sehen im C 140 die Krönung der Mercedes-Automobil-Konstruktion. Im Bild ein frühes Exemplar, noch ohne Parktronic-Sensoren, also vor Sommer 1996. *Foto: Jiří Sedláček*

Kapitel 9:

Die Linie der Vernunft:

Der W 220

Foto: Archiv Daimler-Benz

Mit dem Begriff »Linie der Vernunft« verbindet der an Historischem Interessierte »homo automobilis teutonicus« einen Ford, und zwar den Taunus 17m P3, die so genannte Badewanne. Die brach mit dem heckflossen- und chrombewehrten US-Traumwagenstil ihres Vorgängers, des Taunus 17m P2, und setzte ihm fließende, geradezu aerodynamische Linien mit kluger Raumausnutzung entgegen. Es war ein radikaler Schnitt, und einen solchen vollzog Daimler-Benz auch mit dem W 220, der dem W 140 im Herbst 1998 folgte. Fast schon symptomatisch: Im gleichen Jahr löste der SPD-Kanzler Gerhard Schröder seinen Vorgänger Helmut Kohl von der CDU nach 16 Amtsjahren ab. Wie bei der S-Klasse, war auch Schröder schlanker als Kohl. Doch Kohl war S-Klasse-Fahrer, Schröder ließ sich im VW Phaeton chauffieren. Der Phaeton ist heute vergessen und spielt als Klassiker keine Rolle. Die S-Klasse war, ist und wird bleiben.

Eleganz kehrt ein: Die S-Klasse W 220

Unbestritten: Der W 140 war zu viel des Guten. Mit dieser S-Klasse, dem »Big Benz«, hatte es Daimler-Benz übertrieben und tatsächlich einige Kunden vergrault, die in einer S-Klasse ein zwar perfektes, aber auch ein halbwegs diskretes Oberklas-

Analoge Arbeit: Designentwicklung mit Hilfe eines Tonmodells. *Foto: Archiv Daimler-Benz*

sefahrzeug suchten. Eine Art »Linie der Vernunft« (die Ford-Freunde mögen diesen Ausdruck in diesem Zusammenhang verzeihen) fand Daimler-Benz beim Nachfolger W 220. Der war so diskret und unauffällig, dass es fast auch schon wieder zu viel des Guten war. Denn ein bisschen repräsentieren mochten die S-Klasse-Fahrer doch auch. Mit seinem Nachfolger ab 2005, dem W221, fand Daimler-Benz dann wieder auf den richtigen Weg. Der W220 wurde zwischen Oktober 1998 (Präsentation: Pariser Salon) und August 2005 fast eine halbe Million Mal gebaut, das Volumenmodell (sofern man bei der S-Klasse von einem solchen sprechen darf) war der S 320 CDI, ein Sechszylinder-Diesel mit 197 PS, weltweit am besten verkaufte sich der lange S 500, am oberen Ende rangierten die Zwölfender S 600 L sowie die AMG-Modelle mit bis zu 6 Litern Hubraum und bis zu 612 PS.

Das Fahrzeug ist quasi das genaue Gegenteil seines Vorgängers. Es ist gestreckt, elegant, wirkt durch die sehr schräg gestellten A- und C-Säulen fast schon coupéhaft, jedenfalls äußerst dynamisch. Der Brite Steve Mattin unter Bruno Sacco hat diese Gestaltung zu verantworten, wie schon zuvor die E-Klasse W 210 und danach den SL R230. Die E-Klasse, die mit dem Vieraugengesicht, ist von seinen Geschöpfen jenes, das unter den Mercedes-Enthusiasten diskussionswürdig war, die S-Klasse hingegen nicht. Im Gegenteil: Die Aficionados schienen richtig gehend froh gewesen zu sein, dass sich Daimler-Benz zurückhielt, wieder zu alter Diskretion zurückfand und jedweden Exzessen abschwor. Nicht nur stilistisch, auch konzeptionell war der W 220 das Gegenteil seines Vorgängers: mehr Leistung bei weniger Verbrauch, mehr Platz im Innenraum bei geringeren Außenmaßen, mehr Sicherheit bei kleinerem Fahrzeuggewicht.

Bildhafte Durchleuchtung à la Röntgenkamera, aber zeichnerisch dargestellt. Alle Innereien werden sichtbar. *Foto: Archiv Daimler-Benz*

Die Kunden wussten es zu würdigen: Etliche W 126 wurden für einen neuen W 220 in Zahlung gegeben, und Zeit ihres Lebens bewahrte die S-Klasse W 220 ihre Vormachtstellung in der Oberklasse – trotz vielfältiger Konkurrenz, die durchaus auch ihre konstruktiven Meriten hatte, wie beispielsweise die Leichtmetallkarosserien beim Jaguar und Audi. Auch in Asien konnte der Lexus seinen Heimvorteil nicht ausnutzen, US-Cars waren ohnehin keine Konkurrenz für die S-Klasse. Nicht nur in Europa war der W 220 der Platzhirsch, auch in Asien und USA. Im letzten Produktionsjahr 2005 allerdings musste der W 220 seine Markführerschaft im Heimatland abgeben, der BMW 7er E65 und der Audi A8 D3 zogen an ihm vorbei.

Neue, leichte Stähle wurden verwendet, die Front- und Heckpartie waren als separate Teile mit dem Fahrzeugkörper verschraubt (sehr angenehm bei Karosseriereparaturen), der cw-Wert wurde gesenkt (0,27), der Seitenaufprallschutz beträchtlich erhöht und überhaupt war der W 220 nicht mehr wie ein Harnisch nur auf Eigenschutz konzipiert, sondern dergestalt ausgelegt, dass auch ein schwächerer Gegner im Falle eines (Un-)Falles eine Chance hatte. Das stellte Daimler-Benz bei der Präsentation besonders heraus, quasi als demokratisches Merkmal, um sich von der »Panzerung« des Vorgängers zu distanzieren, mit der einher ein (vermeintlicher) Egoismus seiner Fahrer ging. Darüber hinaus war die S-Klasse auf dem letzten Stand des Insassenschutzes mit Airbags allüberall, sogar (Weltneuheit!) bedarfsgerecht sensorgesteuerter Zweistufen-Gasgenerator am Beifahrer-Airbag, automatische Abstandsregelung, Navi mit integriertem Stauwarner. Die Luftfederung namens Airmatic wurde zu neuer Perfektion gebracht dank adaptivem Stoßdämpfersystem ADS. Statt ihrer waren der S 600 L

Die erste S-Klasse mit 4Matic: S 500 nach der Modellpflege 2002. Werksfotos für den 4Matic entstanden fast immer im Schnee.
Foto: Archiv Daimler-Benz

Noch mehr in China verbreitet als der Vorgänger: Autobahnschnappschuss in Hongkong. *Foto: Dinkun Chen*

und die AMG-Modelle mit dem Active Body Control-Fahrwerk ausgestattet, für die anderen Modelle optional. Das alles zeigt, dass der W 220 Elektronik im Übermaß in sich trug, und anfangs hatte er schwer damit zu kämpfen. Die Werkstätten hatten ihre liebe Mühe, anfängliche Systemsteuerprobleme zu beheben, denn erstens waren sie logischerweise mit Neuerungen nicht vertraut und zweitens lautete die Berufsbezeichnung derer, die einen Mercedes warteten, damals noch »Automechaniker«. Das Berufsbild des Mechatronikers kam just zu der Zeit auf, als der W 220 erschien, also 1998. Auch die Fahrwerks-Hardware war neu: Ein Vierlenkersystem aus Stahl und Alu ersetzte die traditionelle Vorderradaufhängung (Doppelquerlenker mit unteren Dreieckslenkern), Zahnstangen- statt Kugelumlauflenkung, und selbst die Beleuchtungsanlage wurde computerisiert (Xenonlicht auf Wunsch, zunächst D2R mit Reflektor, nach der Mopf D2S mit Projektionslinsen). Die Bedienungselektronik hatte beim W 220 ihr bisheriges Höchstniveau erreicht, was teilweise auch die Fahrer überforderte. Immerhin wendet sich eine S-Klasse stets und bis heute nicht an 25jährige Nerds, sondern eher an graumelierte Herren. Und natürlich gilt das altgediente Wort: Je mehr Elektronik vorhanden ist, desto mehr Elektronik kann kaputt gehen. So mancher entnervte S-Klasse-Fahrer brachte seinen W 220 im Notlauf-Modus (Höchstdrehzahl 2000 Umdrehungen, Topspeed 80 km/h in der Ebene, bei Pech am Berg 30 km/h) in die Werkstatt, um danach festzustellen, dass eine Elektronikkomponente, von deren Existenz er weder etwas wusste noch die er je benötigt hatte, seinen Mercedes ausbremste. Die Begeisterung über die Neuerungen überwogen allerdings den Frust über (anfängliche) Elektronikprobleme. Der echte Frust kam erst später auf, als die W 220 zu rosten begannen.

Komfort für den Kurzzeitfahrgast: Taxi in Estlands Hauptstadt Tallinn im Jahre 2015. Foto: Dimitry G

Keine geheftete Broschüren mehr, sondern gebundene Bücher: In der W-220-Ära rüstete Mercedes gewaltig auf in Sachen Prospekte. Um danach gewaltig abzurüsten: »Alle Informationen können Sie sich im Netz downloaden«, sagt heute der Verkäufer und fügt hinzu: »Aus Umweltschutzgründen.« Er fügt nicht hinzu: Der Hersteller spart viel Geld für Papierwerbung. Foto: afs

Nach wie vor staatstragend, wie jede S-Klasse: Der damalige ukrainische Präsident Viktor Janukowytsch 2007 als Staatsgast in Deutschland, der W 220 mit ukrainischer Standarte. Foto: Tobias Nordhausen

Die Präsidentenlimousine: Dem Guard-Modell von Bundespräsident Horst Köhler sieht man seine Panzerung nicht an. Vorbei sind die Zeiten verstärkter Fensterrahmen und fehlender Dreiecksfenster. Aufnahme 2005. Foto: Sven Storbeck

Man muss schon unter das Auto, den S 600 Guard, kriechen, um die VR7-Panzerung zu sehen. VR steht für Vehicle Resistance, und die Widerstandsklasse 7 (von 10) ist ziemlich hoch – immerhin für den Angriff mit Sturmgewehren gewappnet. Foto: Thilo Parg

Ein Problem wie früher: Der W 220 rostet

Als sie alle rosteten, rostete ein Mercedes weit weniger als die anderen. In den 70ern betrug die Halbwertszeit eines Neuwagens teilweise nur sechs Jahre, der dritte TÜV-Termin war der letzte. Und das galt nicht nur für Importwagen aus Italien oder Frankreich, es galt für Opel und Ford, es galt für VW und Audi, besonders für die Jahrgänge in der Mitte der 70er-Jahre, als italienisches oder russisches, recyceltes Schrottblech für fabrikneue Karosserien verwendet wurde. Was nicht rostete, war der Porsche und was kaum rostete, war der Mercedes. Und dann das! Mercedes-Wagen der späten 90er-Jahre und aus dem frühen, neuen Jahrtausend rosteten – also zu Zeiten, als nahezu alle Fahrzeughersteller das Korrosionsproblem längst im Griff hatten. Was war geschehen?

Die Crux der Typen W 203, W 210 und der S-Klasse W 220 war, dass Daimler-Benz eine neue Lackiermethode anwandte, umweltschonende Lacke auf Wasserbasis, und die Tauchbäder waren bakteriell verunreinigt (für die ganz Genauen und die Biologen: die Bakterien heißen Burkholderia cepacia, ein Problemkeim, kommt meist im Meer, im Grundwasser und im Erdboden vor). Das Niederträchtige war, und darauf musste man erst mal kommen, dass die Verunreinigung erst ab der dritten Woche nach Neubefüllung der Anlage mit Lack auftrat. Deswegen existierten wenige W 203/W 210/W 220, die keinerlei übernormalen Rostbefall aufwiesen. Es war ein Glücksfall, einen solchen Wagen bekommen zu haben.

Die Tatsache, dass ein Mercedes überhaupt rostete, wie auch der Umgang von Daimler-Benz mit diesem Problem, war nicht gerade imagefördernd für die Marke selbst und auch

Was tun mit einem Luxuswagen, der ein Rostproblem hat und in den sich deswegen keine Investitionen mehr lohnen? Herunter reiten! Zum Beispiel beim Carbage Run im Winter 2019 von Kopenhagen nach Helsinki, der ultimative Road Trip in einer »alten Karre«, 2500 Kilometer weit durch den nordischen Schnee innerhalb von fünf Tagen. *Foto: FaceMePLS*

nicht für die betroffenen Modellreihen. Nur bis zu acht Jahre alte Fahrzeuge erfuhren Kulanz, aber auch nur bei scheckheftgepflegten Exemplaren. Und selbst dazu rang sich Daimler-Benz erst durch, nachdem die Medien massiv Druck gemacht hatten. Daimler-Benz versuchte sich zu winden, damit die eigentlich geltende 30-jährige Durchrostungsgarantie nicht griff – die so genannte mobilo-life-Garantie, seit 1998 gültig, aber nur bei Scheckheftpflege in der Vertragswerkstatt.

Nun ist ein Mercedes stets ein »wertiger« Gegenstand, eine S-Klasse natürlich noch mehr als eine C-Klasse. Rost, mangelnde Langzeitqualität und dadurch erhöhter Wertverfall sind ein Unding, dürfen nicht sein. Dadurch wurde der W 220 im Nachhinein negativ bewertet – im Gegensatz zum W 140, der eher zu Beginn gescholten wurde. Die rostigen W 220 wurden billig verscherbelt, in entsprechenden Kreisen herunter geritten, Investitionen lohnten sich nicht. Dadurch ergab sich eine rasche Dezimierung des Bestandes. Dass heute der W 220 im Straßenbild kaum mehr wahrgenommen wird, liegt nicht nur an seiner gefälligen Erscheinung, die ihn fast unscheinbar macht, sondern auch daran, dass tatsächlich nicht mehr allzu viele unter uns sind.

Die längste Praline der Welt: Pullman-Limousine in Guard-Version. Schwierig, legal zu parken. Schwierig, durch die Innenstadt zu manövrieren. Schlichtweg eine Angelegenheit für einen professionellen Chauffeur. Foto: Wolfgang Diem

Der Pullman: Ursprünglich ein Eisenbahnwaggon

Es blieb bei der Normallimousine und der um zwölf cm verlängerten Limousine. In kleiner Zahl gab es ab November 1999 einen werksseitigen Pullman, der mit AMG zusammen entwickelt wurde und nicht nur einen Meter länger als die übliche Langversion ist, sondern auch ein geringfügig um 16 Millimeter erhöhtes Dach hat (Produktion nur bis August 2002). Wer in Deutschland nach einem Pullman-Prospekt fragte, ging meist leer aus. Hatte er Glück und der Mercedes-Verkäufer gute Laune, so erhielt er ein englischsprachiges 40-Seiten-Buch, in dem auch der 600 W 100 Pullman abgebildet war. Daimler-Benz legte darin größten Wert darauf, dass der Innenausbau in Affalterbach bei AMG in Handarbeit erfolgte. Die Guard-Version wird im Prospekt-Buch mit keinem Wort erwähnt. Das verbietet die Diskretion.

Die Bezeichnung Pullman stammt aus dem Englischen, weshalb man das Wort mit einem »n« schreibt. Ursprünglich bezeichnete es besonders großzügig und luxuriös ausgestattete Eisenbahnwaggons, gebaut von der amerikanischen

Geeignet, um die Welt aus den Angeln zu heben. Auch als Spielwiese geeignet: Pullman-Interieur. Am besten in Socken betreten. Nicht mit Straßenschuhen. Foto: Archiv Daimler-Benz

Pullman Palace Car Company, die von George Mortimer Pullman 1862 gegründet wurde. Im automobilen Sektor benutzte Daimler-Benz das Wort Pullman erstmals, lange vor dem Krieg. In den 60er-Jahren verselbständigte es sich und wurde von der Typenbezeichnung für den verlängerten Mercedes 600 W 100 zur Genrebezeichnung für verlängerte Limousinen schlechthin. Obgleich amerikanischen Ursprungs, wurde es im deutschen Duktus in den vergangenen Jahren von einem noch amerikanischeren Lehnwort abgelöst, der »Stretch-Limo«. Man mag allerdings wohlwollend einen Unterschied zwischen einem Pullman und einer Stretch-Limo darin finden, dass ersterer als Langlimousine originär konstruiert wurde, die Stretch-Limo hingegen ein nachträglich von externen Spezialisten verlängertes Riesenauto ist. Nur verlängerte Luxuslimousinen bezeichnete Daimler-Benz als Pullman, die verlängerten Versionen der Mittelklasse-Modelle jedoch nie, der Volksmund allerdings macht keinen Unterschied. Der Vollständigkeit halber sei erwähnt, dass es zwischen 1905 und 1917 im amerikanischen Pennsylvania die York Motor Car Company gab, die ihre Produkte unter dem Namen Pullman vermarktete. Dieser Name versuchte, das Renommee der berühmten Pullman-Waggons auf die Automobile zu übertragen. Es misslang, Bankrott 1917.

612 PS und 1000 NM – die S-Klasse in neuen Leistungsdimensionen

Die neuen Dreiventilmotoren mit Doppelzündung waren leistungsärmer als die bisherigen Vierventiler, was durch bessere Aerodynamik und geringeres Gewicht kompensiert wurde: als V6 S 320 mit 224 PS, als V8 S 430 mit 279 und S 500 mit 306 PS und automatischer Zylinderabschaltung. Der S 280 mit 204 PS wurde auf dem Heimatmarkt nicht angeboten, ein Autobahnstürmer war der S 55 AMG (5,5-Liter-V8 mit 360 PS) mit 288 km/h Topspeed, sofern nicht abgeregelt. Den modernen Common-Rail-Dieselmotoren merkte man das Dieseln kaum mehr an, der 197 PS starke S 320 CDI fuhr sich wie ein Benziner und hatte gewaltig Dampf. Nachgeschoben im Januar 2000 wurde der S 600, nur Langversion, mit 5,8 Liter großem V12, eine Neuentwicklung mit Zylinderabschaltung, die nichts mit dem 6-Liter-V12 aus dem W 140 zu tun hatte. Keine Luft-, sondern Stahlfederung, aber elektronisch. Ihm folgte im Juli 2000 der Diesel-Boss, ein V8, der S 400 CDI, 250 PS, Common-Rail-Technik, Bi-Turbo-Aufladung, Intercooler, Fünfstufenautomatik, ein

Das Desiderat: der Vau-Zwölf im S 600 L! 5,8 Liter, 367 PS.

Foto: Archiv Daimler-Benz

Einstiegsmotorisierung, die gehörigen Einstieg bietet: V6-Aggregat ganz ohne Verkleidung, und auf den ersten Blick sieht man dem Motor Typ M 112 nicht an, ob es die 2,8-, 3,2- oder 3,5-Liter-Version ist.

Foto: Archiv Daimler-Benz

Viel Dampf, fährt sich wie ein Benziner, und dass er ein Diesel ist, merkt man nur, wenn man neben ihm steht und er ein wenig vor sich hin nagelt: Reihensechszylinder-Diesel im S 320 CDI, anfangs 197 PS, ab der Modellpflege 2002 deren 204, 230 km/h schnell und gerade mal 8 Liter Verbrauch auf 100 Kilometer. Um ihn in Deutschland am Leben zu erhalten, musste ein Rußpartikelfilter eingebaut werden, weil er sonst nicht die Abgasnorm Euro 4 erreichte. 2006/07 musste nachgerüstet werden, der Staat schoss 330 Euro zu. *Foto: Archiv Daimler-Benz*

Drehmoment wie ein Schiffsdiesel (650 Nm bei 1800 Umdrehungen). Dann kreierte AMG 2002 aus dem V12 den famosen S 63 AMG mit 6 Litern Hubraum und 444 PS, auf Wunsch fast 300 km/h schnell. Zunehmend wichen die Mercedes-Typbezeichnungen vom tatsächlichen Hubraum ab. Aber die Zahl 63 weckte natürlich Assoziationen und Reminiszenzen an den legendären 300 SEL 6.3.

Die IAA 2002 brachte die Modellpflege, und die war groß. Neue Stoßfänger, Kühlermaske größer und steiler angeordnet, Klarglasoptik für die Scheinwerfer, modifizierte Außenrückspiegel, neue Felgen in 16-, 17- und 18-Zoll (im Prospekt sehr nett formuliert: Die Alus tragen »zur Verschönerung des Straßenbilds« bei), graphisch veränderte Rückleuchten, pneumatisch ausfahrender Kofferraumdeckelgriff. Auch innen Modifikationen, so ein elektropneumatischer Multikontursitz, der computergesteuert in Kurven mehr Seitenhalt vermittelt. Designo Couture toppte die bisherigen Designo-Ausstattungspakete. Unsichtbar, aber vielleicht lebensrettend, war das Pre-Safe-Schutzsystem, das in mittels ABS, ESP und Bremsassistent BAS registrierten Notsituationen vorsorgliche Maßnahmen ergriff, Millisekunden bevor es zum Crash kam. Darüber hinaus waren nun weitere Modelle außer dem S 600 mit Allradantrieb erhältlich. Neu war der S 350 (3,7-Liter-V6 mit 245 PS), schwer modifiziert wurde der V12, denn dieser Motor diente fortan auch dem Maybach, trotz geringfügig kleinerem Hubraum nunmehr satte 500 PS (keine Zylinderabschaltung mehr). Genauso stark war die neue AMG-Version S 55 AMG, aber dies blieb ein V8, nunmehr mit Kompressor, völlig andere Charakteristik als der V12, bis zu 300 km/h schnell. Und geschrieben stand »V8 Kompressor« statt »V12«. Aber das war immer noch nicht das Ende der Fahnenstange. Ab Dezember 2003 toppte AMG alles Bisherige mit dem S 65 AMG mit 6-Liter-V12, 612 PS stark, 1000 Nm Drehmoment, nullhundert in 4,4 Sekunden. Auch dieser »King of the Road« war bei 250 km/h abgeregelt, auf Wunsch bis zu 300 km/h schnell, theoretisch könnte er Tempo 330 schaffen, aber das täte ihm nicht gut. Immerhin war der Tacho bis 360 km/h skaliert. Und auf den Vorderkotflügeln stand »V12 Biturbo«. Die letzte Neuheit im W 220: Im September 2003 debütierte eine neue Automatikgetriebegeneration,

Das geht in Richtung gehobene Innenarchitektur: Über die Business-Class hinaus gehend sehr helle Möblierung, edles Holz, Mobiltelefon in der Mittelkonsole. *Foto: Archiv Daimler-Benz*

nunmehr siebenstufig, zunächst für den S 430 und S 500 sowie das achtzylindrige CL-Coupé.

Die S-Klasse W 220 wurde zwischen Oktober 1998 und August 2005 in Sindelfingen gebaut, insgesamt 484.683 Exemplare. Von der Pullman-Limousine gab es nur 224 Stück, und auch sonst weist die Statistik ein paar nennenswerte »Ausrutscher« auf: Den S 600 mit Normalradstand gab es acht Mal (er wurde offiziell nie angeboten), vom S 280 in Langversion wurden nur 3595 Stück gebaut, und wer eine 4Matic-Version sein Eigen nennt, egal wie motorisiert, besitzt auch eine Seltenheit (beispielsweise 633 S 350 4Matic oder 1423 S 430 4Matic). Weltweit am beliebtesten war der S 500 L.

Architektur statt Styling: Das Coupé mit eigener Baumusternummer

Es ist unglaublich, wie elegant fünf Meter Außenlänge verpackt werden können. Ein Mercedes in den Dimensionen der S-Klasse und mit der Eleganz eines italienischen Sportwagens! Dagegen sahen die vorherigen Coupés C 126 und C 140 richtig gehend klobig aus. Und er heißt nicht C 220. Er heißt C 215, war also zumindest nominell eigenständiger als die bisherigen S-Klasse-Coupés, die ihre Baumusternummer mit der entsprechenden Limousine teilten. Mit dem C 215 demonstrierte Daimler-Benz sein stilistisches Können: Stilistik, die zu Stil führt,

Ein Design wie eine Skulptur: CL 600 mit deutlichem Hinweis auf den V12 am Vorderkotflügel, ausnahmsweise nicht in Silbermetallic lackiert.
Foto: Archiv Daimler-Benz

Stilistik, die stilvoll ist. Noch heute, bald 20 Jahre nach Produktionsauslauf, ist das schöne Luxuscoupé optisch nicht gealtert. Der Name seines Designers ist nahezu unbekannt, Peter Arcadipane. Doch was er am Zeichenbrett leistete, hat kulturellen Bestand!

Bruno Sacco war kein Alleinherrscher, sondern ein Teamplayer. Er erlaubte nicht nur allen angestellten Designern (unabhängig von deren Kernaufgaben), ihre Ideen zum großen Ganzen, also der Karosseriegestaltung, einzubringen, er ermunterte sie sogar dazu. So kam es zu einer Vorschlags-Shortlist mit stetiger Evaluation, und letztlich blieben drei Vorschläge übrig, die für die endgültige Entscheidung als 1:1-Modell ausgeführt wurden. Das Management hatte dadurch eine gute Auswahlmöglichkeit, und Sacco ermöglichte seinen angestellten Designern ein wunderbares Karriere-Sprungbrett. Peter Arcadipane war einer von ihnen.

Der Australier kam von Ford, und dort war er verantwortlich für den »Interceptor« (deutsch: Abfangjäger) gewesen, jenen speziellen Ford Falcon XB, der durch den dystopischen Kinofilm »Mad Max« weltberühmt wurde. Überliefert ist, dass Arcadipane seinen ersten Sketch zum Thema C 215 auf einem Heimflug von Stuttgart nach Australien auf einen Air-Mail-Umschlag zeichnete, weil er eben diesen und nichts anderes gerade zur Hand hatte. Und überliefert ist auch, dass die Dachpartie dieses ersten Sketches bereits weitgehend jene Form aufwies, die das C 215 Coupé so schön macht. Wie eine Spannbetonbrücke zeichnete Arcadipane die Dachform, eher architektonisch als stilistisch, und die Panoramaheckscheibe sowie die Führung der C-Säule zitieren nicht ohne Grund Paul Bracqs W 111 Coupé von 1961 (was der Verkaufsprospekt, mittlerweile zu einem Buch gebunden, bildlich aufnimmt: »Manche Träume kehren immer wieder.«). Seine Schöpfung kam unter

Das Vieraugengesicht, eingeführt bei der E-Klasse W 210 im Jahre 1995, hielt auch beim großen Coupé Einzug, hier der CL 500 von 2001.
Foto: Charles01

Noch mit 360 PS: CL 55 AMG von 2002. Im Folgejahr waren es deren 500 dank Kompressor. *Foto: Archiv Daimler-Benz*

die berühmten letzten Drei, die in 1:1 umgesetzt wurden, und Arcadipane schaffte es: sein C 215 wurde der C 215. Man kann bestens darüber diskutieren, ob dieses Design überhaupt mit der traditionellen Mercedes-Grill-Front kompatibel ist, und darüber wurde auch trefflich gestritten. Aber unumstritten ist die Grazie der Erscheinung. Der steife Württemberger (also jener mit pietistischen Wurzeln!) lockerte im C 215 seine Krawatte ein wenig, und für die Schönen und Reichen war er das Fortbewegungsmittel schlechthin für den jährlichen Migrationstourismus auf die Insel Sylt. Ob der C 215 ein Coupé für die Ewigkeit sein wird, wie der W 111 oder der C 140, muss sich noch zeigen. Jedenfalls war er ein wunderbarer Design-Übergang zwischen zwei Epochen. Denn er markiert die Transformation von Bruno Sacco zu Peter Pfeiffer als Mercedes-Chefdesigner. Und es war tatsächlich ein Karrieresprung für Peter Arcadipane, der anschließend maßgeblich für das Design des ersten CLS W 219 von 2004 (und dem folgenden Shooting Brake) verantwortlich war – der eindeutig die gleiche Formensprache spricht wie der C 215.

Präsentation war der Genfer Salon im März 1999, Produktionsbeginn Oktober (CL 500 und CL 55 AMG), der CL 600 ab Januar 2000. Kürzerer Radstand, viel Leichtbau, verwindungssteifer, jedoch leichter, reduzierte Außenmaße - das Lastenheft war schwer, das Ergebnis desselben fast schon leichtfüßig. Die Technik teilte das Coupé weitgehend mit dem W 220, der CL 600 war jedoch Pionier bei der Active Body Control (ABC), der durch Sensoren elektrohydraulisch gesteuerten Stahlfederung. Computergesteuert verhält sich der Wagen passend zum Fahrstil, Wank- und Nickbewegungen werden unterbunden, obendrein bedeutet ABC auch eine permanente Niveauregulierung. Der Fahrer kann zudem eingreifen und eine komfortbetonte oder sportliche Einstellung wählen. Aber das Kurioseste am ABC-Fahrwerk ist, dass der Mensch seine Sensoren für das Kurvenfahren völlig neu kalibrieren muss: Das Auto neigt sich zur Kurveninnenseite (wie ein Flugzeug oder Motorrad), und die Insassen werden von der Fliehkraft nicht nur nach außen, sondern durch die Schräglage des Fahrzeugs auch in die Sitze gedrückt.

Es gibt weitere elektronische Gimmicks wie eine neuartige Türführungskinematik, die es erlaubt, die Türen auch in engen Garagen in einem brauchbaren Winkel zu öffnen, das Lenkrad bewegt sich nach oben zum bequemeren Aussteigen, sobald der Zündschlüssel gezogen ist, und die Vordersitze zeigen sich beim Einsteigen auf die hinteren Einzelsitze höflich und rutschen nach vorne, um Platz zu machen. Anschließend finden sie ihre Ursprungseinstellung wieder. Das sind lauter phantastische Innovationen, man könnte sie auch Spielereien nennen, welche die Computerabhängigkeit eines Automobils auf die Spitze treiben. Wiederholt sei der weise Satz: Was nicht da ist, kann auch nicht kaputt gehen. Diese Gimmicks sind Balsam für den Erst- und Zweitbesitzer, aber sie sind ein Fluch, wenn der Wagen alt und älter wird. Eines war schon alt, als es im CL 215 verbaut wurde, nämlich steinalt: Statt unterschiedlicher Hölzer offerierte Daimler-Benz ab Frühjahr 2001 im Rahmen des Designo-Programms Naturstein-Zierteile.

Der 360-PS-Spitzensportler S 55 AMG mit Bodykit war zu seiner Zeit der Mercedes-Supersportwagen, denn einen SLR McLaren sollte es erst ab 2003 geben. Doch dessen Vorschau namens Vision SLR als Bindeglied zwischen den SLR-Sportwagen der 50er und den aktuellen Formel-1-Rennwagen war bei der C-215-Präsentation bereits bekannt, er hatte im Januar 1999 auf der Detroit Auto Show gestanden. Weil 18-Zöller schon wieder zu klein wurden, bekam der CL 55 AMG 19-Zoll-AMG-Felgen mit beeindruckenden Reifendimensionen (vorne 245/40 R 19, hinten gar 275/35 R 19). Auf seiner Basis entstand im Herbst 2000 eine 55-Exemplare-Kleinserie des CL 55 AMG Formula 1 Limited Edition in Brillantsilber Metallic mit vorderen Keramikbremsen (erstmals bei Daimler-Benz!) und Brem-

Das feinste vom Feinen: Blick in den AMG in der Louis-Vuitton-Version. Mit dem Ende 2021 gestorbenen Louis-Vuitton-Chefdesigner Virgil Abloh arbeitete Daimler-Benz jahrelang zusammen. *Foto: Cjp24*

bo-Sätteln. Es gab auch eine Evo-Version des CL 55 AMG mit 420 PS, ausschließlich für den Export. Im Januar 2000 folgte der V12, der CL 600 mit 367 PS, also sieben mehr als die AMG-Version, um die Position als Spitzenmodell zu behalten. Ende 2001 erschien, parallel zur Limousine, der CL 63 AMG.

Ebenfalls parallel zu Limousine erfuhr der C 215 zur IAA 2002 eine Modellpflege: Klarglasscheinwerfer, modifizierter vorderer Stoßfänger, Umfeldbeleuchtung aus dem Außenspiegel heraus, neue Graphik der Rücklichter. Das ABC wurde optimiert und berücksichtigte nun auch das Beladungsgewicht des Fahrzeugs, neue Sicherheitsfeatures, Aufwertung des Interieurs, beheizbares Lenkrad. Der CL 55 AMG leistete ab Modelljahr 2003 satte 500 PS dank Kompressor, der CL 600 ebenfalls, aber als reiner Sauger, wie bei der Limousine also Leistungsgleichheit bei völlig unterschiedlicher Charakteristik. Und dann gab es noch, analog zur Limousine, den CL 65 AMG mit 612 PS dank Bi-Turbo-Aufladung.

Der CL überlebte die W-220-Limousine um ein halbes Jahr; bis März 2006 wurde er 47.984-mal gebaut. Am häufigsten mit 32.224 Stück der CL 500, am seltensten mit 777 Exemplaren der CL 65 AMG, aber er wurde auch nur gut ein halbes Jahr angeboten, von Ende 2001 bis Mitte 2002.

Kapitel 10:

Die S-Klassen des neuen Jahrtausends:

W 221, W 222 und W 223

Foto: Daimler-Benz

Die jüngsten S-Klassen sind noch keine Klassiker. Sie sind schöne Fahrzeuge, aber Gebrauchs- und Gebrauchtwagen. Man erwirbt sie beim Neu- oder Gebrauchtwagenhändler und man nutzt sie im Alltag. Sie seien, nur der Vollständigkeit halber, in dieses Buch mit aufgenommen, werden aber nicht detailliert abgehandelt. Es handelt sich um drei Generationen, W 221 (September 2005 bis Juni 2013) mit Coupé C 216 (September 2006 bis Dezember 2013), W 222 (Juni 2013 bis August 2020) mit Coupé C 217 (Juni 2014 bis August 2020) und W 223 (seit September 2020).

Die S-Klasse musste sich wieder finden. Sie war 15 Jahre lang quasi in »crazy waters« unterwegs: zu viel der Masse beim W 140, als Reaktion darauf zu viel der Diskretion beim W 220. Eine S-Klasse hat einen Stellenwert, der vom Kunden erwartet wird. Inwieweit ihre Gestaltung eine Reaktion auf die Erwartungshaltung ist oder die Erwartungshaltung die Gestaltung definiert, sei dahingestellt. Jedenfalls muss eine gesunde Balance zwischen beiden vorhanden sein. Die S-Klasse darf nicht überheblich wirken, kein abschottender Panzer für die Elite sein (dafür gibt es seit 2003 den von BMW neu erfundenen Rolls-Royce). Aber sie muss selbstbewusst auftreten und dem Verhaltenscodex ihrer Klientel entsprechen – und zwar international. Natürlich will ein texanischer Geschäftsmann ein anderes automobiles Auftreten als ein rumänischer Nachtclubbesitzer, und dieser definiert seinen Wagen anders als ein schwäbischer Fabrikbesitzer, der Angehörige des Hamburger

Geldadels oder ein mit Petrodollars reich gewordener Scheich. Aber für sie alle muss die S-Klasse taugen, und für etliche weitere Charaktere ebenso. Kraftvoll musste die S-Klasse also sein, modern, selbstbewusst, einem Marktführer entsprechen. Und die unterschiedlichen Ausstattungs- und Motorvarianten sprachen dann die spezifischen Kunden an. Das schafften die drei Generationen seit 2005, und mit dem Baumuster W 222 gab es denn auch einen Mercedes-Maybach als unangefochtenes Spitzenmodell. Es war wie geschaffen für die Oligarchen und Plutokraten in China, Russland und den USA, stets um ihre Außenwirkung bemüht, der Mercedes-Maybach als Symbol ihrer gesellschaftlichen Vormachtstellung. Für den Württemberger, der am liebsten den Heckschriftzug weglässt, taugt der Mercedes-Maybach nicht. Denn ihm sieht jeder seine exzeptionelle Stellung an.

Mit dem W221 hat Daimler-Banz also seine S-Klasse neu positioniert, und trotzdem sie seither zwei neue Generationen erfahren hat, änderte sich daran nichts Wesentliches. W 222 und W 223 sind Evolutionen, keine Revolutionen. Das S-Klasse-Coupé hingegen erfuhr im neuen Jahrtausend nur zwei Generationen. Aktuell gibt es keines, parallel zum W 223. Die Stellung des bisherigen S-Klasse-Coupés hat derzeit der SL als offener und der AMG-GT als geschlossener Wagen inne. Beide sind in ihrer Essenz keine S-Klasse-Coupés, also keine Gran Turismos, sondern reinrassige Sportwagen.

Serienmäßig verbreitert und erstmals ein Vierzylinder-Diesel: Der W 221

Die erste S-Klasse unter der Ägide des neuen Chefdesigners Peter Pfeiffer, der 1999 auf Bruno Sacco folgte. Gezeichnet wurde sie von Gorden Wagener, der 2008 Pfeiffers Nachfolge antreten sollte und seine Arbeit unter die Design-Philosophie der »Sinnlichen Klarheit« stellt. Breitbeinig und selbstbewusst gestaltete Wagener die Limousine, mit ausgestellten Radläufen, quasi serienmäßige Kotflügelverbreiterungen, und die fast schon coupéhafte Dachlinie nahm Anklänge am CLS (der zwar auf der E-Klasse basierte, aber über dieser positioniert war, quasi als Bindeglied zwischen E- und S-Klasse). Auch die Gürtellinie verlief schwunghaft, das komplette Auto sozusagen eine einzige Rundung. Zwar wirkt das Heck, als einzige Partie, ein wenig massig (und erinnert stilistisch an den Maybach 57 und 62), aber die geschickte Unterteilung der Rückleuchten mit Streifen in Karosseriefarbe relativiert die Schwere. Das auf Wunsch lieferbare Glasdach kann als Reminiszenz an die Zweifarbigkeit der Karosserien in den 50er- und 60er-Jahren gelten, wie überhaupt der rundliche Stil durchaus an die bacchantische Linienführung der Fifties erinnert. Das tatsächliche, dimensionale Wachstum sieht man der S-Klasse nicht an. Aber sie wirkt gegenüber dem Vorgänger insgesamt schwerer und massiger.

Innen versprühte die 2005er S-Klasse höchste Wertigkeit (was dem W 220 ein wenig abgesprochen wurde, im Vergleich zu dessen Vorgänger), feine Materialien, Chrom, Holz und das speziell für die S-Klasse verwendete Anilinleder. Geschäftsfahrzeuge waren innen monochrom dunkel ausgestattet, die privat genutzte Luxuslimousine zeigte sich klassisch hell, mehrfarbige Interieurs wählte die sportliche Kundschaft (das war dann das typische Parvenü-Fahrzeug). Vor allem in den USA und China verkaufte sich der W 221 deutlich besser als sein für den dortigen Geschmack zu diskreter Vorläufer. Der Hauptabsatzmarkt des W 221 war tatsächlich China.

Der Anstieg der Elektronik von Generation zu Generation verlief nicht linear, sondern exponentiell, in der S-Klasse hielt modernste Elektronik Einzug. Der Gipfel der Innovationsgenialität war der Nachtsicht-Assistent, der dem menschlichen Auge unerkennbare Kleinigkeiten auf die Instrumententafel übertrug, dazu aktives Kurvenlicht (gut, das hatte die Citroën DS schon 1968) und Abbiegelicht, weitere, bereits bekannte Elektroniksysteme wurden vervollkommnet. Um die Fahrer nicht zu überfordern, bemühte sich Daimler-Benz um eine halbwegs logische Bedienbarkeit der Elektronik. In Stuttgart hatte man die laute, diesbezügliche Kritik am Münchner Konkurrenten sehr wohl zur Kenntnis genommen.

Das Fahrwerk entsprach im Wesentlichen demjenigen des W 220, ebenso die Siebenstufen-Automatik (es gab keine handgeschalteten W 221), die Zwölfzylinder hatten eine Fünfstufen-Automatik. Wie gewohnt zwei Radstandversionen, die kurze trug die Baumusterbezeichnung W 221, die lange hörte auf V 221. In den USA, in China, Russland, Mexiko und Indonesien wurde ausschließlich die L-Version angeboten. Die Motoren: 5,5-Liter-V8-Benziner mit 388 PS im S 500, 3,5-Liter-V6-Benziner mit 272 PS im S 350, 3-Liter-V6-Diesel mit 235 PS im S 320 CDI, mit 320 um 85 PS stärker war der S 420 CDI, ein V8-Diesel. Die Krönung stellte der S 600 mit 517 PS aus 5,5 Litern dar, die erstarkte Weiterentwicklung des 2002 neu beim Vorgänger eingeführten V12-Motors. 2006 kamen die Typen S 300 L (3-Liter-V6, 231 PS, nur für Südostasien; in Großbritannien,

Im deutschen Sprachgebrauch »S-Klasse«, im englischen »S-Class«, im französischen »Classe S«. Das Ausstellungsnummernschild belegt den Ort, le Salon de Paris im Oktober 2012, die letzte große Automesse vor der Ablösung. *Foto: Thesupermat*

Pakistan und den Arabischen Emiraten als S 280 angeboten) und S 450, ein V8 mit 340 PS aus 4,7 Litern. Ebenfalls 2006 erschien die sportlich ausgelegte Variante namens AMG Style mit 19-Zöllern, modifizierten Schürzen und Seitenschwellern. Im gleichen Jahr präsentierte Daimler-Benz auch die echten AMG-Modelle, den S 63 AMG (kurz und lang, 525-PS-V8 aus 6,2 Litern) und S 65 AMG (nur lang, 612-PS-V12 aus 6 Litern). Dem S 320 CDI folgte Ende 2008 der S 320 CDI Blue Efficiency, sparsamer durch spezielle Bereifung, bedarfsgerechte Servolenkung und Automatik mit Standabkoppelung, ebenfalls 235 PS. Standabkoppelung bedeutet, dass Autos, die in Stufe D stehen (Ampelstopp) automatisch in Stufe N überführt werden, was den Motor geringer belastet. Beim Gasgeben schaltet das Getriebe dann wieder in Stufe D. Die Felgen trugen Namen. Während die Serien-Alus noch mit der Zollgröße und der Anzahl der Speichen bezeichnet wurden (»18-Zoll im Neunspeichendesign«), trugen die Zubehörfelgen, die als Designräder bezeichnet wurden, so schöne Namen wie Eridanus, Almach oder Danebola. Waren im 2005er-Prospekt noch neun Alufelgentypen enthalten, so steigerte sich die Zahl im 2011er-Prospekt auf zwölf plus einem Incenio-Leichtmetallrad »Behes« mit »Bicolor«-Oberfläche, was im Marketingsprech Zweifarbigkeit bedeutet. Die Guard- und Pullman-Modelle waren nun im normalen S-Klasse-Katalog enthalten, anfangs noch Hardcover-Bücher, später ging Daimler-Benz zu Softcover mit Klebebindung über, aber immer noch über 100 Seiten Lektüre für den Interessenten (oder Prospektsammler).

Modellgepflegt wurde der W 221 im Mai 2009. Frontstoßfänger mit kleineren Nebelscheinwerfern bzw. Tagfahrlicht in LED-Technik und eckigeren Lufteinlässen, Grill gespitzter zulaufend, Scheinwerfer mit neuer Graphik, Heckleuchten ohne Unterteilung in Wagenfarbe, hinterer Stoßfänger mit ange-

Im grauen Pullover: Gorden Wagener zeichnete den W 221 und dessen Coupé-Version C 216. Und bis heute verantwortet er als Chefdesigner sämtliche S-Klassen. *Foto: Daimler-Benz*

deutetem Diffusor, Auspuffendrohre nunmehr sichtbar, modifizierte Außenspiegel. Neue elektronische Errungenschaften: Verkehrsschilderkennung, Spurassistent, Seitenwindassistent. Neu war der S 400 Hybrid, der den auf 279 PS erstarkten Motor aus dem S 350 übernahm und durch einen Elektromotor mit 20 PS ergänzt wurde (ein so genannter Mild Hybrid). Auf seiner Basis entstand das ESF 2009 anlässlich der 21. Internationalen Fahrzeug-Sicherheitskonferenz in Stuttgart, ein Experimental Safety Vehicle mit zahlreichen Innovationen. Dort hinein packte Daimler-Benz sämtliche Technik und Elektronik, die zum damaligen Zeitpunkt machbar war. Manches davon fand in späteren Mercedes-Generationen Eingang. Neue Namen für die beiden Diesel: S 350 CDI Blue Efficiency statt S 320 CDI, S 450 CDI Blue Efficiency statt S 420 CDI (gleiche Motordaten wie bisher, Euro 4-Norm), gebaut bis Juni 2010, dann wurden beide durch den S 350 Bluetec ersetzt (3-Liter-V6-Diesel, 258 PS, Euro 6-Norm).

Nach vielen Jahren baute Daimler-Benz wieder ein ESF, präsentiert auf der ESV-Konferenz im Juni 2009 in Stuttgart, Basis ist die S-Klasse W 221, der S 400 Hybrid. Der Innovationsträger nahm viele Sicherheits- und Assistenzsysteme voraus, die in der nachfolgenden S-Klasse W 222 in Serie gehen sollten. Stolz präsentiert Mercedes den ESF 2009 im Kreise seiner Ahnen. *Foto: Daimler-Benz*

In Serie ging der Plug-In-Hybrid im W 222, getestet wurde er im W 221, und diese Testversion steht nun im Mercedes-Museum. *Foto: La Boe (CC by sa 3.0.de)*

Im Februar 2011 erschien sogar ein Vierzylinder-Diesel in der S-Klasse, der S 250 Bluetec mit 204 PS aus 2,1 Litern, ein echtes Sparwunder. So wenig Diesel verbrauchte keine S-Klasse zuvor. Der Verbrauch auf 100 Kilometer im Drittelmix betrug 7,0/5,0/5,7 Liter auf 100 Kilometer. Mit diesem Auto war Daimler-Benz Vorreiter in der Luxusliga, es war selbst für Taxifahrer interessant, sofern sie sich einen derartigen Wagen leisten wollten. Was die C-Klasse beflügelte und in der E-Klasse souverän wirkte, machte auch in der S-Klasse einen guten Eindruck. Immerhin 240 km/h Topspeed, und in der Economy-Stellung des Getriebes unterbot ein Auto-Bild-Testwagen mit 5,4 Litern sogar die offizielle Verbrauchsangabe. Alles passte zusammen: Nur drei Monate, nachdem Daimler-Benz den S 250 Diesel lancierte, wurde Winfried Kretschmann der erste Grüne Ministerpräsident Deutschlands, und das in Baden-Württemberg! Dennoch votierte Kretschmann für einen S 350 Bluetec als

S-Klassen sind gemeinhin sehr diskret lackiert. Diese nicht. Und sie ist auch nicht ermattet, sondern glänzt stolz. Der Wagen, speziell angefertigt von der Multichannel Group, demonstriert die modernste Mobilfunkbasis für zivile Nutzung und verfügt über 4G4GWIMAX sowie Satellitenkommunikations-Uplink und integrierte Server. *Foto: Traffi*

Aber als Mainstream-Spielzeug glänzt man heute nicht mehr. Man trägt Manufaktur Magno. So heißen die trendigen Mattlacke von Daimler-Benz. Oder man lässt einen silbernen Wagen matt folieren. Dieser ist mattweiß mit mattschwarz und parkte in der Brick Lane im Londoner East Ends. Ein außergewöhnliches Fahrzeug in London kann sich nicht verstecken. London hat die eifrigste Carspotter-Szene, sagt man.

Foto: Ben

Nicht nur Horst Köhler. Die anderen auch. Was denn sonst außer der S-Klasse? Der japanische Kaiser Naruhito auf Staatsbesuch in Indonesien 2023.

Foto: Muchlis

Auch außergewöhnlich dekoriert, für einen Carspotter aber wohl uninteressant: S 350 L als schwedisches Taxi in Göteborg.

Foto: Nakhon100

Und auch jene, die man nicht so gut kennt, jene jenseits der Politik oder des Showbiz', selbst jene, die gar nicht möchten, dass man sie kennt - sie lassen sich in langen S-Klassen chauffieren. S 500 Pullman in Shanghai.

Foto: Jengtingchen

Bestattungswagen auf Basis des W 221 sind selten, weil teuer. Dieser stammt vom Pollmann Service-Center, nach der Insolvenz der alteingesessenen Firma Pollmann 2008 aus deren Reparaturabteilung hervorgegangen. Das Pollmann Service-Center führt den Bestattungswagenbau weiter und verfügt über sämtliche Pollmann-Markenrechte, -Patente und -Gebrauchsmuster. *Foto: Pollmann Service-Center*

Dienstwagen. Ein Vierzylinder war dann doch zu wenig standesgemäß, wenigstens ein V6 sollte es sein.

Neues im Rahmen der Modellpflege auch für die AMG-Modelle. Der S 65 AMG profitierte von 18 Mehr-PS und leistete nun deren 630 und der S 63 AMG erhielt einen komplett neuen Motor sowie eine neue Automatik, 5,5-Liter-V8 mit 544 PS Leistung, mit Performance-Paket Plus gar 571 PS. Im Herbst 2011 erschienen noch zwei völlig neue Benziner in der S-Klasse, Auslieferung ab März 2011: S 350 Blue Efficiency (3,5-Liter-V6 mit 306 PS) und S 500 Blue Efficieny (4,7-Liter-V8 mit 435 PS). In den USA und Japan trug der S 500 stets die Bezeichnung S 550 und war nur mit langem Radstand erhältlich.

Natürlich gab es auch wieder eine beschusssichere Guard-Limousine und einen Pullman, meist ebenfalls »bullet proven«, gebaut zwischen 2008 und 2013. Der erste S 600 Pullman ging an die russische Regierung anlässlich des Amtsantritts des dortigen Präsidenten Dmitry Medvedev, auch die indische Präsidentin Pratibha Patil war in einer S 600 Langlimousine unterwegs. Es wurden auch etliche S 600 außerhalb des Werkes verlängert (und gepanzert), so etliche Wagen der russischen Staatsregierung, die offenbar nicht wollte, dass ein deutsches Autowerk die Panzerungscharakteristik ihrer Staatslimousinen kennt. Diesem Spagat, eine S-Klasse fahren und den Grad der Panzerung sowie der Ausstattung geheim halten zu wollen, setzte Vladimir Putin ein elegantes Ende, indem er seit 2018 den Aurus Senat bauen lässt, seine eigene Staatskarosse. Seit dem Zerfall der UdSSR hatte der Kreml bis zu diesem Zeitpunkt ausschließlich S-Klassen benutzt. Putin wollte eine nationale Staatslimousine, wie zu Sowjetzeiten den ZIL, und ließ im Moskauer Fahrzeuginstitut NAMI den Aurus entwickeln, angeblich war Porsche an der Motorenkonstruktion beteiligt.

Markteinführung des W 221 war im September 2005 (S 350 und S 500) bzw. 2006 (S 320 CDI und S 600). Produktion in Sindelfingen bis Juni 2013, 537.519 Fahrzeuge entstanden.

Der C216: Eleganz in Reinkultur

In dieser S-Klasse-Generation herrschte Design-Einheit. Die W-221-Limousine und das parallele C-216-Coupé schuf Gordon Wagener unter Peter Pfeiffer, und das Lastenheft wurde mit Bravour erfüllt: Auftritt, Status, Emotion und Faszination erfüllten den Anspruch, das beste Coupé der Welt zu bauen – freilich für die gesetzteren Herren mit hohem Komfortbedürfnis, die ihre wilden Jahre längst hinter sich haben und von ihrem Wagen souveräne Ruhe und eine zeitlose Silhouette erwarten. In der Werbung drückte es Daimler-Benz adäquat aus: »Menschen ans Ziel bringen, die längst angekommen sind« und appellierte an das Selbstwertgefühl des Käufers: »Treffen Sie auf ein Automobil, das Ihnen ebenbürtig ist – und ebenso anspruchsvoll« (Prospekt vom Dezember 2012).

Das Coupé teilte sich, wie üblich, die Basis (mit 8 cm verkürztem Radstand) und die meiste Technik mit der Limousine. Eben deshalb setzte der damalige S-Klasse-Baureihenentwicklungschef Frank Knothe durch, dass der C 216 das erste Coupé auf S-Klasse-Basis war, das ohne Prototypen auskam – eine Praxis, die bis heute Bestand hat: Derivate einer Baureihe benötigen keine Versuchsträger mehr.

Mit viel Elektronik und großem High-Tech-Arsenal (ABC-Fahrwerk, Pre-Safe-Bremse, intelligentes Licht, präventiver Insassenschutz, radarbasierte Parkführung, Totwinkelassistent) wurde der C 216 mit V8- und V12-Motor im Juni 2006 in Stuttgart präsentiert, beide mit deutlich mehr Leistung als im Vorgänger (V8: 388 statt 306 PS, V12 517 statt 500 PS). Als Ausstattungsvariante offerierte Daimler-Benz das AMG-Sty-

Im üblichen Silber als Neuwagen auf dem Hof der Mercedes-Vertretung: CL 500 von 2010, das perfekte Fahrzeug für grau melierte Herren, die es bequem haben möchten, während sie es krachen lassen. *Foto: M 93*

ling (»Sport-Paket AMG«): Front- und Heckschürze modifiziert, Seitenschweller, 19-Zöller mit glanzgedrehten Felgenhörnern und Speichen. Die eigentlichen AMG-Versionen folgten später, der CL 63 AMG mit 525 PS starkem 6,3-Liter-V8 auf dem Pariser Salon im Oktober 2006, der CL 65 AMG mit V12-Biturbo-Motor und 612 PS auf der New York Autoshow im April 2007.

Das Fahrzeug war in jeder Hinsicht, außen und innen, vornehm; ein Gentleman, aber gut im Futter und wohl trainiert. Der Innenraum wurde auf gehobene S-Klasse konfektioniert, die Bedienbarkeit entsprach der Limousine, aber der C 216 ist eben ein zweitüriges Coupé, hinten mit zwei großzügigen Clubsesseln. Mit jedem Jahr des neuen Jahrtausends sind Räder und deren Design, teilweise sogar deren Namen, wichtiger geworden, und der CL changierte zwischen 17 Zoll in Serie und 18 sowie 19 Zoll als Option. Allein der 2012er-Katalog weist 15 unterschiedliche Felgen aus. Der CL gab sich also wie jedes S-Klasse-Coupé bisher: perfekte S-Klasse-Technik in einer weit eleganteren, aber auch unpraktischeren Form zu einem deutlich höheren Preis – also der automobile Beweis dafür, dass Leben im Überfluss ein Hochgenuss sein kann.

Im Rampenlicht, bewundert, angehimmelt: CL 63 AMG auf dem Pariser Salon 2010. *Foto: Dimitry Valberg*

Der CL 500 4Motion hatte als einziger C 216 Airmatic statt dem ABC-Fahrwerk, dem etliche Fahrer eher misstrauten. Alle anderen C 216 außer ihm waren mit ABC-Fahrwerk ausgestattet. Damit fährt der Wagen wie auf Schienen und hält beständig Niveau. Aber wenn es defekt ist, wird es eben zum teuren Drama. Alle C 216 verfügten über eine Siebenstufen-Automatik.

2009 erschien ein CL-500-Sondermodell namens »100 Jahre Markenzeichen« mit Sonderausstattung sowie Nostalgie-Plaketten im Stil von 1909 mit Mercedes-Stern und Benz-Lorbeerkranz in der Mittelkonsole. Ein weiteres Sondermodell war der CL 65 AMG »40th Anniversary« anlässlich des AMG-Geburtstages, 40 Exemplare in der Farbe AMG Alubeam, eine Glanzerscheinung wie flüssiges Metall, zuvor lediglich Showcars vorbehalten, dazu eine zweifarbige Nappa-Volllederausstattung mit Alcantara-Dachhimmel.

Optisch leicht modifiziert, aber mit einem neu konstruierten V8, stand der C 216 im Rampenlicht des Pariser Salons im Oktober 2010. Anfang 2011 musste der feine Mercedes-V8 seinen brabbelnden Hut nehmen, bedroht von Abgasgrenzwerten und CO_2-Anforderungen. Der Sauger, in S-Klasse-Generationen bewährt, wurde im 500er und im CL 63 AMG in Rente geschickt und durch einen neuen Biturbo-V8 ersetzt. 4,7 statt 5,5 Liter, ein Turbo pro Zylinderbank, dazu Direkteinspritzung, 435 statt 388 Pferde, im CL 63 AMG 544/571 PS. Ein würdiger Nachfolger der alten Pracht, noch viel prächtiger, sagten die einen. Hubraum ist durch nichts zu ersetzen, schon gar nicht durch zwei Turbolader, sagten die anderen. Rein optisch brachte das Facelift nichts Auffallendes, im Gegenteil, es fiel kaum auf: der Grill ein wenig spitzer, die Motorhaube mit längs verlaufenden Sicken, die Scheinwerfer mit LED-Lidschatten, veränderte Heckleuchtengraphik. Dem V12 wurde anlässlich der Modellpflege ein wenig Durst abtrainiert, die Leistungsdaten blieben weitgehend gleich, im CL 65 AMG nunmehr 630 statt 612 PS.

Nur 32.258 Exemplare wurden bis Dezember 2013 produziert, und wie beim Vorgänger C 215 ging ein Großteil ins Ausland, über ein Drittel in die USA. In Deutschland blieben nur 5269 Fahrzeuge, also gerade mal 16,3 Prozent.

Es ist erstaunlich, dass heute bereits ein C 216 auf Hochpreis-Oldtimermessen angepriesen wird. Interieur eines CL 65 AMG auf der Techno Classica Essen 2024. *Foto: Matti Blume*

Die Langversion als Basis-S-Klasse: der W 222

Eine neue S-Klasse, ein neuer Stil, die Abkehr vom Charakteristikum des Vorgängers: Die S-Klasse kam nicht mehr mit sportlich-kraftvollen Kotflügelverbreiterungen daher, die einem Tourenwagen alle Ehre machten, sondern mit Maybach-Allüren. Und zum Maybach wurde er auch geadelt, zumindest zum Mercedes-Maybach. Selbiger unterschied sich in stilistischen Nuancen, aber nicht grundsätzlich, und so musste die S-Klasse nicht nur die angestammte Klientel befriedigen, sondern auch jene, die nochmals eine Klasse darüber unterwegs ist. Mit anderen Worten: Die S-Klasse wurde spätestens jetzt von der Oberklasse in die Luxusklasse befördert. Dieser Anspruch wurde seitens Daimler-Benz auch dadurch unterstrichen, dass die Langversion, also der V222, der Ausgangspunkt der Entwicklung gewesen und die »normallange« Version, der W222, davon abgeleitet worden sei. Die S-Klasse wurde also höher positioniert, sollte sich an Bentley und Rolls-Royce orientieren, weswegen auf Dinge Wert gelegt wurde, die zuvor allenfalls eine marginale Bedeutung hatten - so zum Beispiel das Geruchserlebnis im Auto (es gab ein Beduftungssystem im Maybach, auch für die S-Klasse erhältlich), vermeidbare Blendungen und Vibrationen lagen im Augenmerk der Entwickler, die Klimatisierung wurde gewaltig optimiert. Die Elektronik natürlich auch, diverse Radare, Kameras, Infrarot-Videos, Ultraschall-Sensoren, und alle aufeinander abgestimmt und miteinander vernetzt. Neu war das Geisterfahrerwarnsystem, Pre-Safe blickte nicht mehr nur nach vorne, sondern auch nach hinten, weitere Assistenzsysteme wurden modifiziert, auf den hinteren Sitzen wurden nun sogar die Gurtschlösser aktiv, und in den Scheinwerfern leuchteten keine Glühlampen mehr, sondern ausschließlich LEDs. Manche dieser Assistenzsysteme sind sehr sinnvoll und gelten als Etappen auf dem Weg zum autonomen Fahren. Andere sind ein Poser-Spielzeug für technikaffine Fahrer.

Der Genfer Salon – eine Automobilausstellung mit viel Tradition, die es seit 2024 nicht mehr gibt. 2015, vor der Covid-Pandemie, war noch alles beim Alten, Daimler-Benz zeigte den ersten Plug-in-Hybrid in einer S-Klasse. *Foto: Norbert Aepli*

Auch diese Automesse war eine Besondere: 2019 fand die IAA bislang zum letzten Mal in Frankfurt/Main statt. Zunehmend wichtiger, gerade für die Premiumhersteller, wurde das automatisierte oder gar autonome Fahren. Schon 2017 zeigte Daimler-Benz auf der IAA einen »Selbstfahrer«, die nächste Evolutionsstufe stand 2019 in Frankfurt: »Urban Automated Driving« mit Kameras und Radar- sowie Lidarsensoren rundum und auf dem Dach. Foto: Alexander Migl

Auf dem Händlerhof: Fabrikneuer S 350 Bluetec in der Ausstattungsversion AMG Line. Aufnahme 2013. Foto: M 93

Auch das Fahrwerk erlebte eine neue Eskalationsstufe. Das ABC (Active Body Control) war von gestern, neu war Magic Body Control. Hier erkennen Stereo-Kameras Bodenunebenheiten im Vorfeld und die Elektronik passt die Stoßdämpfer an. Das war ab S 500 aufwärts gegen Aufpreis erhältlich, die Grundausstattung war das bekannte Airmatic-Fahrwerk (bei den Hecktrieblern). Im Innenraum konnte man kaum mehr vom »Armaturenbrett« sprechen, denn Armaturen gibt es längst nicht mehr - zumindest keine analogen. Alles digital, auf großen LCD-Bildschirmen. Die Sitze erwärmen nicht mehr den gesamten Menschen, sondern gezielt Teile desselben, auf Wunsch mit 14 Luftkissen pro Sitz und sechs unterschiedlichen Massageprogrammen. Und dann auch noch so Nettigkeiten wie Ambientelicht in mehreren Farben und individuellen Farbzonen. 3-D-Sound dank Burmester-Audiosystem mit 24 Lautsprechern.

Ganz grob, vielleicht sogar blasphemisch, gesagt, war die S-Klasse W 222 gar keine neue S-Klasse, sondern eine S-Klasse W 221 mit neuer Karosserie. Man nennt das Carry-Over-Prinzip, viele Gleichteile vom Vorgänger, darunter die komplette Bodengruppe. Hierbei gerät der eigentlich klar definierte Un-

Bis zu 630 PS offerierte das Werk, nämlich im AMG S 65 L. Wem das nicht reichte, dessen Not wurde in Bottrop bei Brabus gelindert: 900 PS im Brabus 900 Rocket auf Basis Maybach S 650 L, 3,7 Sekunden nullhundert, 350 km/h Topspeed. Preis anno 2019: 285.481 Euro ohne Extras. Extras gab es viele. Foto: Brabus

terschied zwischen Facelift und Nachfolgemodell ins Wanken. Die Außenhaut zu erschaffen, oblag Il-hun Yoon, jenem südkoreanischen Daimler-Benz-Designer, der heute Chefdesigner der Hyundai-Luxusmarke Genesis ist. So modern der W 222 aussah, so deutlich sind Anklänge an die früheren, eigenständigen Maybach-Modelle 57 und 62 zu spüren. Die ganze Linienführung wirkte gegenüber dem Vorgänger weniger gedrungen-athletisch (was durch dessen Kotflügelverbreiterungen deutlich ausgeprägt war), sondern fließend-elegant, der Dachbereich komplett gerundet. Dank fließend verlaufendem Heckfenster und breiter C-Säule (des hinteren Separée-Charakters wegen) hatte der Mercedes ein verhältnismäßig kurzes, knackiges und auch hohes Heck – ähnlich wie die Fahrzeuge der späten 60er-Jahre, die dem Coke Bottle Style huldigten – aber auf deren anachronistischen Hüftschwung verzichtete Il-hun Yoon selbstverständlich. Zusammen mit der langen Frontpartie und der geschickten Auflockerung des doch sehr massiven Karosseriekörpers wirkte die S-Klasse ziemlich dynamisch. Da der chinesische und der US-amerikanische Markt die Hauptexportländer waren und dort Langlimousinen bevorzugt werden, war die Standard-S-Klasse also lang (Radstand 3165 mm). Der Wagen wurde zunehmend zum Repräsentationsobjekt und zur Chauffeurlimousine, der Eigentümer saß nicht mehr am Steuer. Für den Selbstfahrer (vor hundert Jahren sagte man: Herrenfahrer) gab es nach wie vor die kurze S-Klasse und natürlich die AMG-Versionen mit 3035 mm Radstand. Extralang war der Maybach, intern X 222, mit 3365 mm Radstand, und dann gab es noch die Pullman-Version des Mercedes-Maybach mit 4418 mm zwischen den Achsen. Die Breite war bei allen identisch, die Höhe variierte minimal, der Maybach Pullman hatte ein um 10 cm erhöhtes Dach. Nach vier Jahren, im April 2017, erfolgte eine Modellpflege ohne nennenswerte optische Umgestaltungen, aber veränderter Motorenpalette und weiter verbesserten Assistenzsystemen, innen ein wenig Modifikationen. Im Grill nun drei verchromte Doppellamellen statt zuvor vier Einzellamellen, zusätzliche senkrechte Chromstäbe für den V12, dazu neue Frontschürze, hinten LED-Leuchten in Kristalloptik. Innen zwei neue Displays vor den Augen des Fahrers, die optisch miteinander verschmelzen und unter einem gemeinsamen Deckglas situiert sind. Die Bedienungstasten am Multifunktionslenkrad ließen sich nun, wie beim Smartphone, mit Wischbewegungen bedienen.

Zu Beginn drei Motoren: der bekannte 4,7-Liter-V8 mit 455 PS im S 500, weltweit der erste Wagen mit Otto-Partikelfilter, im S 400 Hybrid arbeitete der 3,5-Liter-V6 mit 306 PS mit Unterstützung eines 27 PS starken Elektromotors, Systemleistung also 333 PS, schließlich der unverändert vom Vorgänger übernommene 3-Liter-V6-Diesel mit 258 PS im S 350 Bluetec. Jeweils Heckantrieb und Siebenstufen-Automatik. Der Allradler S 500 4Matic folgte zusammen mit dem S 63 AMG (5,5-Liter-V8 mit 585 PS) im Herbst 2013, die Spitzenmodelle wurden im März 2014 eingeführt: S 600 L (6-Liter-V12, 530 PS) und S 65 AMG L (dito, 630 PS), gleichzeitig kam der 2,1-Liter-Vierzylinder-Diesel mit Elektromotor (204 plus 27 = 231 PS) im S 300 BlueTec Hybrid. Zum Modelljahr 2015 erschien der erste Plug-in-Hybrid in einer S-Klasse (das bedeutet, die Antriebsbatterie des E-Motors kann sowohl über den Verbrennermotor als auch über einen Stecker im Stromnetz geladen werden), der S 500 e mit 3-Liter-Bibturbo-V6 mit Elektromotor in Form eines Lithium-Ionen-Akkus (333 plus 116 = 449 PS), bis zu 33 Kilometer rein elektrisch gefahrene Reichweite. Dann kam noch, im Februar 2015, der S 400 4Matic (3,5-Liter-Biturbo-V6, 333 PS) als Einstiegs-Ottomotor.

Mit dem verhaltenen Facelift im April 2017 hielten neue Motoren Einzug. S 450 und S 450 4Matic als 3-Liter-Reihensechszylinder (367 PS plus 22 Elektro-PS); S 500 und S 500 4Matic ebenfalls als 3-Liter-Reihensechszylinder, aber mit 435 plus 22 PS. Das heißt: der 500er war kein V8 mehr! Und erstmals seit 1997 hatte Mercedes wieder einen Reihensechszylinder im Programm. Einen 4-Liter-Biturbo-V8 mit 469 PS trugen der S 560 und S 560 4Matic, der Plug-in-Hybrid S 560 e ab Oktober 2018 begnügte sich mit einem 3-Liter-Biturbo-V6 und kam auf 367 Verbrenner- plus 122 Elektro-PS. Neue Motorisierung auch im AMG S 63 4Matic mit mehr Leistung bei weniger Hubraum: 4-Liter-Biturbo-V8 mit 612 PS. Getriebe: ausschließlich Automatik, bei den V6 Siebenstufen-, V8 Neunstufen- und V12 wiederum Siebenstufen-Automatik, bei den Diesel in der ersten Serie Sieben-, nach der Modellpflege Neunstufen-Automatik.

Vorgestellt wurde die S-Klasse W 222 im Mai 2012 in Hamburg, Produktionsbeginn im Juni, Verkaufsstart im Juli. Der Mercedes-Maybach folgte im Februar 2015, der Mercedes-Maybach S 600 Pullman Anfang 2016. Produktion in Sindelfingen bis September 2020. Ein Jahr zuvor, im November 2019, feierte Daimler-Benz den 500.000sten W 222, jedes dritte Modell ging nach China.

S-Klasse mit Doppelname: Der Mercedes-Maybach

Kein eigenständiger Maybach mehr seit 2012: Die S-Klasse-Spitzenmodelle trugen ab der Generation W 222 den Doppelnamen Mercedes-Maybach (und intern das Baumuster X 222), wobei die Maybach-Modelle erst im Februar 2015 folgten, also knapp zwei Jahre nach S-Klasse-Produktionsstart. Denn bis ins Jahr 2013 wurde noch der eigenständige Maybach 57 und 62 verkauft. Premiere waren die Los Angeles Auto Show Ende 2014 und die gleichzeitige Guangzhou International Automobile Exhibition, was bereits zeigt, wo die Zielmärkte des Mercedes-Maybach liegen.

Diejenigen Motoren, die im Mercedes-Maybach bereitstanden, entsprachen den S-Klasse-Aggregaten: 3-Liter-Biturbo-V6 mit 333 PS im S 400 4Matic, 4,7-Liter-Biturbo-V8 im S 500 und S 500 4Matic (in den USA: S 550) und 6-Liter-Biturbo-V12 mit 530 PS im S 600. Ab der Überarbeitung im Frühjahr 2017 auch hier neue Motoren: Der V6 entfiel ersatzlos. Statt des S 500 kam der S 560 (4Matic) mit 3-Liter-Biturbo-V8, 469 PS stark, und Ersatz für den S 600 war der S 650, der aber nur den Namen und die Leistung änderte, es blieb beim 6-Liter-Biturbo-V12, nunmehr 630 statt 530 PS. Für China war die Bezeichnung S 650 offenbar nicht groß genug, der Wagen hieß dort S 680. Die Zwölfzylinder mit Siebenstufen, die V8 mit Neunstufen-Automatik.

Der Maybach war 20 cm länger als die lange S-Klasse, sein internes Kürzel lautete X 222. Innen verbaute Daimler-Benz, was schön und gut war, Materialien in bester Qualität, feinste Stoffe, exklusivste Ausstattungsmöglichkeiten, absoluter

Einen Mercedes-Maybach S 650 bewundert der Enthusiast normalerweise auf Automobilausstellungen, wie hier auf dem Genfer Salon 2018. In den Metropolen dieser Welt sieht man ihn auch manchmal auf der Straße - je nach dem, wo man wohnt. Foto: Matti Blume

In der schwäbischen Provinz ist ein Maybach selten. Aber auch dort, oder gerade dort, wohnen manchmal wohlhabende Menschen, die ihren Wohlstand zur Schau stellen. Ulm, Frauenstraße im Oktober 2021. *Foto: Lars Altstadt*

Lounge-Stil – schlichtweg also die Spitzenleistung deutscher Automobilbaukunst und sowohl ideell als auch faktisch sehr schwergewichtig. Es mag unglaublich klingen, aber jede zehnte verkaufte S-Klasse war damals ein Maybach. Nicht in Europa. Die Hauptmärkte waren China, Russland und Südkorea. Dort liebt man die 20 Zentimeter mehr zwischen den Rädern, die ausschließlich den Herrschaften im Fond zugutekommen, die Exklusivität und die Perfektion eines Maybach. Und weil die Gesellschaft anders als in Europa strukturiert ist, schämt man sich des Reichtums nicht, sondern stellt ihn zur Schau. Aber leise. Denn der Maybach ist, so sagte Daimler, »die leiseste Serienlimousine der Welt« – zumindest aus der Warte der innen Sitzenden.

Deutliche optische Unterschiede zur S-Klasse: Im Gegensatz zur langen S-Klasse ist die Fondtüre um 66 mm kürzer und verfügt über kein Dreiecksfenster. Dadurch befinden sich

Gut chauffiert und gut geschützt: Mercedes-Maybach S 650 Pullman Guard von 2016, bislang der letzte Pullman, denn auf Basis der aktuellen Baureihe W 223 existiert kein XXL-Gigant mit 6,52 Metern Länge. Ohne Panzerung wiegt er 3 Tonnen. Und mit Panzerung? Je nach Panzerung… Der Preis begann bei 700.000 Euro ungepanzert. Und mit Panzerung? Der Himmel ist das Limit… *Foto: Daimler-Benz*

die beiden hinteren Einzelsitze hinter dem Türausschnitt, was für ein besonderes Gefühl der Privatsphäre sorgt. Und außen, dort wo innen die Köpfe der Passagiere sind, befindet sich an der C-Säule das Doppel-M im Bogendreieck, das Maybach-Logo. Dazu Chrom, viel Chrom, mehr Chrom als bei der S-Klasse. Dann noch die Maybach-Schmiederäder im 20-Loch-Design in mattem Silber, innen schwarz ausgelegt. Diese Räder sind Symbol. Sie sagen dem Betrachter: Ich bin das Mercedes-Topmodell, ich bin mehr als exklusiv, ich bin der Maybach.

Der Genfer Salon 2018 brachte das Facelift für den Mercedes-Maybach. Hauptunterscheidungsmerkmal zum Vorgänger waren der geänderte Kühlergrill mit 25 senkrechten Streben, die verfeinerte Innenausstattung, die 20-Loch-Felgen vom S 650 Cabriolet, und, ganz wichtig, neun Zweifarbenlackierungen, die sich bestens verkauften. Denn sie sind es, die den Mercedes-Maybach auf den ersten Blick, also schon im Vorüberfahren, von einer »profanen« S-Klasse unterscheiden. Aber es gab auch die so genannte Night Version: 15 Exemplare ausschließlich für den US-Markt in Obsidianschwarz Metallic mit Nappaleder in Porzellan und Schwarz.

Dann war da noch der Pullman, präsentiert auf dem Genfer Salon 2015, ausschließlich als S 600 mit V12-Motor: Das absolute Spitzenmodell der Luxusmarke innerhalb des Konzerns. Das Feinste vom Feinsten. Das Auto für Dubai, Shanghai, Moskau und Seoul, absolutes Spitzenmodell, High-End-Luxusklasse, der wahre Nachfolger des Mercedes 600 Pullman. Eine Chauffeurlimousine, deren Passagierabteil eine Club-Lounge ist, vom Fahrerabteil durch eine Trennwand separiert. Die Passagiere sitzen auf zwei Einzelsesseln, ausgestattet mit höchstem Komfort und absoluten Verstellmöglichkeiten. Ihnen vis-à-vis finden zwei weitere Fahrgäste Platz, man sitzt sich also gegenüber und kann sich unterhalten. Das ist der richtige Wagen für Staatsoberhäupter, Königshäuser, auch für Regierungen, selbstverständlich für Magnaten, Oligarchen und Plutokraten - er garantiert seinen Eigentümern den größtmöglichen, würdevollen Auftritt und ist allenfalls mit Produkten des Hauses Bentley oder Rolls-Royce vergleichbar. Die Ausstattung ist höchst individuell, der Preis hängt ganz davon ab und startete bei rund einer halben Million Euro. Wohlgemerkt: Das war der Preis für das Pullman-Paket, also die Radstandsverlängerung um 105 Zentimeter. Dazu kam der Preis eines Mercedes-Maybach.

Oben mit und oben ohne: Der C 217 als Coupé und Cabriolet

Das bis dato letzte S-Klasse Coupé gab es erstmals seit Jahrzehnten wieder als Coupé und Cabriolet, der C217, auf dem Genfer Salon im März 2014 präsentiert, Produktion ab Juni, Verkauf ab September, Cabriolet ab der IAA 2015, beide bis August 2020 gebaut und dann ohne Ersatz geblieben. Neue Nomenklatur: Die Wagen hießen S-Klasse Coupé und S-Klasse Cabriolet, sie wurden nicht mehr als CL-Klasse bezeichnet.

Im S-Klasse Coupé (wir sagen »Coupé« und meinen beide Karosserieversionen) debütierte das Magic Body Control-Fahrwerk, also das Active Body Control-System mit zusätzlichem Abscannen der Fahrbahnbeschaffenheit. Das gelang damals bis Tempo 130 (heute bis Tempo 180), die Stereokamera erfasst den Bereich zwischen 5 und 15 Metern vor dem Auto, informiert die Dämpfer, und die stellen sich auf das ein, was sie in den kommenden Millisekunden erwartet. Bei Bodenwellen funktioniert das System sehr gut, bei Schlaglöchern oder beispielsweise Bordsteinkanten weniger.

Anfangs ausschließlich S 500 4Matic (4,7-Liter-Biturbo-V8 mit 455 PS) wie aus dem Vorgänger bekannt, bald auch mit Heckantrieb (in den USA: S 550). Zum Modelljahr 2015 die beiden AMG-Typen S 63 AMG (5,5-Liter-Biturbo-V8 mit 585 PS) sowie S 65 AMG (6-Liter-V12-Biturbo, 630 PS), wobei der S 63 AMG, analog zur Limousine, im Herbst 2017 einen neuen Motor mit weniger Hubraum und mehr Leistung erhielt (4-Liter-Biturbo-V8 mit 612 PS, fast so stark wie der V12, aber eben ein V8 und mit Allradantrieb). Zum Modelljahr 2016 gab es als Programmergänzung nach unten Sechszylinderversionen: ab Oktober 2015 den S 400 4Matic (3-Liter-Biturbo-V6 mit 367 PS) und als dessen Nachfolger ab September 2017 den S 450 4Matic mit genau dem gleichen Motor. Der 500er wurde zum Modelljahr 2016 durch den S 560 (4Matic) ersetzt, 4-Liter-Biturbo-V8 mit 469 PS. Ab September 2017 hatten alle C 217 eine Neunstufen-Automatik, außer dem AMG S 65, der sich weiterhin mit deren sieben begnügte.

Als dekadent wurde allgemein empfunden, dass das Coupé mit Swarovski-Kristallen als Scheinwerfer erhältlich war, 47 Kristalle je LED-Scheinwerfer, 17 davon für das Tagfahrlicht, 30 für den Blinker. Im April 2017 erschien das erste C-217-Sondermodell, die Night Edition (nur Coupé) mit speziellem, hochglanzschwarzem Grill, die Rückspiegelschalen ebenfalls schwarz glänzend, Front- und Heckschürze im AMG-Sty-

Der Sternenhimmel: Die letzte Generation des S-Klasse-Coupés, ein garantierter Klassiker der Zukunft, hier auf der IAA 2018... Foto: Matti Blume

...und auf dem Genfer Salon im selben Jahr: Der perfekte automobile Auftritt. Sofern der Käufer den Heckschriftzug nicht abbestellt hat, trägt ihn das Coupé erstmals seit den 50er-Jahren wieder mittig unter dem Heckdeckelstern - ein charmantes Retro-Stilmerkmal.

Foto: Norbert Aepli

Innen ist gar nichts retro, sondern modernste Innenarchitektur im S 63 AMG. Viel Glamour ist dem asiatischen Geschmack geschuldet. Aber wenigstens verfiel Daimler-Benz nicht in den BMW-Fehler, seine Autos primär nach diesem Geschmack zu entwerfen und somit am europäischen vorbei zu stylen. Foto: Tokumeigakarinoaoshima

le, 20-Zoll-AMG-Räder, beleuchtete Einstiegsleisten und eine »Night Edition«-Plakette auf dem Vorderkotflügel. Im Herbst 2017 erschien ein Sondermodell auf S 63 AMG Coupé, die »Yellow Night Edition«, mattgrau oder mattschwarz lackiert, gelber Streifen an den Außenspiegeln, innen gelbe Akzente, spezielle Räder. Das dritte Sondermodell folgte im April 2018, die »Exclusive Edition« (Coupé und Cabriolet), besonders edel ausgestattet.

Die Einführung der neuen Motoren ab der IAA 2017 propagierte Daimler-Benz als C-217-Modellpflege, damit einher gingen erweiterte Assistenzsysteme und ein modifiziertes Interieur. Optisch tat sich hingegen wenig, Frontschürze mit verchromtem Splitter und größeren Lufteinlässen, anders gestaltete Seitenschweller, Doppelrohrblenden in V12-Optik, AMG-Modelle mit je zwei verchromten Finnen an der Frontschürze und »Panamericana-Grill«, wie es der AMG-GT vormachte. Alle C 217 erhielten nun OLED-Heckleuchten (dünne Schichten organischer Materialien als Druck auf einer Glasplatte, was wie schwebende Elemente innerhalb des Leuchtengehäuses wirkt).

Stilvoll vor dem Palace St. George in Mönchengladbach aufgenommen. Brabus ist und bleibt Nordrhein-Westfalen, auch bei Werbefotos. Viel Carbon, Lippen, Schürzen, Diffusoren, Power und Sound, 800 PS und die Brabus-Monoblock F »Black Platinum«-Felgen.
Foto: Brabus

Das Cabriolet hört auf A 217, hier nach der 2018er Modellpflege als AMG S 65 in Brabus-Verkleidung, sogar als Brabus 900 mit ebenso vielen PS.
Foto: Brabus

Dem Serienfahrzeug ging die Concept-Studie auf der IAA 2013 zuvor, um die Kunden auf das Designprinzip der »Sinnlichen Klarheit« des neuen Chefdesigners Gorden Wagener einzustimmen. Unter ihm zeichnete Robert Lešnik, der bereits an der W222-Limousine mitgearbeitet hatte, das Coupé. Das ersatzlose Aus für das S-Klasse-Coupé und -Cabriolet begründete Daimler-Benz damit, dass ein SL mit Hardtop mittlerweile ebenso ein Gran Turismo sei (und kein Sportwagen mehr) und das E-Klasse-Coupé/Cabriolet zunehmend gewachsen sei. Sicherlich spielte auch eine Rolle, dass für Daimler-Benz zunehmend die Elektromobilität auch ausschlaggebend war und deshalb ein Traditionalist, der sich nicht gut genug verkaufte, dem EQS-Modell geopfert wurde. Immerhin hat das zur Folge, dass der C 217, vor allem die Cabriolets, als Gebrauchte sehr wertstabil sind. Coupés hingegen wurden, dem allgemeinen Trend in der hauptsächlichen Käuferklasse folgend, gerne getunt, von Prior, Brabus, Wald und wie sie alle hießen, was den Wertverlust gegenüber einem Serienfahrzeug vergrößert und die Fahrzeuge zu Kandidaten für den Kies-Gebrauchtwagenplatz an Ausfallstraßen macht.

Mercedes-Maybach S650 Cabriolet: Von Louis Vuitton gelernt

Der Name »Maybach« bedeutet keine eigenständige Baureihe mehr innerhalb des Daimler-Konzerns, sondern das Spitzenmodell der S- und G-Klasse. So ist es nur logisch, dass nicht nur der S-Klasse-Limousine eine Maybach-Version zur Seite gestellt wird, sondern auch ihre Cabriolet-Variante C 217. 2017 bekam sie das Mercedes-Maybach S 650 Cabriolet als übergeordnete Instanz zugeordnet.

Das S-Klasse Cabriolet ist schon ein besonderes Automobil, und seine Maybach-Variante besticht durch absolute High-End-Ausstattung, gepaart mit einer Portion Arroganz, welche die entsprechende Kundschaft erwartet. Das geht mit dem Welcome Package los, das jeder Kunde bekommt und hört mit einem Car Cover (vulgo: Abdeckplane) aus Stoff in Verdeckfarbe mit Rautensteppung und gesticktem Maybach-Emblem auf. Präsentation im November 2016 auf der Los Angeles Auto Show, limitiert auf 300 Exemplare, Verkauf ab Frühjahr 2017 zum Preis von 357.000 Euro. Der Daimler-Vorstandsvorsitzende

Der Chefdesigner präsentiert sein Werk: Gorden Wagener auf der Los Angeles Auto Show 2016. Das erste Cabriolet von Mercedes-Maybach, 300 Exemplare für je 300.000 Euro (plus Steuern). Konzernchef Dieter Zetsche durfte 300 Urkunden unterzeichnen. Und jeder Kunde bekam einen Schlüsselanhänger aus dem im konkreten Fahrzeug verwendeten Nappa-Leder und ein Car Cover in Verdeckfarbe. Foto: Daimler-Benz

Das Reisetaschenset namens »The Affinity« (= die Wesensverwandtschaft) gehörte ebenfalls zum Lieferumfang. Formal genau auf das Cabriolet zugeschnitten, und farblich passt das Taschenset zu der vom Kunden gewählten Interieurvariante. Von »The Affinity« gibt es so viele Exemplare wie vom Maybach S 650 Cabriolet, nämlich 300, und das besagt auch der glanzverchromte Schriftzug auf jeder Tasche: »1 of 300«. Das Leben kann so schön sein! Foto: Daimler-Benz

Dieter Zetsche unterschrieb 300-mal auf Urkunden, welche die Echtheit zertifizieren. Es sind echte Unterschriften, keine Drucke. Beim Maybach musste das sein, und da spielte der Tintenverbrauch seines Montblanc Meisterstücks keine Rolle.

Die Attribute, die aus einem S-Klasse Cabriolet einen Maybach machten: spezieller vorderer Stoßfänger, zusätzlicher Chrom, 20-Zoll-Schmiederäder, Maybach-Logos auf der Karosserie, aber auch als Projektion auf dem Asphalt beim Öffnen der Türen. Generell hat der Maybach sämtliche S-Klasse-Extras serienmäßig an Bord inklusive Swarovski-Scheinwerfern, dazu ein neues Interieurdesign mit fließenden Linien der Sitze, Rautensteppung der Sitzwangen, Keder im so genannten Budapester Stil, ein Reisetaschenset mit Louis-Vuitton-Allüren (kompletter Innenausbau von Brabus). Unter der Haube ein standesgemäßer 6-Liter-Biturbo-V12 mit 630 PS (als Basis fungierte der AMG S 65), dazu Airmatic-Fahrwerk mit stufenloser Dämpferregelung - schlichtweg also die Automobil gewordene Begehrlichkeit.

Parallelgesellschaft: Die S-Klassen W 223 und V 297

Zwei höchst unterschiedliche S-Klassen, die parallel produziert werden. Das gab es bisher noch nie. Zwar überschnitten sich manchmal die Produktionszeiträume von Vorgänger und Nachfolger, aber beim W 223 ist das anders. Da gibt es zunächst ihn, den W 223, als S-Klasse im üblichen Sinne und gleichzeitig den Mercedes EQS, die vollelektrische Variante. Mercedes geht in Sachen Elektromobilität einen anderen Weg als beispielsweise BMW. Dort sieht »The 7«, also der Siebener, als Elektriker und als Verbrenner weitgehend gleich aus, und beide sind im Grunde die gleichen Autos. Mercedes fährt doppelgleisig, die S-Klasse und der EQS als unabhängig voneinander konstruierte Fahrzeuge in der gleichen Klasse, auch optisch mit völlig eigenständiger Identität. Beide Vorgehensweisen haben wahrscheinlich ebenso viele Vor- wie Nachteile, und welche sich letztlich durchsetzen, muss die Zukunft zeigen.

Ein Coupé auf Basis der S-Klasse gibt es nicht mehr. Der W 223 erschien im September 2020, der Mercedes-Maybach im Mai 2021, die AMG-Version im Dezember des Jahres, und schon zuvor, im April 2021, wurde der EQS (Baumustercode V 297) präsentiert. Weiterhin gibt es eine Guard-Version, aber keinen Pullman mehr. Wie üblich, bietet Daimler-Benz eine normallange S-Klasse (W 223) sowie eine etwas verlängerte Version (V 223) an. Die S-Klasse wuchs erneut, in jeder Dimension. Die kürzeste S-Klasse misst heute 5179 mm, ist also rund 30 cm länger als ein W 116 von 1972 (und 5 cm breiter und rund 10 cm höher). Das Design stammt vom Ungarn Balázs Filczer und Chefdesigner Gorden Wagener.

Mit zahlreichen Neuerungen technischer und elektronischer Natur, großen und kleinen, unterstrich Daimler-Benz seine herausragende Stellung in Sachen Luxuslimousinen. Zu den eher kleinen Nettigkeiten gehören beispielsweise die optional erhältlichen, versenkten Türgriffe. Sie sind bündig in die Karosserie integriert, aus aerodynamischen und optischen Gründen, und fahren aus, sobald sich der Fahrer dem Auto nähert (von Tesla kennt man das allerdings schon lange). Mehr Aufmerksamkeit erzielt die Allradlenkung, bei der S-Klasse eine Option, im Maybach serienmäßig. Die Lenkung mit allen Vieren ist eine uralte Erfindung. Man braucht kein Physiker zu sein, um zu begreifen, dass der Wendekreis geringer ist, wenn sich die Hinterräder am Richtungswechsel beteiligen und nicht nur nervös nach vorne schieben. Kurioserweise hat sich die Allradlenkung bei Straßenfahrzeugen kaum durchgesetzt. Denn sie ändert das Fahrverhalten gewaltig, auch die Anforderungen an

Wesentlich unspektakulärer als beispielsweise der W 221, von der Größe und dem Grill abgesehen fast schon diskret, auf jeden Fall nicht protzig. Die großen Leuchten und der üppige Grill sind den asiatischen Ansprüchen geschuldet. *Foto: Alexander Migl*

Mit 4,2 Tonnen *Leergewicht eher ein mittleres Nutzfahrzeug als eine Luxuslimousine, und deshalb auch ausschließlich bezwölfzylindert. Ein Elefant wiegt auch ungefähr so viel, ebenso wie ein Nashorn oder ein Flusspferd. Letztlich ist ein S 680 Guard eine selbsttragende, gepanzerte Schutzzelle in Form eines Mercedes: höchste Resistenzklasse VR10.* *Foto: Daimler-Benz*

Der S-Klasse-Käufer ist *innovativ und mehrheitlich von den elektrischen Türgriffen begeistert. Der Käufer dieses Fahrzeugs gehört der Minderheit an und orderte es mit traditionellen Griffen, eine seltene Konfiguration. Foto November 2024 in Oberursel.* *Foto: Matti Blume*

Gut für den *Flottenverbrauch: Der S 580 e 4Matic kombiniert den Reihensechszylinder-Benziner mit einem 150 PS starken E-Motor, insgesamt 510 PS, und theoretisch kann der Wagen bis zu 114 Kilometer weit elektrisch schweben. Aufnahme IAA 2021.* *Foto: Alexander Migl*

Keine 630 PS mehr, wie im S 65 AMG: Seit 2024 gibt es den S 63 E Performance mit bissigem 4-Liter-Biturbo-V8 plus einem Elektromotor, 802 PS in der S-Klasse. Das macht so manches Brabus-Tuning obsolet. *Foto: Daimler-Benz*

Ein maximal digitalisierter, futuristischer Kokon. Als Nachfolger des S 65 AMG fungiert seit 2024 der S 63 E Performance, in dessen Inneres wir blicken. Kaum mehr Schalter, alles wisch und tipp, und das Widescreen-Cockpit mit zwei unter gemeinsamem Glas befindlichen Monitoren ist auf einen 3D-Bildschirm geschrumpft, der sich wieder traditionell hinter dem Lenkrad im Fahrerblickfeld befindet. *Foto: Tokumeigakarinoaoshima*

den Fahrer. In gewisser Weise muss man das Fahren mit einem allradgelenkten Auto neu lernen. Das erste Großserien-Straßenauto mit Allradlenkung (nicht zum Manövrieren, sondern im Sinne der Fahrstabilität in Kurven) war 1987 der Honda Prelude, und speziell den japanischen Herstellern gefiel die Idee. Seit ungefähr 15 Jahren interessieren sich auch die Europäer dafür, BMW, Porsche, Renault, Audi, auch Ferrari und Lamborghini. Die aktuelle Mercedes S-Klasse W 223 und der auf ihr basierende Maybach haben nun ebenfalls Allradlenkung. Bis zu Tempo 60 und einem Winkel bis zu 10 Grad (optional 4,5 Grad) lenken die Hinterräder entgegengesetzt zu den Vorderrädern (das dient dem Rangieren und Manövrieren), darüber hinaus lenken sie in die gleiche Richtung wie die Vorderräder und unterstützen sie dadurch fahraktiv.

Natürlich wurden auch die Assistenzsysteme optimiert. Das Digital Light warnt vor Gegenständen oder Personen vor dem Wagen, ein aktiver Lenk-Assistent zwingt das Auto, bei einem Autobahnstau eine Rettungsgasse freizuhalten. Und dann kam die aktuelle S-Klasse dem autonomen Fahren so nahe wie kaum ein anderer Wagen: Autonomiestufe 3 im Autobahnstau

Und wieder der präsidiale Mercedes, diesmal der aktuelle Bundespräsident: Frank-Walter Steinmeier bei der Ankunft vor der Synagoge in Worms am 1. Februar 2023, ein S 680 in Guard-Ausführung. Foto: Reinhard Dietrich

Der brabusierte S 500 4Matic mit 500 statt 435 Pferden, also der Brabus 500 seit Frühjahr 2021 mit Aerodynamik-Kit und Brabus-Monoblock-M-Felgen namens Platinum Edition, innen feines Leder. Gut für alle, die keine S-Klasse wie andere auch möchten, aber keinen Brabus 850 brauchen. Foto: Brabus

bis Tempo 60 seit Mai 2022, einsetzbar auf jenen Autobahnabschnitten, die dafür frei gegeben sind - aber nur bei Tag, trockenem Wetter, Plusgraden, nicht in Tunneln und Baustellen, Spurwechsel tätigt der Autopilot nicht, und er muss ein vorausfahrendes Fahrzeug erkennen. Um all die Elektronik im Griff zu haben, blickt der Fahrer auf einen bis zu 12,8 cm großen Monitor. Und er kann mit seiner S-Klasse sprechen. Die Sprachsteuerung wird aktiviert, wenn er deutlich »Hey, Mercedes!« sagt, und dann können beispielsweise der Radiosender gewechselt oder das Innenraumklima verändert werden. Auch Künstliche Intelligenz kommt zum Zuge, noch in überschaubarem Maße, aber immerhin überwachen vier Kameras im Innenraum die Fahrgäste und sollen ihre Wünsche künstlich erkennen. Das System heißt MBUX, was für Mercedes-Benz User Experience steht und ist auch für den EQS lieferbar.

Anfangs gab es die S-Klasse nur mit Mild-Hybrid-Ottomotoren, nämlich den S 450 4Matic (in China: S 480 4Matic) mit 3-Liter-Sechszylinder-Reihenmotor, 367 plus 22 PS stark, sowie als S 500 4Matic mit dem gleichen Motor, aber 435/449 plus 22 PS. Der V8-Benziner (4-Liter-Biturbo-V8, 503 plus 20 PS) kam erst im Mai 2021. Die Plug-in-Hybride folgten später: S 580 e (4Matic) ab Sommer 2021, 3-Liter-Sechszylinder-Reihenmotor mit 510 PS, und ab Mai 2022 der S 450 e mit 408 PS. Die absolute Ausnahmestellung nimmt der AMG S 63 E Performance ein, ein 4-Liter-Biturbo-V8 mit 612 PS plus einem 190-PS-Elektromotor, was in 802 PS Systemleistung kulminiert. Von Anfang an dabei waren Dieselversionen, lauter Reihensechszylinder: im S 350 d (4Matic) ein Dreiliter mit 286 PS oder, als Mildhybrid, mit 313 plus 23 PS sowie im S 400 d mit 330 PS und im S 450 d 4Matic mit 367 plus 23 PS.

Die S-Klasse trägt keinen V12-Motor mehr, dieser ist dem Maybach vorbehalten. Mit einer Ausnahme. Ein Mittelding zwischen langer S-Klasse und Mercedes-Maybach ist die S-Klasse in Guard-Version, beispielsweise der Dienstwagen des ehemaligen Bundeskanzlers Scholz, den er kurz nach seinem Amtsantritt im Februar 2022 entgegennahm. Der S 680 Guard ist von außen die pure S-Klasse V 223, aber tatsächlich ist der 4,2-Tonner eine Trutzburg, absolut beschusssicher. Unter der Haube hat der Panzerwagen, alleine des Gewichts wegen, jenen V12, der auch den Mercedes-Maybach antreibt und eigentlich für die S-Klasse gar nicht vorgesehen ist. Somit ist der Kanzlerwagen also kein Maybach, aber immerhin ein »Maybächle« – und nebenbei sei erwähnt, dass die S-Klasse Guard-Version doppelt so viel kostet wie der teuerste Maybach, nämlich eine halbe Million Euro.

Die Modellpflege wird frühestens Mitte 2025 (wenn dieses Buch bereits erschienen sein wird) für das Modelljahr 2026 vorgestellt, die S-Klasse W 223 dürfte bis zum Jahr 2030 gebaut werden. Danach wird es weiterhin eine Verbrenner-S-Klasse und auf ihrer Basis einen Maybach geben (und, parallel dazu, eine Elektro-S-Klasse, den EQS, von dem ebenfalls eine Maybach-Version denkbar ist).

Der Maybach der Baureihe 223: Kein X mehr, sondern Z

Eine neue S-Klasse, die Baureihe 223, bedingt einen neuen Mercedes-Maybach, seit Mai 2021 im Verkauf. Sein Baumuster lautet nicht, in bisheriger Tradition, X 223, sondern Z 223 und er misst 5469 mm Länge, 180 mm mehr Radstand und ebenso viel mehr Außenlänge gegenüber der Langversion der S-Klasse (und immerhin 290 mm länger als eine Standard-S-Klasse). Als S 580 und S 680 startete die Produktion im Juli 2021, und weil der Wagen unzeitgemäß, nicht opportun und politisch nicht korrekt ist, macht Daimler-Benz überhaupt kein Tamtam um sein Flaggschiff, zumindest nicht hierzulande. Der Top-Maybach ist nicht elektrisch, allenfalls Hybrid. Dort, wo der Maybach überwiegend verkauft wird, in Südkorea, China, USA und in Russland, schätzt man das nicht. Die Russen kamen offiziell nur ganz kurz auf den Geschmack des neuen Mercedes-Maybach, der Export dorthin wurde im März 2022 kriegsbedingt eingestellt. Über Umwege, also über Russland freundlich gesonnene Drittstaaten, werden die EU-Exportsanktionen aber erfolgreich umgangen. Wer in Russland einen Mercedes-Maybach möchte, bekommt seinen Mercedes-Maybach. Und auch nach Nord-Korea gelangten trotz UN-Embargos zwei Mercedes-Maybach, in die Hände des Diktators Kim Jong-un. Und einen Mercedes-Maybach GLS 600 X 167 hat er auch, denn die Netzwerke funktionieren und die Sanktionen funktionieren nicht – oder nur eingeschränkt.

Optisch unterscheidet sich der aktuelle Mercedes-Maybach erneut deutlich von der S-Klasse, vor allem von vorne durch eine eigenständige Motorhaube mit verchromter Finne und den Maybach-exklusiven Kühlergrill, auch durch das Dreiecksfenster in der C-Säule. Und natürlich, wie seit jeher bei jedem Maybach, durch das Logo an der C-Säule. Teil der Inszenierung sind natürlich die Felgen, drei Typen stehen zur Wahl, serienmäßig 19-Zoll-Alus, die größten sind 21-Zoll-Schmiederäder mit vielen Speichen. Die Maybach-Varianten sind rund 30.000 Euro teurer als die vergleichbaren S-Klassen. Die Zweifarblackierung kostet 18.445 Euro Aufpreis (Stand Januar 2025), was ungefähr dem Neupreis eines VW Polo oder Toyota

Er zelebriert die absolute Opulenz und nimmt auf den Geschmack der Europäer wenig Rücksicht. Die Menge an Chrom repräsentiert den Grad des Luxus'. Man fühlt sich ein wenig an den 300 Sc von 1955 erinnert. *Foto: Daimler-Benz*

Die schiere Pracht: Mercedes-Maybach in Rubellitrot/Kalaharigold, besonders flamboyant und glamourös. *Foto: Daimler-Benz*

18 Zentimeter mehr Radstand für fürstliche Platzverhältnisse im Fond, der Fokus auf den Sesseln mit umfangreicher Massagefunktion und einer Lehnenneigung zwischen 19 und 43,5 Grad für jeden Anlass und Bedarf. Die Luxusfeatures übersteigen jene, die so mancher Maybach-Eigentümer in seiner Wohnung hat. *Foto: Daimler-Benz*

Der Brabus 850 basiert auf dem Mercedes-Maybach S 680 4Matic als ultimatives Zusammenfließen von Power und Eleganz, laut Brabus eine »Symphonie der Avantgarde« mit »grenzenloser Schönheit« und »selbstbewusster Stärke«. Was ein Auto doch alles aus (s)einem Menschen machen kann! *Foto: Brabus*

Yaris entspricht. Überhaupt gibt es für den Maybach so wunderschöne und exquisite Ausstattungsstyles und -pakete, dass wohl kein Wagen ohne Extras geordert wird.

Die Motoren: Exklusiv für China der S 480 4Matic mit Reihensechszylinder-Turbo (367 plus 22 PS), für alle Märkte S 580 4Matic (4-Liter-Biturbo-V8 mit 503 plus 20 PS), S 680 4Matic (6-Liter-Biturbo-V12 mit 612 PS), ergänzt ab Februar 2023 durch den Plug-in-Hybrid S 580 e (3-Liter-Reihensechszylinder mit 367 plus 150 PS).

Der Maybach war und ist ein herrschaftliches Automobil der Königsklasse, absolut souverän und passt deshalb nicht in den vorherrschenden, europäischen Mainstream. Letztlich ist der Wagen schlecht mit den Ansprüchen des Daimler-Vorstandsvorsitzenden Ola Källenius zu vereinbaren, der das Unternehmen grüner gestalten will. Aber an Fahrzeugen wie dem Maybach verdient Daimler-Benz eben viel mehr als an einer B-Klasse.

Der Mercedes-Maybach passt nicht nach Europa. Er passt dort hin, wo er verkauft wird. Aber muss Daimler-Benz den Maybach deswegen fast verschweigen, gerade so, als schäme man sich in Stuttgart seines feinsten Erzeugnisses? Zum 100-jährigen Jubiläum der Marke Maybach als Automobilproduzent im Herbst 2021 waren erste Verweise auf einen Elektro-Maybach zu hören. Daraus den Schluss zu ziehen, dass im Z 223 das letzte Mal der Zwölfzylinder arbeitet, ist nicht weit hergeholt. Immerhin gab es anlässlich des Jubiläums eine auf 100 Exemplare beschränkte Sonderserie des Mercedes-Maybach S 680 namens »Edition 100« mit speziellen Emblemen, der Lackierung Hightechsilber/Nautikblau und einem Sonderdesign des Lederinterieurs in Designo Kristallweiß/Silbergrau Pearl.

Der Elektro-Ingenieur als One-Hit-Wonder: Mercedes EQS V 297

Der S-Klasse elektrischer Bruder mit völlig anderem Design ist der Mercedes EQS V 297, seit April 2021 im Angebot und Bestandteil der Daimler-Benz-Submarke Mercedes EQ. Sie kümmert sich seit 2019 um elektrische Benze in unterschiedlichen Klassen. Die Elektrofahrzeuge sehen den Verbrennern nicht mal ähnlich. Daimler-Benz entschied sich, ihnen eine komplett neue optische Identität zu verleihen, eine Art »One Box Design« mit bogenförmiger Silhouette, bei der die Übergänge von vorderer Haube zu Fahrgastraum und weiter zum Heckabschluss fließend verlaufen. Gorden Wagener nennt das »Seamless Design« (seamless = nahtlos), und tatsächlich gezeichnet wurde der EQS unter seiner Ägide von Robert Lešnik und Balázs Filczer. Vorne hat der EQS ein Leuchtband, welches die Scheinwerfer verbindet, und darunter eine eher freundlich lachend wirkende Grillattrappe mit dreidimensionalem Stern-Muster, darunter grimmige Lufteinlässe. Die rahmenlosen Türen und überhaupt die Profilansicht erinnert ein wenig an den

Paul Bracq hatte dereinst kein deutsches Wort für »Austern« parat und sprach von »Fischen mit Karosserie« (siehe Kapitel 5). Fast möchte man meinen, der visionäre Designer habe bereits in den 60er-Jahren den Mercedes EQS gesehen. Wie der heute 92-jährige Bracq wohl dessen Design kommentieren würde? Was er wohl zu Gorden Wagener sagen würde, stünden die beiden vor einem EQS und niemand hörte mit? Foto eines zweifarbenen Exemplars am Rande der IAA 2021. *Foto: Alexander Migl*

seligen Citroën C6. Vorne am fahrerseitigen Kotflügel gibt es eine kleine Serviceklappe. Dort kann der Fahrer Wischwasser für die Scheiben auffüllen. Mehr kann er für die Technik seines Fahrzeugs nicht tun. Die »Motorhaube«, unter der kein Motor mehr ist, öffnen, das kann er nicht. Das darf nur das Fachpersonal. Auch hinten ein Leuchtband, das ist das Mercedes-EQ-Erkennungszeichen, und eine große Heckklappe.

Ein Elektro-Mercedes sieht also nicht aus wie ein klassischer Mercedes, was für den EQS ebenso gilt. Das befremdet viele potenzielle, eher konservativ eingestellte Käufer erst mal, weil schlichtweg die heilige Dreifaltigkeit des Automobildesigns von Motorraum, Fahrgastraum und Kofferraum perdu ist (dabei ist er das strömungsgünstigste Serienfahrzeug der Welt mit einem neuen cw-Bestwert von 0,20). Daimler-Benz vertritt die Ansicht, ein Elektrofahrzeug sei kein Derivat und schon gar keine Weiterentwicklung eines üblichen Verbrenners, sondern eine komplett andere Form der Mobilität, was sich auch optisch in futuristischem Design zu manifestieren hat. Immerhin basiert der EQS auf einer völlig eigenen und nur für ihn konstruierten Struktur mit elektrischem Antriebsstrang an der Hinterachse, die 4Matic-Modelle mit einem zusätzlichen an der Vorderachse, angebracht zwischen den Achsen. Bis zu 770 Kilometer Reichweite schaffte ein EQS im Idealfall, seit dem 2024er Facelift sogar bis zu 822 Kilometer, Updates des Batteriemanagements erfolgen »over the Air«.

Technisch ist der EQS nahe der konventionellen S-Klasse und teilt deren Features wie Allradlenkung, Airmatic-Luftfederung oder Hyperscreen (also ein einziges Deckglas über die komplette Innenraumbreite, das drei Bildschirme beinhaltet - bislang im Automobilbau einzigartig). Innen unterscheiden sich Serienausstattung und AMG Line, allesamt auf dem Stand aktuellster Innenraumarchitektur mit magischer Ambientebeleuchtung. Weil kein Kardantunnel existiert (denn es existiert auch keine Kardanwelle, die Kraft von einem Frontmotor an die Hinterräder überträgt), scheint die Mittelkonsole zu schweben. Dann gibt es noch die Electric Line Exterieur mit unterschiedlichen Ausstattungen, optional Night-Paket. Produktion der »Stuttgarter Doppelspitze«, also der S-Klasse und des EQS, im Werk Sindelfingen.

Zunächst zwei Varianten: EQS 450+ mit Heckantrieb (333/360 PS) und EQS 580 4Matic mit 4x4 (523/544 PS), Verteilung der Antriebsmomente zwischen Vorder- und Hinterachse intelligent und stufenlos. Die AMG-Version mit 761 PS folgte im September 2021. Das Einstiegsmodell EQS 350, nur Heckantrieb und 292 PS, erschien im November 2021, dann kamen noch die 4Matic-Version des EQS 450 im Mai 2022 mit 360 PS sowie der EQS 500 4Matic mit 449 PS.

Strom statt Sprit: *Das durchgängige Leuchtenband ist eines der Designmerkmale der elektrischen Mercedesse. Aber nicht das einzige. Wagener spricht vom »nahtlosen Design«. Tatsächlich bedrohte es kurzfristig das klassische »Three-Box«-Limousinendesign. Aber nur kurzfristig. Der EQS mit eigenem Design bleibt ein One-Hit-Wonder, wobei hierbei gleich zwei Wörter hinterfragt werden dürfen: Hit und Wonder.* Foto: Tokumeigakarinoaoshima

Verladeszene in Böblingen. *Es macht den Eindruck, als würden viele EQS gebaut und ausgeliefert. Der Eindruck täuscht. In Europa verkauft sich der EQS schlecht, in den USA noch schlechter und in China nahezu gar nicht. Im ersten Dreivierteljahr 2024, also Januar bis September, wurden in Deutschland 1879 EQS verkauft, in den USA 6296 und in China gar keiner. Aber auch die Verbrenner-S-Klasse macht eher Zicken als Freude: Im ersten Halbjahr 2024 wurde rund ein Viertel weniger als im Vorjahres-Vergleichszeitraum verkauft. Daimler-Benz drosselte die Produktion. Und das bei der S-Klasse!* Foto: Alexander Migl

Im April 2024 gönnte Daimler-Benz dem EQS eine Modellpflege und es gibt wieder einen stehenden Mercedes-Stern als Motorhaubenornament, mehr glitzernden Chrom im Grill und hintere Executive-Sitze, denn die Kunden hatten moniert, dass man in der Verbrenner-S-Klasse hinten besser sitze. Es gibt keine zwei Radstandsvarianten wie bei der konventionellen S-Klasse. Der EQS ist 5216 mm lang, 1926 mm breit und 1512 mm hoch. Er verfügt über elektronische Assistenzsysteme auf letztem Stand der Technik, das Fahren ist hoch automatisiert (das Parken auch), das ganze Auto ist voll mit elektrischer Intelligenz und High-End-Entertainment. Mit dem EQS kann nach Autonomiestufe 3 gefahren werden (wie mit der S-Klasse). Aber vegan ist er nicht, denn der Innenraum ist eine einzige Wohnlandschaft aus Leder.

Daimler-Benz war sehr stolz auf den EQS und wollte den unangreifbaren S-Klasse-Nimbus in die Elektromobilität transferieren. Ola Källenius sah die Daimler-Benz-Zukunft ausschließlich elektrisch - auch wenn er dem Verbrenner noch etwas Schonfrist einräumte. Letztendlich lautete die Absicht, der EQS solle die S-Klasse langfristig beerben. Aber zunehmend folgte Ernüchterung. Die Verkaufszahlen blieben deutlich hinter den Erwartungen zurück. Daimler-Benz muss auf Neuwagen Nachlässe gewähren und gebrauchte EQS, meistens Leasing-Rückläufer, finden nicht genügend Abnehmer. Die alltagsempirische Evidenz deutet ebenfalls darauf hin: Auf der Straße begegnen dem autoaffinen Betrachter mehr aktuelle S-Klassen als EQS. Der EQS hat ein Restwert-Problem, also eine zu geringe Wertstabilität - das ist für einen Wagen im S-Klasse-Format schlimm! Laut einem Interview, das Ola Källenius dem englischen Magazin Autocar gab, wird der EQS mit Vorstellung der kommenden S-Klasse ersatzlos gestrichen. Daimler-Benz hat eingesehen, dass die zwei-Modell-Politik in derselben Fahrzeugklasse ineffektiv ist und wird die kommende S-Klasse als Verbrenner und als Elektrofahrzeug anbieten, optisch sehr ähnlich, wenngleich auf einer unterschiedlichen Plattform basierend (also so, wie es BMW mit »The 7« macht). Immerhin räumt Källenius ein, die Designstrategie sei gescheitert und zukünftig solle ein Mercedes wieder wie ein Mercedes aussehen. Und weil der EQS sehr eng mit dem EQE, dem elektrischen E-Klasse-Pendant, verwandt ist, ist anzunehmen, dass dem EQE dasselbe Schicksal widerfahren wird. Aber ob der EQS tatsächlich auf der to-kill-Liste von Källenius steht, das wissen wir erst im Jahre 2030 genau.